中国电子教育学会高教分会推荐

普通高等教育电子信息类"十三五"课改规划教材

数字电子技术基础

张俊涛　编著

西安电子科技大学出版社

内 容 简 介

　　本书共分为 9 章，主要讲述数字电路的基本概念和数字系统分析与设计的工具——逻辑代数，以及数字系统设计中常用集成电路的原理、功能和应用。本书以原理为主线，以器件为基础，以应用为目标，讲述了基本门电路、组合逻辑电路、时序逻辑电路、存储器、脉冲电路以及 A/D 和 D/A 转换器，并通过思考与练习环节强化和拓展教学内容，通过设计项目及时地学以致用。

　　本书既可以作为大学本科电类或计算机类相关专业的教材，也可以作为相关课程的教学参考书，或供相关技术人员参考。

图书在版编目(CIP)数据

数字电子技术基础/张俊涛编著. －西安：西安电子科技大学出版社，2017.8
（普通高等教育电子信息类"十三五"课改规划教材）
ISBN 978 - 7 - 5606 - 4562 - 9

Ⅰ. ① 数…　Ⅱ. ① 张…　Ⅲ. ① 数字电路－电子技术－教材

Ⅳ. ① TN79

中国版本图书馆 CIP 数据核字(2017)第 160988 号

策　　划　刘玉芳
责任编辑　杨　璠
出版发行　西安电子科技大学出版社(西安市太白南路 2 号)
电　　话　(029)88242885　88201467　　邮　编　710071
网　　址　www.xduph.com　　　　　电子邮箱　xdupfxb001@163.com
经　　销　新华书店
印刷单位　陕西华沐印刷科技有限责任公司
版　　次　2017 年 8 月第 1 版　2017 年 8 月第 1 次印刷
开　　本　787 毫米×1092 毫米　1/16　印张　20
字　　数　475 千字
印　　数　1～3000 册
定　　价　40.00 元
ISBN 978 - 7 - 5606 - 4562 - 9/TN
XDUP　4854001 - 1

前　言

　　"数字电子技术"是电类和计算机类相关专业一门重要的专业基础课,理论性和实践性都很强。在多年的电子技术教学实践中,编者深切地体会到高等教育必须要适应社会发展的需求,培养既懂理论,又能学以致用的专业技术人才。因此,本书以学以致用为培养目标确定教材内容,使学生能够从应用的角度学习数字电路,提高电子系统设计能力。

　　作者具有二十多年的电子技术教学经验,同时又组织和指导了十余届大学生电子设计竞赛、EDA/SOPC电子设计专题竞赛、模拟及模数混合应用电路竞赛等。为了能够达到学以致用的培养目标,作者在教材的架构、教学内容的侧重点、设计项目的构思以及习题的选取等方面进行了深入思考,精心编排。考虑到数字电子技术课程的专业基础性,同时又考虑到没有时序逻辑器件难以有效构成数字系统的应用特点,本书在编写上还是采用较为传统的思路,即理论、器件、应用和设计相结合的编排方式,在讲清数字电路基本理论的同时,注重器件的设计原理、功能、特性及应用。为了突出教材的针对性和实用性,大多章节中配有利于课堂启发式教学、翻转讨论的思考与练习环节,并在章末附有典型的设计项目和习题,由浅入深,举一反三,注重系统观点的培养和应用能力的提高。

　　本书分为9章,第1章为数字电路基础,主要讲述数字电路的基本概念和数制与编码。第2章讲述数字电路分析与设计的工具——逻辑代数。第3~9章介绍数字系统设计中常用的集成电路,以原理为主线,以器件为基础,以应用为目标,讲述了基本门电路,组合逻辑电路,时序逻辑电路,存储器,脉冲电路以及A/D、D/A转换器,并通过章末典型的设计项目使学生能够及时地学以致用。

　　本书的编写力求突出三个特点:

　　(1)精简。以应用为导向,注重原理设计,简化器件内部电路分析,突出器件的功能和应用。

　　(2)完整。在精简教学内容的同时,注重教材的完整性。基本门电路、组合电路、时序电路、存储器、脉冲电路以及A/D和D/A转换器在数字系统设计中都可能要用到,因此均有讲述。

　　(3)实用。通过许多典型的设计项目和设计性习题突出应用,由浅入深,循序渐进,培养系统设计能力。

考虑到硬件描述语言已广泛应用到集成电路设计、通信系统开发、数字信号处理以及嵌入式系统设计等许多领域，作为选修内容，本书简要地讲述了 Verilog HDL 及其应用，以进一步拓宽学生视野。

特别需要注意的是，为了后续学生项目设计时使用软件平台、查阅资料和国际交流方便起见，本书采用国际通用的门电路符号，敬请读者注意。

全书由张俊涛编写，陈晓莉绘制了书中的插图，并审稿和校对，在此表示感谢。

在多年的教学实践中，作者阅读了大量国内外电子技术课程教材和相关资料，无法一一尽述，在此向相关作者表示感谢。鉴于作者的水平，书中难免有疏漏、不妥甚至是错误之处，恳请读者提出批评意见和改进建议。

编　者

2017 年 3 月

目　录

第1章 绪 论

在电子技术飞速发展的几十年间，数字技术的应用改变了世界。我们每天都要获取大量的信息，而这些信息的传输、处理和存储越来越趋于数字化。

在日常生活中，以数字系统为核心的产品很多。典型的产品有：

(1) 计算机。计算机是数字系统的典型代表。

自20世纪40年代第一台数字计算机诞生以来，伴随着半导体工艺技术的提高，计算机的功能随之增强，性能大幅度提高，在数据处理、数字音视频技术和数字通信等领域都得到了广泛的应用。近30年来，"数字革命"已经深入到了生活的方方面面。计算机不仅成为了学习和工作的平台，同时又是文化传播和娱乐的平台，可以听音乐、看电影、欣赏图片、浏览网页等。

(2) 数码相机。数码相机的发展和应用主要依赖于数字存储和数字图像处理技术。

40多年前，大多数照相机用银卤化物胶片记录图像。胶片需要经过曝光、冲洗、显影等过程才能再现摄入的图像信息。今天，半导体制造工艺的提高使得半导体存储器的容量大幅度提高，而成本大幅度降低，成为数字存储的主要载体。数码相机摄入图像后经压缩记录为数字信息存储在SD卡、U盘等半导体存储器中，便于携带、拷贝、加工和处理。每幅图像记录为720p、1080p或者更大的像素矩阵，其中每个像素又可以用8位或者更多比特位表示红、绿、蓝三个基色的强度值。

(3) 智能手机。手机从初期的以语音通信为主要功能的普通手机发展到现在的集通信、数字音视频、电子商务、定位和导航等多种功能于一体的智能手机，其内部电路为以微处理器为核心的数字系统。智能手机内置的摄像头使得人人都可以随时随地拍照，高分辨率的显示屏方便播放视频和显示图片，语音接口方便录音和播放音乐，高清数字地图配合GPS可以提供定位和导航服务。

除上述典型的数字产品外，数字技术还广泛应用于医学信息处理、仪器仪表、工业控制以及音视频信息处理等领域。

数字技术之所以能够广泛应用，主要是因为数字电路与模拟电路相比，有如下优点：

(1) 抗干扰能力强。数字电路能够在相同的输入条件下精确地产生相同的结果，而模拟电路受到温度、电源电压、噪声、辐射以及元器件老化等因素的影响，在相同的输入条件下输出的结果并不完全相同。

(2) 数字信号便于传输和处理。数字系统很容易对信息进行变换和编码，以提高通信效率和可靠性，而且容易实现信息的加密，从而有效地保护了知识产权。例如，目前许多住宅小区的有线电视网络将视音频信息编码成数字信号传输，再通过机顶盒解码出信息。除了提供上网和回看等附加功能之外，便于收费也是其主要功能之一。

(3) 成本低。数字电路可以被集成在单个芯片里，如CPU、单片机和FPGA等，并能以很低的成本进行量产。例如，经典 MCS-51 系列单片机的目前售价只有几元，等效门电路达到百万门的 FPGA，内部集成了功能强大的微处理器、DSP、乘法器和锁相环等，其售价也只有几十元到几百元之间。

为了能够理解数字电路的工作原理，掌握数字系统的分析与设计方法，需要系统地学习数字电子技术。

本章首先介绍数字信号与数字电路的基本概念，然后讲述数字系统中常用的数制和编码。

1.1 数字信号与数字电路

人类社会通过各种各样的方式传递信息。烽火连三月，家书抵万金。古人用烽火传递战争预警信息，用击鼓鸣金传送战场上的命令信息。边关的战事信息需要通过快马加鞭的方式接力传递，费时费力，效率低下。

随着电磁波的发现和半导体器件的产生及应用，信息的传递方式也发生了巨大的变化。从起初的电报、有线电话发展到移动通信、网络通信和卫星通信，大大地提高了信息传递的效率，丰富了我们的生活，拉近人与人之间的距离。相应地，人类社会也从农业社会、工业社会步入了信息化社会。

在电子信息领域，承载信息的载体称为信号(Signal)。信号一般表现为随时间、空间等因素变化的某种物理量。例如，语音信号随时间变化，气压信号随高度和温度变化，而图像信号随空间变化。通常习惯于将信号理解为随时间变化的一维信号，因此记为 $f(t)$。

根据自变量 t 是否连续取值，将信号分为连续时间信号和离散时间信号两大类。又根据信号的幅值是否连续，将信号分为幅值连续的信号和幅值离散的信号。这样，就可以组合出以下四类信号：第一类信号为时间连续、幅值连续的信号；第二类信号为时间离散、幅值连续的信号；第三类信号为时间连续、幅值离散的信号；第四类信号为时间离散、幅值离散的信号。分别如图 1-1(a)～(d)所示。

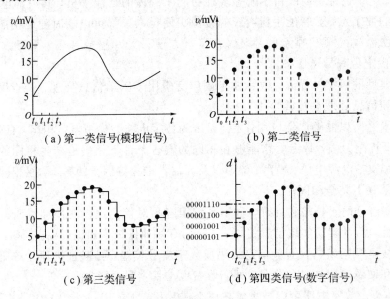

图 1-1 信号的分类

　　我们将第一类信号——时间连续、幅值连续的信号称为模拟信号（Analog Signal），将第四类信号——时间离散、幅值离散的信号称为数字信号（Digital Signal）。相应地，产生和处理模拟信号的电子电路称为模拟电路，产生和处理数字信号的电子电路称为数字电路。第二类和第三类信号为模拟信号转换为数字信号和将数字信号还原为模拟信号时产生的过渡信号，在模拟电路和数字电路课程中均有涉及。例如，对模拟信号进行采样产生第二类信号（因此也称为采样信号），再对幅值进行量化后才转换为数字信号，如图 1-2 所示。相应地，将数字信号经过数模（D/A）转换为第三类信号，再经过低通滤波后还原为模拟信号。

图 1-2　模拟信号与数字信号的转换

　　虽然数字系统在信息处理、存储、加密和传输等方面有着独特的优势，但我们仍然生活在模拟世界中，因为自然界多数物理量本质上还是模拟的。如果需要用数字系统处理模拟信号，首先要将模拟信号转换为数字信号，经过数字系统处理后，需要时再还原成模拟信号。音频信号数字化处理流程如图 1-3 所示，前端先将模拟音源信号经过调理后转换为数字信号，再经过信源编码、调制、记录到存储介质上，或者通过信道编码经过传输介质进行传输，后端则通过光盘传递或网络下载后，再经过解调或者信道解码、信源解码后还原出音源信息。

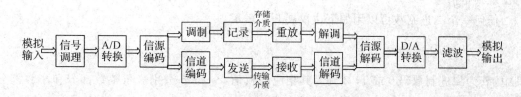

图 1-3　音频信号数字化处理流程

　　数字电子技术课程与模拟电子技术课程相比，特点是入门简单，但内容繁多，既包含逻辑分析与设计，又包含电路分析与设计。而实际器件的性能并不理想，因此在设计数字系统时，通常需要在逻辑功能与电路性能之间进行综合考虑。

1.2　数　　制

　　数制（Number Systems）即计数所采用的体制，具体是指多位数码中每位数码的构成方式，以及从低位到高位的进位规则和从高位到低位的借位规则。从古至今，人们习惯于使用十进制进行计数（这与人自身的特点有关），而数字电路采用开关电路来实现，开关的通、断只能代表两种数码，自然与二进制数相对应。因此，二进制是数字电路的基础。

　　本节介绍常用的数制及其转换方法。

1.2.1　十进制

十进制(Decimal)使用"0、1、2、3、4、5、6、7、8、9"十个数码和小数点符号".",采用多位计数体制进行计数,其进位规则为逢十进一,借位规则为借一当十。处于不同数位的数码具有不同的权值(Weight),以小数点为界,十进制计数法向左每位的权值依次为 10^0、10^1、10^2、…,向右每位的权值依次为 10^{-1}、10^{-2}、…。例如,对于十进制数"555.55",虽然每个数码均为 5,但处于不同位置的 5 的权值不同。因此,十进制数"555.55"实际表示的数值大小为

$$5\times10^2+5\times10^1+5\times10^0+5\times10^{-1}+5\times10^{-2}$$

一般地,任意一个十进制数都可以展开为以下的位权展开式:

$$\sum_{i=-m}^{n-1}d_i\times10^i$$

其中,d_i 是第 i 位数码,10^i 则为第 i 位的权值,n 和 m 分别表示整数部分和小数部分的位数。

1.2.2　二进制

数字电路基于开关电路实现,而开关具有闭合和断开两个稳定状态。假设用其中一个状态代表 0,另一个代表 1,当开关交替闭合、断开时,自然就形成了 0 和 1 表示的二值序列。多个开关同时工作时则形成了多位 0 和 1 的组合,因此,数字电路自然与二进制数(Binary)相对应。

二进制只使用 0 和 1 两个数码,采用多位计数体制进行计数,其进位规则是逢二进一,借位规则是借一当二。

任何一个二进制数可以用如下位权展开式表示:

$$\sum_{i=-m}^{n-1}b_i\times2^i$$

其中,b_i 为二进制数码 0 或 1,2^i 则为其相应的权值,n 和 m 分别表示整数部分和小数部分的位数。例如,$(1011.101)_2$ 表示的数的大小为

$$1\times2^3+0\times2^2+1\times2^1+1\times2^0+1\times2^{-1}+0\times2^{-2}+1\times2^{-3}$$

一般地,N 进制数共有 N 个数码,其权位展开式可以表示为

$$\sum_{i=-m}^{n-1}k_i\times N^i$$

其中,k_i 是第 i 位数码的大小,N^i 为第 i 位数码的权值,n 和 m 分别表示整数部分和小数部分的位数。

1.2.3　十六进制

二进制的优点是简单,而且便于运算,缺点是当位数很多时不但书写麻烦而且不易识别。二进制数书写时需要占用较大的篇幅,按权展开式的计算也比较麻烦。例如,32 位二进制数"1_1111_0001_1110_1010_1010.0111_0110_111"的大小就不容易识别了。

为了解决这个问题,人们想到一种方法:将二进制数以小数点为界,向左和向右每四

位合并为一个十六进制数码(常用),或者每三位合并为一个八进制数码(周易是建立在八进制基础上的,但八进制目前已不常用了),以方便表示和识别。

十六进制(Hexadecimal)采用"0、1、2、3、4、5、6、7、8、9、A、B、C、D、E、F"十六个数码,其进位规则是逢十六进一,借位规则是借一当十六。以小数点为界,十六进制整数向左每位的权值依次为 16^0、16^1、16^2、$\cdots$,向右小数部分每位的权值依次为 16^{-1}、16^{-2}、$\cdots$。例如:

$$(9AB.1C)_{16} = (9 \times 16^2 + 10 \times 16^1 + 11 \times 16^0 + 1 \times 16^{-1} + 12 \times 16^{-2})_{10}$$
$$= (2475.109375)_{10}$$

即十六进制数 9AB.1C 和十进制数 2475.109375 等值。

十六进制数既方便书写又方便识别,是数字系统中常用的数制之一。四位二进制数和十进制数、十六进制数之间关系的对照表如表 1-1 所示。

表 1-1 不同进制数的对照表

十进制数	二进制数	十六进制数	十进制数	二进制数	十六进制数
00	0000	0	08	1000	8
01	0001	1	09	1001	9
02	0010	2	10	1010	A
03	0011	3	11	1011	B
04	0100	4	12	1100	C
05	0101	5	13	1101	D
06	0110	6	14	1110	E
07	0111	7	15	1111	F

1.2.4 不同进制的转换

日常生活中我们习惯使用十进制计数,而数字系统是由产生和处理二进制数码 0 和 1 的开关电路构建的,所以以用数字系统进行数值计算时,就需要将十进制数转换成二进制数送入数字系统,计算完成后再将二进制数还原成十进制数以方便识别。

1. 十进制数转换成二进制数

十进制数转换为二进制数时,整数部分和小数部分的转换方法不同。将整数部分和小数部分分别转换完成后,再合并为一个数。

十进制整数转换成二进制数时采用"除 2 取余"的方法。具体做法是:用 2 去除十进制整数,得到一个商数和一个余数;再用 2 去除新得到的商数,又会得到一个商数和一个余数,反复进行直到商数为 0 时止,把最后得到的余数作为二进制数的最高位,把最先得到的余数作为二进制数的最低位,依次排列即得到转换结果。

【例 1-1】 将十进制整数 173 化为二进制数。

解 十进制整数的转换采用"除 2 取余，逆序排列"的方法。

$$
\begin{array}{r|l}
2 & 173 \\
2 & 86 \quad\text{------} \quad \text{余数}=1=k_0 \\
2 & 43 \quad\text{------} \quad \text{余数}=0=k_1 \\
2 & 21 \quad\text{------} \quad \text{余数}=1=k_2 \\
2 & 10 \quad\text{------} \quad \text{余数}=1=k_3 \\
2 & 5 \quad\text{------} \quad \text{余数}=0=k_4 \\
2 & 2 \quad\text{------} \quad \text{余数}=1=k_5 \\
2 & 1 \quad\text{------} \quad \text{余数}=0=k_6 \\
 & 0 \quad\text{------} \quad \text{余数}=1=k_7 \\
\end{array}
$$

因此，$(173)_{10}=(10101101)_2$。

十进制小数转换为二进制数时采用"乘 2 取整"的方法。具体做法是：用 2 乘以十进制小数，将得到的乘积整数部分取出；再用 2 乘以余下的小数，再将乘积的整数部分取出，反复进行直到乘积的小数部分为 0 或者满足精度要求为止。把最先得到的整数作为二进制小数的最高位，把最后得到的整数作为二进制数的最低位，依次排列即可得到等值的二进制小数。

【例 1-2】 将十进制小数 0.8125 化为二进制数。

解 十进制小数的转换采用"乘 2 取整，顺序排列"的方法。

$$
\begin{array}{r}
0.8125 \\
\times \quad 2 \\
\hline
1.6250 \quad\text{------} \quad \text{整数部分}=1=k_{-1} \\
\end{array}
$$

$$
\begin{array}{r}
0.6250 \\
\times \quad 2 \\
\hline
1.2500 \quad\text{------} \quad \text{整数部分}=1=k_{-1} \\
\end{array}
$$

$$
\begin{array}{r}
0.2500 \\
\times \quad 2 \\
\hline
1.5000 \quad\text{------} \quad \text{整数部分}=1=k_{-1} \\
\end{array}
$$

$$
\begin{array}{r}
0.5000 \\
\times \quad 2 \\
\hline
1.0000 \quad\text{------} \quad \text{整数部分}=1=k_{-1} \\
\end{array}
$$

因此，$(0.8125)_{10}=(0.1101)_2$。

若需要将十进制数 173.8125 转换为二进制数，则为 10101101.1101。

上述转换方法可以类推到将十进制数转换为十六进制数，即十进制整数部分"除 16 取余"，小数部分采用"乘 16 取整"的方法。

2. 二进制数转换成十进制数

二进制数转换成十进制数的基本方法是按照其位权展开式进行展开，然后将各部分相加即可得到等值的十进制数。例如：

$(1011.101)_2=(1\times2^3+0\times2^2+1\times2^1+1\times2^0+1\times2^{-1}+0\times2^{-2}+1\times2^{-3})_{10}=(11.625)_{10}$

十六进制数转换成十进制数的方法相同。例如：

$(F5.6E)_{16}=(15\times16^1+5\times16^0+6\times16^{-1}+14\times16^{-2})_{10}=(245.4296875)_{10}$

3. 二进制数和十六进制数的相互转换

二进制数和十六进制数的相互转换比较容易。将二进制数转换为十六进制数时，只需要从小数点开始，向左、向右每四位合并为一位十六进制数码对应排列就可以了。相反地，将十六进制数转换为二进制数时，只需要把每位十六进制数码重新展开为四位二进制数对应排列即可。例如：

$$(1010\ 0110\ 0010.1011\ 1111\ 0011)_2 = (A62.BF3)_{16}$$
$$(7E3.5B4)_{16} = (0111\ 1110\ 0011.0101\ 1011\ 0100)_2$$

综上所述，常用进制数之间的转换方法如图 1-4 所示。

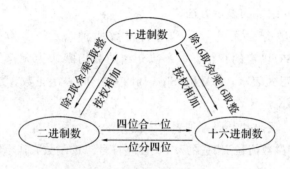

图 1-4 常用进制数之间的转换

1.3 补 码

用十进制进行运算时，做加法容易，做减法则比较麻烦。做减法时，首先需要比较两个数的大小，然后用大数减去小数，运算结果取大数的符号。这种运算方法若用数字系统实现，则电路很复杂。能否将减法运算转化为加法运算，以方便数字系统实现呢？下面以日常生活中常用的手表为例进行分析。

假设早上 7 点起床，发现手表在昨天晚上 11 点停了，这时就需要将手表从 11 点调到 7 点。调表的方法有两种：第一种方法是将表针逆时针回拨 4 格，做减法，即 $11-4=7$，如图 1-5 所示；第二种方法是将表针顺时针向前拨 8 格，做加法，即 $11+8=(12)+7$，同样可以达到目的。

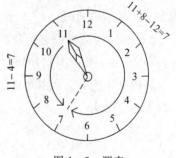

图 1-5 调表

这个例子说明，对于手表来说，在忽略进位的情况下，做加法和做减法的效果是一样的，也就是说，可以用加法运算来代替减法运算。关键问题是，怎么知道减 4 可以转化为加 8 呢？答案是 $4+8=12$，恰好为表盘的模（也称为进制、容量）。也就是说，对于模 12 来说，8 为 4 的补码。

这种思维方式可以类推到其他进制。例如，对于模 10 运算，$9-4$ 可以用 $9+6$ 代替，在忽略进位的情况下，运算结果是一样的，即 6 为 4 的补码。对于模 100 运算，$86-45$ 可以用 $86+55$ 代替，即 55 是 45 的补码。

对于二进制系统也是同样的道理。以四位二进制(模 16)系统为例,如图 1-6 所示,若要做减法运算 1011-0111(对应十进制 11-7)时,首先应找到 0111 的补码。因为 7+9=16,所以 1011-0111 可以用加法运算 1011+1001(十进制 11+9)代替,即对于模 16 运算,1001 为 0111 的补码。

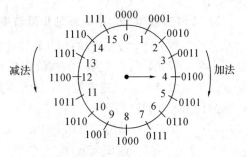

图 1-6 四位二进制系统

一般地,对于 n 位二进制数(模 2^n),如何求数的补码呢?下面先介绍数的表示方法。

在数字系统中,数分为无符号数和有符号数两种。无符号数每位都是"数值位"(Magnitude Bits),都有固定的权值。本章节介绍的数均默认为无符号数。有符号数采用"符号位+数值位"的形式表示,符号位(Sign Bit)为"0"时表示正数,为"1"时表示负数,而数值位表示数值的大小。

有符号数有原码、反码和补码三种表示方法。

对于"符号位+n 位数值位"构成的 $n+1$ 位有符号二进制数,其原码的格式为

$$S, b_{n-1}, \cdots, b_0$$

其中,S 为符号位,$b_{n-1}, \cdots, b_0$ 为 n 位二进制数,数值大小用 N 表示。

原码能够表示的数的范围为 $-(2^n-1) \sim +(2^n-1)$。对于 8 位有符号二进制数,能够表示的数的范围为 $-127 \sim +127$,其中数"0"的表示方式有两种:0,0000000(+0)和 1,0000000(-0)。

反码又称为对 1 的补码(1's complement)。用反码表示有符号数时,符号位保持不变,数值大小定义为

$$(N)_{反码}=\begin{cases} N & (正数时) \\ (2^n-1)-N & (负数时) \end{cases}$$

例如,原码 1,0101011(-43)的反码为 1,1010100(-43)。

8 位二进制数反码表示的数的范围为 $-127 \sim +127$,其中数"0"的表示方式仍然有两种:00000000(+0)和 11111111(-0)。

补码又称为对 2 的补码(2's complement)。用补码表示有符号数时,符号位保持不变,数值大小定义为

$$(N)_{补码}=\begin{cases} N & (正数时) \\ 2^n-N & (负数时) \end{cases}$$

例如,原码 1,0101011(-43)的补码为 1,1010101(-43)。

8 位二进制数补码表示数的范围为 $-128 \sim +127$,其中数"0"只有一种表示方法:0,0000000。

表 1-2 为 8 位二进制数码表示的无符号数以及有符号数的原码、反码和补码表示数值大小的对照表。

表 1 - 2 8 位二进制无符号数和有符号数三种表示方法对照表

8 位二进制数	无符号数	有符号数		
		原码	反码	补码
0000_0000	0	+0	+0	+0
0000_0001	1	+1	+1	+1
...	...	...	...	
0111_1101	125	+125	+125	+125
0111_1110	126	+126	+126	+126
0111_1111	127	+127	+127	+127
1000_0000	128	−0	−127	−128
1000_0001	129	−1	−126	−127
1000_0010	130	−2	−125	
...	...	...	...	
1111_1110	254	−126	−1	−2
1111_1111	255	−127	−0	−1

注：表中"_"为分隔符，使数值表示更清晰一些，可以省略。

从上述定义可以看出，正数的原码、反码和补码形式相同。在求负数的补码时，为了避免做减法运算，一般方法是：先求出负数的反码，然后在数值位上加 1 即可得到补码。即

$$(N)_{补码} = (N)_{反码} + 1 \quad (负数时)$$

有符号数用补码表示以后，使得加法电路既能做加法，也能做减法，因而大大简化了处理器的硬件结构。

【例 1 - 3】 用二进制补码计算 13＋10、13−10、−13＋10 和 −13−10。

解 由于 13＋10＝23，故数值大小需要用 5 位二进制数表示。用补码运算时，需要再加上 1 位符号位，所以需要用 6 位有符号二进制数运算。

```
 +13    0 01101        +13    0 01101
 +10    0 01010        −10    0 01010
 +23    0 10111         +3  (1)0 10111

 −13    1 10011        −13    1 10011
 +10    0 01010        −10    1 10110
  −3    1 11101        −23  (1)1 01001
```

在数字系统中，二进制加法是基本运算，应用补码可以将减法转化成加法，而乘法运算可以用移位相加实现，除法运算可以用移位相减实现，因此计算机 CPU 中的累加器既能进行加法运算，也可以实现减法、乘法和除法运算，而指数、三角函数等都可以分解为加、减、乘、除运算的组合，因此累加器可以实现任意的数值运算。

1.4 编 码

数码不但可以表示数的大小，还可以用来表示不同的事物。用数码表示不同的事物称为编码(Code)。编码的应用特别广泛，例如居民身份证号是国家对每个公民的编码，学号是学校对每位学生的编码。类似地，还有运动员的编码、货品的条形码和车牌号，等等。另外，编码

还可用来表示事物不同的状态，如开关的断开或闭合，灯的亮、灭以及事件的真、假等。

数字电路中使用二进制数码 0 和 1 对事物进行编码。下面介绍几种常用的编码。

1.4.1 十进制代码

虽然二进制适合于数字系统运算，但人们还是习惯于使用十进制，所以在计算机发展的初期，发明了二－十进制代码，简称十进制代码。用二进制数码来表示十进制数。

n 位二进制数共有 2^n 个不同的取值，所以在表示十进制数码 0、1、2、3、4、5、6、7、8、9 时，需要用四位二进制数码。从理论上讲，十进制代码的编码方案共有 A_{16}^{10} 种。虽然编码方案非常多，但绝大部分编码没有特点，有应用价值的十进制代码并不多。表 1-3 为几种常用的十进制代码。

表 1-3　常用的十进制代码

数值　　编码	8421 码	余 3 码	2421 码	5211 码
0	0000	0011	0000	0000
1	0001	0100	0001	0001
2	0010	0101	0010	0100
3	0011	0110	0011	0101
4	0100	0111	0100	0111
5	0101	1000	1011	1000
6	0110	1001	1001	1001
7	0111	1010	1101	1100
8	1000	1011	1110	1101
9	1001	1100	1111	1111
权值	8421	无权	2421	5211

8421 码的特点是用四位二进制数的前 10 个来分别代表十进制数的 0~9。由于四位二进制数从高到低的权值依次为 8、4、2、1，因此这种编码称为 8421 码或称为 BCD(Binary Coded Decimal)码。每个代码表示的十进制数，恰好等于代码中为 1 的数码权值之和。

将 8421 码的每个码加 3(0011)就得到了余 3 码。余 3 码每位没有固定的权值，为无权码，在用二进制加法器实现 BCD 码加法方面有些特殊的用途。2421 和 5211 码的权值分别为 2、4、2、1 和 5、2、1、1。

1.4.2 循环码

循环码又称为格雷码(Gray Code)，其特点是任意两个相邻码之间只有一位不同。对于四位循环码，其构成规律为：最低位按照 01、10 变化，次低位按 0011、1100 变化，次高位按 00001111、11110000 变化，最高位按 0000000011111111、1111111100000000 变化。按上述规律类推可以构成任意位的循环码。表 1-4 为四位二进制码与格雷码编码的比较。

循环码为可靠性编码。在时序电路中，二进制计数器若按循环码进行计数，由于任意两个相邻码之间只有一位变化，所以计数时没有竞争，自然不会产生竞争—冒险。另外，卡诺图也利用了循环码中两个相邻码只有一位不同的特点表示最小项的相邻关系，以方便逻辑函数化简。

表 1－4　四位循环码与二进制编码的比较

十进制数	二进制代码	格雷码	十进制数	二进制代码	格雷码
0	0000	0000	8	1000	1100
1	0001	0001	9	1001	1101
2	0010	0011	10	1010	1111
3	0011	0010	11	1011	1110
4	0100	0110	12	1100	1010
5	0101	0111	13	1101	1011
6	0110	0101	14	1110	1001
7	0111	0100	15	1111	1000

1.4.3　ASCII 码

ASCII 码为美国信息交换标准代码，由七位二进制代码（$b_7 b_6 b_5 b_4 b_3 b_2 b_1$）组成，分别编码 128 个字母、数字和控制码，如表 1－5 所示。

表 1－5　ASCII 码表

$b_4 b_3 b_2 b_1$	$b_7 b_6 b_5$							
	000	001	010	011	100	101	110	111
0000	NUL	DLE	SP	0	@	P	`	p
0001	SOH	DC1	!	1	A	Q	a	q
0010	STX	DC2	"	2	B	R	b	r
0011	ETX	DC3	#	3	C	S	c	s
0100	EOT	DC4	$	4	D	T	d	t
0101	ENQ	NAK	%	5	E	U	e	u
0110	ACK	SYN	&	6	F	V	f	v
0111	BEL	ETB	'	7	G	W	g	w
1000	BS	CAN	(	8	H	X	h	x
1001	HT	EM	)	9	I	Y	i	y
1010	LF	SUB	*	:	J	Z	j	z
1011	VT	ESC	+	;	K	[	k	{
1100	FF	FS	,	<	L	\	l	|
1101	CR	GS	—	=	M	]	m	}
1110	SO	RS	.	>	N	∧	n	~
1111	SI	US	/	?	O	—	o	DEL

若在七位 ASCII 码前补加一位"1"，则构成我国汉字编码使用的扩展 ASCII 码($1b_7b_6b_5b_4b_3b_2b_1$)。用两个扩展 ASCII 码编码一个汉字，最多可编码 $128\times128=16384$ 个汉字或字符。

习　　题

1.1　将下列二进制数转换为十进制数。

(1) $(11001011)_2$　　　　(2) $(0.0011)_2$　　　　(3) $(101010.101)_2$

1.2　将下列十进制数转换为二进制数，要求转换误差小于 2^{-6}。

(1) $(145)_{10}$　　　　(2) $(0.697)_{10}$　　　　(3) $(27.25)_{10}$

1.3　将下列二进制数转换为十六进制数。

(1) $(1101011011)_2$　　(2) $(0.1110011101)_2$　　(3) $(100001.001)_2$

1.4　将下列十六进制数转换为二进制数和十进制数。

(1) $(26E)_{16}$　　　　(2) $(4FD.C3)_{16}$　　　　(3) $(79B.5A)_{16}$

1.5　将下列十进制数用 8421BCD 码和余 3 码表示。

(1) $(54)_{10}$　　　　(2) $(87.15)_{10}$　　　　(3) $(239.03)_{10}$

1.6　写出下列二进制数的原码、反码和补码。

(1) $(+1101)_2$　　　　(2) $(+001101)_2$

(3) $(-1101)_2$　　　　(4) $(-001101)_2$

1.7　写出下列有符号二进制数的反码和补码。

(1) $(0,11011)_2$　　　　(2) $(0,01010)_2$

(3) $(1,11011)_2$　　　　(4) $(1,01010)_2$

1.8　用 8 位二进制补码表示下列十进制数。

(1) $+15$　　　　(2) $+127$　　　　(3) -11　　　　　　(4) -121

1.9　用补码计算下列各式。

(1) $25+13$　　　(2) $25-13$　　　(3) $-25+13$　　　　(4) $-25-13$

1.10　我国地方车牌格式为"省标识+1 位地区字母+5 位车牌编码"，如"陕 AL1314"。若某省某地区的 5 位车牌编码规定为由两位大写英文字母(字母 I 和 O 容易和数字 1 和 0 混淆，因此不用)和三位数字($0\sim9$)构成，共能编码多少辆车？

第 2 章　逻辑代数基础

事物因果之间所遵循的规律称为逻辑（Logic）。日出而作，日落而息，是对古人的生活习性与太阳系运转规律之间因果关系的描述。

对于图 2-1 所示的电路，灯 Y 的状态由开关 S 控制。开关 S 闭合则灯亮，断开则灯灭，所以开关的状态是因，灯的亮、灭是果，构成了最简单的逻辑关系。

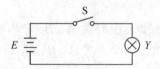

图 2-1　最简单的逻辑关系

描述逻辑关系的数学称为逻辑代数（Logic Algebra）。逻辑代数是英国数学家乔治·布尔（George Boolean）于 19 世纪创立的（后经证实是早布尔 150 年的数学家高斯原创），所以逻辑代数也称为布尔代数（Boolean Algebra）。到了 20 世纪初，美国人香农（Claude E. Shannon）在开关电路中找到了逻辑代数的用途，逻辑代数便很快成为了数字系统分析与设计的理论工具。

2.1　逻　辑　运　算

在逻辑代数中，将事物之间最基本的逻辑关系定义为与、或、非三种，其他逻辑关系都可以看作是基本逻辑关系的组合。

2.1.1　与逻辑

假设决定某一个事件共有 $n(n \geqslant 2)$ 个条件，只有当所有条件都满足时，事件才会发生，这种逻辑关系称为与（AND）逻辑，或称为与运算。

将图 2-1 中的开关 S 扩展为两个开关 A、B 串联，如图 2-2(a)所示。根据电路的知识可知，只有当开关 A 和 B 同时闭合时才能构成回路，灯才会亮。所以，决定灯亮有两个条件：一是开关 A 闭合，二是开关 B 闭合，而且开关的状态与灯的状态之间的因果构成了与逻辑关系。

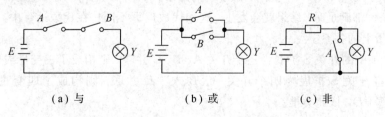

（a）与　　　　　　　　（b）或　　　　　　　　（c）非

图 2-2　基本逻辑关系电路原理图

为了便于用数学方法描述逻辑关系，需要对开关和灯的状态进行编码。

假设用 $A=0$ 表示开关 A 断开，用 $A=1$ 表示开关 A 闭合；

用 $B=0$ 表示开关 B 断开，用 $B=1$ 表示开关 B 闭合；

用 $Y=0$ 表示灯不亮，用 $Y=1$ 表示灯亮。

在上述约定下，开关 A、B 的状态和灯 Y 亮、灭之间的因果关系可以用表 2-1 所示的真值表(Truth-Table)表示。

表 2-1 与逻辑真值表

A	B	Y
0	0	0
0	1	0
1	0	0
1	1	1

从真值表可以看出，只有全部输入为 1 时，与逻辑的运算结果(输出)才为 1，否则为 0。由于与逻辑的运算规律和代数中乘法运算的规律相同，因此，与逻辑也称为逻辑乘法，其运算表达式记为

$$Y = A \cdot B$$

通常简写为 $Y=AB$。

若将图 2-1 中的开关 S 扩展为三个开关 A、B、C 串联，则构成了三变量与逻辑关系 $Y=ABC$。同理，若将开关 S 扩展为四个开关 A、B、C、D 串联，则构成了四变量与逻辑关系 $Y=ABCD$，依此类推。

在现实生活中，与逻辑关系的例子很多。例如，飞机的机头和两翼下共有三组起落架，只有三组起落架都正常放下时，飞机才具有安全着陆的基本条件。又如，许多居民小区配有单元门门禁系统，因此要能自由地出入家门，不但要有家门钥匙，而且还要有门禁卡。

2.1.2 或逻辑

假设决定某一个事件共有 $n(n \geq 2)$ 个条件，至少有一个条件满足时，事件就会发生，这种逻辑关系称为或(OR)逻辑，也称为或运算。

将图 2-1 中的开关 S 扩展为两个开关 A、B 并联，如图 2-2(b)所示。根据电路的知识可知，当开关 A 和 B 至少有一个闭合时就能构成回路，灯就会亮。所以，决定灯亮有两个条件：一是开关 A 闭合，二是开关 B 闭合，而且开关的状态与灯的状态之间的因果构成了或逻辑关系。

在和"与逻辑"关系同样的约定下，反映开关状态和灯亮、灭之间因果关系的真值表如表 2-2 所示。从真值表可以看出，

表 2-2 或逻辑真值表

A	B	Y
0	0	0
0	1	1
1	0	1
1	1	1

任一输入为 1 时，或逻辑的运算结果(输出)为 1，否则为 0。由于或逻辑的运算规律和代数中加法运算类似，因此或逻辑也称为逻辑加法，其运算表达式记为

$$Y = A + B$$

在或逻辑关系中："$1+1=1$"，反映事物的因果关系。"$1+1=1$"说明决定某一个事件共有两个条件，条件都满足时，结果就会发生。这和代数运算不同！在代数运算中，"$1+1=2$"反映事物在数量上的关系。

将图 2-1 中的开关 S 扩展为三个开关 A、B、C 并联，则构成了三变量或逻辑关系 $Y=A+B+C$。将开关 S 扩展为四个开关 A、B、C、D 并联，则构成了四变量或逻辑关系 $Y=A+B+C+D$，依此类推。

在现实生活中，或逻辑关系的例子同样很多。例如，当飞机的三组起落架中至少有一

组不能正常放下时，飞机就不具有安全着陆的基本条件。又如，教室有前、后两个门，至少有一个门开着时，我们就能自如地出入教室。

2.1.3 非逻辑

决定某一事件只有一个条件，当条件满足时事件不发生，当条件不满足时事件则会发生，这种逻辑关系称为非(NOT)逻辑，或称为逻辑反。

如果将图2-1中的开关 S 和灯 Y 由串联关系改为并联，如图2-2(c)所示，则根据电路的知识可知，当开关 A 闭合时会将灯短路，因此灯不亮；当开关 A 断开时灯与电源 E 构成了回路，因此灯亮。所以，决定灯亮只有一个条件：开关 A 闭合，并且开关闭合与灯亮之间构成了相反的逻辑关系。

假设用 $A=0$ 表示开关 A 断开，$A=1$ 表示开关 A 闭合；

用 $Y=0$ 表示灯不亮，$Y=1$ 表示灯亮。

在上述约定下，非逻辑关系的真值表如表2-3所示，其运算表达式记为

$$Y=A' \quad 或 \quad Y=\overline{A}$$

读为"Y 等于 A 非"或者"Y 等于 A 反"。

表 2-3 非逻辑真值表

A	Y
0	1
1	0

非逻辑代表一种非此即彼的关系，如古罗马的角斗士一样，一方的生存是以另一方的死亡为条件的。

图2-3是目前国际流行的，分别表示两变量的与逻辑和或逻辑，以及非逻辑关系的(IEEE/ANSI-1991标准)逻辑符号。在数字电路中，用来实现与逻辑、或逻辑和非逻辑关系的单元电路分别称为与门、或门和非门。

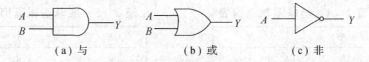

(a) 与   (b) 或   (c) 非

图2-3 三种基本逻辑符号

在电子技术中，基本逻辑关系有着许多典型的应用。例如，对于图2-4(a)所示的与门电路，当 A 接周期变化的数字序列、B 接开关时，只有 B 为1时数字序列才能通过与门到达 Y 端，因此与门有"门控"作用，B 为1时与门打开，为0时与门关闭。

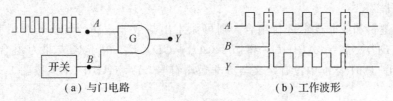

(a) 与门电路   (b) 工作波形

图2-4 与逻辑的门控作用

对于图2-5所示的化学工艺流程监测电路，当温度传感器检测到的温度值 U_T 超过预设的温度界限 U_{TR}，或者压力传感器检测到的压力值 U_P 超过压力界限 U_{PR} 时，两个比较器的输出 T_H 和 P_H 至少有一个为1，通过或门电路驱动报警器报警，提醒工作人员注意。

对于图2-6所示的按键开关电路，当开关 S 未按下时，电源 U_{CC} 通过电阻 R_2 和 R_1 对

电容 C 充电，使得非门的输入为 1，从而非门的输出为 0；当开关 S 按下时，电容 C 通过 R_1 和开关 S 到地进行放电，使得非门的输入为 0，从而非门的输出为 1。因此，非门输出为 0 时表示"开关未按下"，为 1 时表示开关处于"按下"状态。

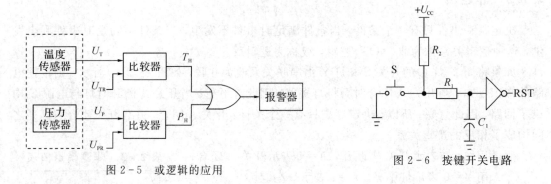

图 2-5 或逻辑的应用

图 2-6 按键开关电路

2.1.4 两种复合逻辑

将与逻辑、或逻辑分别和非逻辑进行组合，可以派生出两种复合逻辑：与非逻辑和或非逻辑。

与非(NAND)逻辑表示先做与运算，再将运算结果取反，其表达式记为

$$Y=(AB)'$$

真值表如表 2-4 所示。

或非(NOR)逻辑表示先做或运算，再将运算结果取反，其表达式记为

$$Y=(A+B)'$$

真值表如表 2-5 所示。

表 2-4 与非逻辑真值表

A	B	Y
0	0	1
0	1	1
1	0	1
1	1	0

表 2-5 或非逻辑真值表

A	B	Y
0	0	1
0	1	0
1	0	0
1	1	0

两变量进行与非和或非运算的逻辑符号分别如图 2-7(a)和 2-7(b)所示，符号中的"o"表示取"非"。

若将与逻辑和或非逻辑进行组合，则可派生出与或非逻辑。与或非逻辑有多种形式，如 $Y=(A+BC)'$、$Y=(AB+C)'$ 和 $Y=(AB+CD)'$ 等。由于与或非为组合运算，因此 IEEE/ANSI-1991 标准中没有定义与或非逻辑符号，$Y=(AB+CD)'$ 按图 2-8 所示的逻辑图实现。

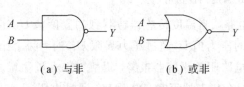

(a) 与非　　　(b) 或非

图 2-7 复合逻辑运算符号

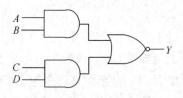

图 2-8 与或非逻辑

2.1.5 两种特殊逻辑

除了三种基本逻辑和两种复合逻辑外，逻辑代数中还定义了两种特殊的逻辑关系：异或和同或。

用两个开关控制一个灯的电路如图 2-9 所示，其中开关 A、B 均为单刀双掷开关。若定义开关扳上为 1，扳下为 0，灯亮为 1，灯灭为 0，则图 2-9(a) 所示电路的真值表如表 2-6 所示。由真值表可以看出，变量 A、B 取值相同时 Y 为 0，不同时 Y 为 1，这种逻辑关系定义为异或(XOR)逻辑，运算表达式记为 $Y=A \oplus B$，逻辑符号如图 2-10(a) 所示。

对于图 2-9(b) 所示电路，在同样的约定下，真值表如表 2-7 所示。从真值表可以看出，变量 A、B 取值相同时 Y 为 1，不同时 Y 为 0，这种逻辑关系定义为同或(XNOR)逻辑，运算表达式记为 $Y=A \odot B$，逻辑符号如图 2-10(b) 所示。

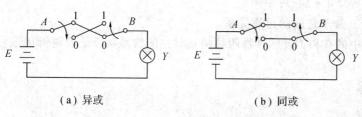

(a) 异或　　　　　　　　(b) 同或

图 2-9　异或与同或电路原理图

表 2-6　异或逻辑真值表

A	B	Y
0	0	0
0	1	1
1	0	1
1	1	0

(a) 异或　　　(b) 同或

图 2-10　异或与同或逻辑符号

表 2-7　同或逻辑真值表

A	B	Y
0	0	1
0	1	0
1	0	0
1	1	1

从真值表可以看出：同或与异或互为反运算，即：

$$A \oplus B=(A \odot B)'$$
$$A \odot B=(A \oplus B)'$$

因此，同或也称为异或非运算。

异或和同或同为两变量逻辑函数。在现代家居设计中，有时用里、外两个开关接成图 2-9 所示的异或关系或者同或关系控制房间里的灯，这样就可以从房间里或者房间外控制灯的亮灭。

综上所述，逻辑代数共定义了七种逻辑运算，包括三种基本逻辑运算(与、或、非)，两种复合逻辑运算(与非和或非)以及两种特殊逻辑运算(异或和同或)。

思考与练习

2-1　若将图 2-4(a) 中的与门换成或门，是否还有门控作用？试分析说明。

2-2　与非门和或非门有没有门控作用？试分析说明。

2-3　异或门和同异门有没有门控作用？试分析说明。

2.2 逻辑代数中的公式

逻辑代数的公式可分为基本公式和常用公式两大类。基本公式反映逻辑代数中存在的一些基本规律，常用公式是从基本公式推导出来的实用公式。

2.2.1 基本公式

基本公式反映了逻辑常量与常量、常量与变量，以及变量与变量之间的基本运算规律。下面进行分类说明。

1. 常量与常量的运算关系

$0+0=0$，$0+1=1$；$0 \cdot 0=0$，$0 \cdot 1=0$；$0'=1$。

$1+0=1$，$1+1=1$；$1 \cdot 0=0$，$1 \cdot 1=1$；$1'=0$。

上述公式反映了逻辑常量 0 和 1 之间的运算关系。

需要注意的是，逻辑代数中的 0 和 1 表示事物两种相互对立的物理状态或者逻辑状态，没有数值大小的区别。

2. 常量与变量的运算关系

0 律：$0+A=A$，$0 \cdot A=0$

1 律：$1+A=1$，$1 \cdot A=A$

"0 律"反映了逻辑常量 0 和逻辑变量之间的运算关系，"1 律"反映了逻辑常量 1 和逻辑变量之间的运算关系。

3. 变量与变量的运算关系

1）重叠律

$$A+A=A, A \cdot A=A$$

上述公式反映了逻辑变量与自身之间的运算关系。

需要注意的是，$A \cdot A=A^2$、$A+A=2A$ 是代数运算，不要和逻辑运算混淆了。

2）互补律

$$A+A'=1, A \cdot A'=0$$

上述公式反映了逻辑变量与其反变量之间的运算关系。

3）交换律

$$A+B=B+A, A \cdot B=B \cdot A$$

交换律公式和普通代数规律相同。

4）结合律

$$A+(B+C)=(A+B)+C, A \cdot (B \cdot C)=(A \cdot B) \cdot C$$

结合律公式和普通代数规律相同。

5）分配律

$$A(B+C)=AB+AC, A+BC=(A+B)(A+C)$$

其中，$A(B+C)=AB+AC$ 称为乘对加的分配律，与普通代数规律相同；$A+BC=(A+B)$

$(A+C)$ 称为加对乘的分配律，是逻辑代数中特有的。

【例 2 - 1】　证明加对乘分配律 $A+BC=(A+B)(A+C)$ 的正确性。

证明　变量 A、B、C 共有 8 种取值组合，分别列出逻辑式 $A+BC$ 和 $(A+B)(A+C)$ 的真值表，如表 2 - 8 所示。由于在 ABC 的每一种取值下，逻辑式 $A+BC$ 和 $(A+B)(A+C)$ 的值均相同，因此 $A+BC$ 和 $(A+B)(A+C)$ 相等。

表 2 - 8　例 2 - 1 真值表

A	B	C	$A+BC$	$(A+B)(A+C)$
0	0	0	0	0
0	0	1	0	0
0	1	0	0	0
0	1	1	1	1
1	0	0	1	1
1	0	1	1	1
1	1	0	1	1
1	1	1	1	1

说明：当变量数比较多时，将真值表中逻辑变量的取值按二进制数的顺序书写是一种良好的习惯。

6）还原律

$$A'' = A$$

该公式说明将一个逻辑变量两次取反后还原为逻辑变量本身。

7）德·摩根定理

逻辑代数中有两个重要的公式是由英国数学家德·摩根（De·Morgan）提出的，因此称为德·摩根定理（以下简称为摩根定理），反映了逻辑乘法（与）与逻辑加法（或）的内在联系和转化关系，在逻辑函数形式变换中有着广泛的应用。

两变量摩根定理的公式为

$$(AB)' = A'+B', \quad (A+B)' = A'B'$$

【例 2 - 2】　证明两变量摩根定理。

证明　变量 A、B 共有四种取值组合：00、01、10、11，列出逻辑式 $(AB)'$ 和 $A'+B'$ 的真值表，如表 2 - 9 所示。

表 2 - 9　例 2 - 2 真值表

A	B	$(AB)'$	$A'+B'$
0	0	1	1
0	1	1	1
1	0	1	1
1	1	0	0

由真值表可以看出，在 A、B 的每一种取值下，逻辑式 $(AB)'$ 和 $A'+B'$ 的值均相同，因此 $(AB)'$ 和 $A'+B'$ 相等。同理可证 $(A+B)'$ 和 $A'B'$ 相等。

2.2.2　常用公式

常用公式是从基本公式推导出来的，用于化简逻辑函数的实用公式，包括吸收公式、消因子公式、并项公式和消项公式等。

1）吸收公式

$$A+AB=A$$

证明　$A+AB=A \cdot 1+AB=A(1+B)=A \cdot 1=A$

吸收公式说明当两个乘积项相加时，如果某一个乘积项中的部分因子恰好等于另外一个乘积项，那么该乘积项是多余的，直接被吸收掉了。

在逻辑代数中，乘积项即与项，乘积项的任何部分称为该乘积项的因子。单个变量可以理解为最简单的乘积项。

2）消因子公式

$$A+A'B=A+B$$

证明　$A+A'B=(A+A')(A+B)=A+B$

消因子公式说明，当两个乘积项相加时，如果某一个乘积项中的部分因子恰好是另外一个乘积项的非，那么该乘积项中的这部分因子是多余的，可以直接消掉。

3）并项公式

$$AB+AB'=A$$

证明　$AB+AB'=A(B+B')=A$

并项公式说明，当两个乘积项相加时，除了公有因子之外，如果剩余的因子恰好互补，那么两个乘积项可以合并成由公有因子所组成的乘积项。

4）消项公式

$$AB+A'C+BC=AB+A'C$$

证明
$$AB+A'C+BC=AB+A'C+(A+A')BC=AB+A'C+ABC+A'BC$$
$$=(AB+ABC)+(A'C+A'BC)$$
$$=AB+A'C$$

消项公式说明，当三个乘积项相加时，如果两个乘积项中的部分因子恰好互补，剩余的因子都是第三项中的因子，那么第三项是多余的，可以直接消掉。

根据消项公式的证明过程可知，下面的扩展公式也是正确的：

$$AB+A'C+BCDEF \cdots = AB+A'C$$

化简逻辑函数的实用公式还有其他形式，如 $A(AB)'=AB'$、$A'(AB)'=A'$ 等。由于我们习惯于使用与或式，所以这些公式并不常用，在此不再赘述。

＊2.2.3　关于异或逻辑

从算术运算的角度讲，异或运算能够实现两个 1 位二进制数相加，因此也称为"模 2 和"运算。异或在数字系统中有着许多特殊的应用，如代码转换、奇偶校验等。

为了加深对异或运算的理解，下面介绍一些常用的异或运算公式和定理。

与常量的关系：$0 \oplus A=A$，$1 \oplus A=A'$

交换律：$A \oplus B = B \oplus A$

结合律：$A \oplus (B \oplus C) = (A \oplus B) \oplus C$

分配律：$A(B \oplus C) = (AB) \oplus (AC)$

定理：如果 $A \oplus B = C$，那么 $A \oplus C = B$，$B \oplus C = A$

利用异或逻辑中常量与变量之间的运算关系可以控制数据极性。例如，对于四位二进制数 $D_3 D_2 D_1 D_0$，每位和常量 0 异或时则保持原值不变，和常量 1 异或时即可按位取反得到 $D'_3 D'_2 D'_1 D'_0$。

另外，二进制码与格雷码的转换也可以通过异或运算实现。设 $B_3 B_2 B_1 B_0$ 表示四位二进制码，用 $G_3 G_2 G_1 G_0$ 表示四位格雷码，则二进制码到格雷码的转换公式为

$$G_3 = B_3$$
$$G_2 = B_3 \oplus B_2$$
$$G_1 = B_2 \oplus B_1$$
$$G_0 = B_1 \oplus B_0$$

反之，格雷码到二进制码的转换公式为

$$B_3 = G_3$$
$$B_2 = G_3 \oplus G_2$$
$$B_1 = G_3 \oplus G_2 \oplus G_1$$
$$B_0 = G_3 \oplus G_2 \oplus G_1 \oplus G_0$$

具体实现电路如图 2-11 所示。有兴趣的读者可以根据表 1-4 进行验证。

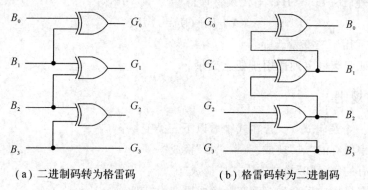

（a）二进制码转为格雷码　　　　　　（b）格雷码转为二进制码

图 2-11　四位二进制码与格雷码的转换

思考与练习

2-4　能否由 $A + A' = 1$ 推出 $A' = 1 - A$？试说明理由。

2-5　能否从消项公式 $AB + A'C + BC = AB + A'C$ 两边同时约掉 $AB + A'C$ 推出 $BC = 0$？试说明理由。

2.3　三　种　规　则

逻辑代数中有三种基本规则：代入规则、反演规则和对偶规则。它们与基本公式和常

用公式一起构成了完整的逻辑代数系统，用于二值逻辑的描述与变换。

2.3.1　代入规则

代入规则（Substitution）是指对于任何一个包含变量 X 的逻辑等式，若将式中所有的 X 用另外一个逻辑式替换，那么等式仍然成立。即已知

$$F(X, B, C, \cdots) = G(X, B, C, \cdots)$$

若将 X 用 $H(A, B, C, D, \cdots)$ 替换，则

$$F(H(A, B, C, D, \cdots), B, C, \cdots) = G(H(A, B, C, D, \cdots), B, C, \cdots)$$

由于逻辑代数中的变量和逻辑式的取值范围完全相同，所以代入规则对代入逻辑式的形式和复杂程度没有任何限制。

【例 2-3】 证明摩根定理适用于任意变量。

证明 逻辑代数的基本公式中只列出了二变量摩根定理

$$(AB)' = A' + B', \quad (A+B)' = A'B'$$

根据代入规则，将公式 $(AB)' = A' + B'$ 中的 B 替换为 BC，即

$$(ABC)' = A' + (BC)'$$

再应用摩根定理 $(BC)' = B' + C'$，代入整理得

$$(ABC)' = A' + B' + C'$$

同理，对于公式 $(A+B)' = A'B'$，将式中的 B 替换为 $B+C$，得

$$(A+B+C)' = A'(B+C)'$$

再应用摩根定理 $(B+C)' = B'C'$，代入整理得

$$(A+B+C)' = A'B'C'$$

说明摩根定理适用于三变量。

同理，可证明摩根定理适用于任意变量。

2.3.2　反演规则

对于任意一个逻辑式 Y，若在式中做以下三类变换：

（1）将式中所有的"$\cdot$"换成"$+$"，"$+$"换成"$\cdot$"；

（2）将所有的常量"0"换成"1"，"1"换成"0"；

（3）将原变量换成反变量，反变量换成原变量，即 $A \rightarrow A'$、$A' \rightarrow A$。

变换完成后得到的新逻辑式为原逻辑式的非，这就是反演规则（Complementary Theorem）。反演规则为求逻辑函数的反函数提供了一条捷径。

在应用反演规则时，需要注意以下两点：

（1）注意运算的优先顺序。和普通代数一样，先处理"括号"，再处理"乘"，最后处理"加"，并且乘积项处理完成后应视为一个整体。

（2）不属于单个变量上的非号保留不变。例如，逻辑式 $(AB)'$ 上的非号既不单独属于变量 A，也不单独属于变量 B，而是属于"AB"整体，因此变换时应保留不变。

【例 2-4】 求逻辑函数 $Y = (AB+C)D+E$ 的反函数。

解 根据反演规则

$$Y' = ((A'+B')C'+D')E'$$

【例 2 - 5】 求逻辑函数 $Y=((AB)'+C'D)'E+AB'CD'$ 的反函数。

解 根据反演规则

$$Y=(((A'+B')'(C+D'))'+E')(A'+B+C'+D)$$

2.3.3 对偶规则

在介绍对偶规则之前，首先定义对偶式。对于任意逻辑式 Y，若在式中做以下两类变换：

(1) 将所有的"·"换成"＋"，"＋"换成"·"；

(2) 将所有的常量"0"换成"1"，"1"换成"0"。

变换完成后将得到一个新的逻辑式，定义为原来逻辑式的对偶式，记为 Y^D。

对偶规则(Duality)是指，对于两个逻辑式 Y_1 和 Y_2，若 $Y_1=Y_2$，则 $Y_1^D=Y_2^D$。

逻辑代数为自对偶的代数系统。例如，对于 0 律：

$$0+A=A, \ 0 \cdot A=0$$

两边同时取对偶：

$$1 \cdot A=A, \ 1+A=1$$

即可得到 1 律。同理，1 律取对偶可得到 0 律。

再如，对于乘对加的分配律：

$$A(B+C)=AB+AC$$

两边同时取对偶：

$$A+BC=(A+B)(A+C)$$

即可得到加对乘的分配律。同样，由加对乘的分配律取对偶可以得到乘对加的分配律。因此，逻辑代数是自对偶的定理系统。

2.4 逻辑函数的表示方法

对于任意一个逻辑式 Y，当逻辑变量的取值确定以后，运算结果便随之确定。因此，运算结果与逻辑变量取值之间是一种函数关系，称为逻辑函数(Logic Function)。

在逻辑代数中，逻辑变量习惯于用单个大写英文字母 A、B、C、…表示，运算结果习惯于用 Y 或 Z 等字母表示，因此，逻辑函数一般表示为

$$Y=F(A, B, C, \cdots)$$

其中，F 表示一种函数关系。

逻辑函数有多种表示形式，既可以用真值表和函数表达式表示，也可以用逻辑图、波形图或卡诺图表示。下面结合具体的例子进行说明。

【例 2 - 6】 三个人为了某一事件进行表决，约定多数人同意则事件通过，否则事件被否决。设计三人表决逻辑电路。

分析这个逻辑问题，三个人的意见决定事件的结果，因此三个人的意见是因，事件通过与否为果。

若用变量 A、B、C 表示三个人的意见，用 Y 表示事件的结果，则该问题的逻辑函数式可记为

$$Y=F(A, B, C)$$

2.4.1　真值表

真值表能够详尽地反映逻辑结果与变量取值之间的关系,是逻辑函数一种常用的表示方法,同时与逻辑函数的标准形式之间存在对应的关系。

对于三人表决逻辑问题,若约定:

$A=1$ 表示 A 同意, $A=0$ 表示 A 不同意;

$B=1$ 表示 B 同意, $B=0$ 表示 B 不同意;

$C=1$ 表示 C 同意, $C=0$ 表示 C 不同意;

$Y=1$ 表示事件通过, $Y=0$ 表示事件被否决。

则该逻辑问题的真值表如表 2-10 所示。

表 2-10　三人表决问题真值表

A	B	C	Y
0	0	0	0
0	0	1	0
0	1	0	0
0	1	1	1
1	0	0	0
1	0	1	1
1	1	0	1
1	1	1	1

2.4.2　函数表达式

根据推理可知,三人表决问题事件通过有以下三种情况:

(1) 当 A、B 同意时,无论 C 是否同意;

(2) 当 A、C 同意时,无论 B 是否同意;

(3) 当 B、C 同意时,无论 C 是否同意。

三种情况满足其中一个即可,因此可推理出逻辑函数的表达式为

$$Y=AB+AC+BC$$

2.4.3　逻辑图

将函数表达式中的逻辑关系用逻辑符号表示,即可画出表示函数关系的逻辑图。

三人表决问题的表达式为 $Y=AB+AC+BC$,因此逻辑图如图 2-12 所示。

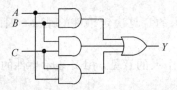

图 2-12　三人表决问题逻辑图

2.4.4　表示方法的相互转换

真值表、函数表达式和逻辑图是逻辑函数的不同表示形式,可以进行相互转换。

1. 根据函数表达式画出逻辑图

根据逻辑函数表达式画出逻辑图相对比较简单,只需要将表达式中的逻辑关系用逻辑符号表示、连接即可画出逻辑图。

【例 2 - 7】　画出逻辑函数 $Y=A(B+C)+CD$ 的逻辑图。

解　函数式中 B、C 为或逻辑关系,A 和 $(B+C)$ 为与逻辑关系,C、D 为与逻辑关系,$A(B+C)$ 和 CD 为或逻辑关系,按相应逻辑关系将逻辑符号进行连接即可画出如图 2 - 13 所示的逻辑图。

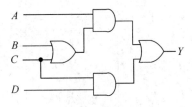

图 2 - 13　例 2 - 7 逻辑图

2. 根据逻辑图写出函数表达式

根据逻辑图写出逻辑函数表达式时,从输入变量开始,将每个逻辑符号表示的逻辑式写出来,逐级向输出端推,即可得到逻辑函数的表达式。

【例 2 - 8】　写出图 2 - 14 所示逻辑图的函数表达式。

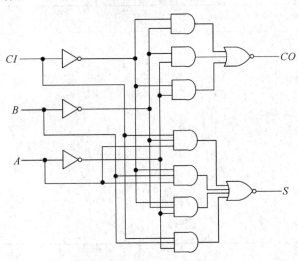

图 2 - 14　例 2 - 8 逻辑图

解
$$CO=(A'B'+A'CI'+B'CI')'=(A+B)(A+CI)(B+CI)$$
$$S=(A'B'CI'+AB'CI+A'BCI+ABCI)'$$
$$=(A+B+CI)(A'+B+CI')(A+B'+CI')(A'+B'+CI)$$

3. 根据函数表达式列出真值表

根据函数表达式列真值表时,将逻辑变量的所有取值组合逐一代入函数表达式计算相应的函数值,即可得到真值表。

【例 2 - 9】 写出例 2 - 8 所示逻辑图的真值表。

解 分别将 $ABC=000\sim111$ 八种取值代入例 2 - 8 求解得到的函数表达式中,可得出表 2 - 11 所示的真值表。

表 2 - 11 例 2 - 9 真值表

A	B	C	CO	S
0	0	0	0	0
0	0	1	0	1
0	1	0	0	1
0	1	1	1	0
1	0	0	0	1
1	0	1	1	0
1	1	0	1	0
1	1	1	1	1

【例 2 - 10】 写出逻辑函数 $Y_1=AB'+BC'+A'C$ 和 $Y_2=A'B+B'C+AC'$ 的真值表。

解 分别将 $ABC=000\sim111$ 八种取值代入函数表达式即可得表 2 - 12 所示的真值表。

表 2 - 12 例 2 - 10 真值表

A	B	C	Y_1	Y_2
0	0	0	0	0
0	0	1	1	1
0	1	0	1	1
0	1	1	1	1
1	0	0	1	1
1	0	1	1	1
1	1	0	1	1
1	1	1	0	0

从真值表可以看出,逻辑函数 Y_1 和 Y_2 的形式虽然不同,但实际上为同一逻辑函数的两种不同形式。

4. 根据真值表写出函数表达式

根据真值表写出函数表达式是逻辑函数表示方法相互转换的重点。下面从具体示例中抽象出由真值表写逻辑函数表达式的一般方法。

【例 2 - 11】 已知逻辑函数的真值表如表 2 - 12 所示,写出逻辑函数表达式。

表 2-13 例 2-11 真值表

A	B	C	Y
0	0	0	0
0	0	1	1
0	1	0	1
0	1	1	0
1	0	0	1
1	0	1	0
1	1	0	0
1	1	1	1

解 从真值表可以看出,当 ABC 取 001、010、100 或 111 任意一组时,Y 为 1,其余取值时 Y 均为 0。

乘积项 $A'B'C$ 恰好在 $ABC=001$ 时值为 1,其他取值时值均为 0,因此乘积项 $A'B'C$ 代表了 $ABC=001$ 时 $Y=1$ 的特征。同理,乘积项 $A'BC'$ 在 $ABC=010$ 时值为 1,$AB'C'$ 在 $ABC=100$ 时值为 1,ABC 在 $ABC=111$ 时值为 1。由于 ABC 取 001、010、100 或 111 任意一组时 Y 为 1,因此这些乘积项为或逻辑关系,故逻辑函数表达式可记为

$$Y=A'B'C+A'BC'+AB'C'+ABC$$

从上例可以总结出根据真值表写出逻辑函数表达式的方法,即:

(1) 找出真值表中所有使 $Y=1$ 的输入变量的取值组合;

(2) 每个取值组合对应一个乘积项,其中取值为 1 的写为原变量,取值为 0 的写为反变量;

(3) 将这些乘积项相加,即可得到 Y 的逻辑函数表达式。

根据上述方法,由表 2-10 所示真值表可写出三个人表决问题的函数表达式为

$$Y=A'BC+AB'C+ABC'+ABC$$

上式虽然与直接推理得到的函数表达式形式上有差异,但本质是一样的。通过常用公式对上式进行化简得

$$\begin{aligned}
Y &= A'BC+AB'C+ABC'+ABC \\
&= A'BC+AB'C+ABC'+ABC+ABC+ABC \\
&= (A'BC+ABC)+(AB'C+ABC)+(ABC'+ABC) \\
&= AC+BC+AB
\end{aligned}$$

思考与练习

2-6 根据表 2-1 所示的与逻辑关系真值表,写出与逻辑函数表达式。

2-7 根据表 2-2 所示的或逻辑关系真值表,写出或逻辑函数表达式。

2-8 根据表 2-4 所示的与非逻辑关系真值表,写出与非逻辑函数表达式。

2-9 根据表 2-5 所示的或非逻辑关系真值表,写出或非逻辑函数表达式。

根据真值表写出函数表达式的一般方法,由表 2-6 所示的异或逻辑真值表可以直接写

出异或逻辑的函数表达式。从中得出：

$$A \oplus B = A'B + AB'$$

同理，由表 2-7 所示的同或逻辑真值表写出同或逻辑的函数表达式。从中得出：

$$A \odot B = A'B' + AB$$

因此异或和同或可以用与、或、非运算组合实现。

2.5 逻辑函数的标准形式

对于同一逻辑问题，逻辑函数表达式有多种不同的形式。例如：

$$Y = A + BC \qquad\qquad 与或式$$

由加对乘的分配率可知：$A + BC = (A+B)(A+C)$，所以逻辑函数表达式也可以写为

$$Y = (A+B)(A+C) \qquad\qquad 或与式$$

对与或式进行两次取反（逻辑关系不变），整理可得

$$Y = (A'(BC)')' \qquad\qquad 与非-与非式$$

对或与式进行两次取反（逻辑关系不变），整理可得

$$Y = ((A+B)' + (A+C)')' \qquad\qquad 或非-或非式$$

另外，由其反函数变换而来的逻辑函数式还有四种形式：与或非式，与非-与式、或与非式和或非-或式。因此，同一个逻辑函数共有八种不同的表示形式。

逻辑函数的形式有繁有简，所需的器件种类和数量不同，因此实现成本不同。为了优化设计，通常需要将逻辑函数变换为适当的形式，一方面有利于节约电路的成本，另一方面能够提高电路工作的可靠性。

由于逻辑函数形式多种多样，为方便讨论，本节为逻辑函数定义两种标准形式：标准与或式和标准或与式。

2.5.1 标准与或式

在介绍最小项之和标准形式之前，先定义最小项。

在 n 变量逻辑函数中，每一个变量都参加，但只能以原变量或者反变量出现一次所组成的与项，称为最小项（Miniterms），用 m 表示。由于每个变量都参加，所以最小项取值为 1 的概率最小，故得名。

对于两变量逻辑函数 $Y = F(A, B)$，最小项的形式应为 $X_1 X_2$，其中 X_1 取 A 或 A'，X_2 取 B 或 B'，因此两变量逻辑函数共有 4 个最小项：$A'B'$、$A'B$、AB' 和 AB。

对于三变量逻辑函数 $Y = F(A, B, C)$，最小项的形式应为 $X_1 X_2 X_3$，其中 X_1 取 A 或 A'，X_2 取 B 或 B'，X_3 取 C 或 C'，因此三变量逻辑函数共有 8 个最小项：$A'B'C'$、$A'B'C$、$A'BC'$、$A'BC$、$AB'C'$、$AB'C$、ABC' 和 ABC。

一般地，n 变量逻辑函数共有 2^n 个最小项。当逻辑函数的变量数越多时，书写和识别最小项越麻烦，因此有必要给最小项进行编号。

最小项编号的方法是：在最小项中，原变量记为 1，反变量记为 0，将得到的数码看成二进制数，那么与该二进制数对应的十进制数就是该最小项的编号。例如，三变量逻辑函

数 $Y=F(A,B,C)$ 的最小项 $AB'C$ 的编号为 5，用 m_5 表示，四变量逻辑函数 $Y=F(A,B,C,D)$ 的最小项 m_{10} 的具体形式为 $AB'CD'$。

最小项具有以下性质：

(1) 对于输入变量的任意一组取值组合，必然对应一个最小项而且仅有一个最小项的取值为 1；

(2) 同一逻辑函数的所有最小项之和为 1；

(3) 同一逻辑函数的任意两个最小项的乘积为 0；

(4) 在同一逻辑函数中，只有一个变量不同的两个最小项称为相邻最小项。两个相邻最小项之和可以合并成一项，并消去一对因子。例如，三变量逻辑函数 $Y=AB'C+ABC$ 中最小项 $AB'C$ 和 ABC 相邻，所以 Y 可以合并成 AC，将因子 B 和 B' 消掉。

最小项的性质(4)是卡诺图法化简逻辑函数的理论基础。

全部由最小项相加构成的与或式称为标准与或式(Standard SOP Form)。

从例 2-11 可以看出，由真值表直接写出的逻辑函数表达式即为标准与或式。

2.5.2 标准或与式

在 n 变量逻辑函数中，每一个变量都参加，但只能以原变量或者反变量出现一次所组成的或项，称为最大项(Maxterms)，用 M 表示。由于每个变量都参加，所以最大项取值为 1 的概率最大，故得名。

对于三变量逻辑函数 $Y=F(A,B,C)$，其最大项的形式应为 $X_1+X_2+X_3$，其中 X_1 取 A 或 A'，X_2 取 B 或 B'，X_3 取 C 或 C'，因此三变量逻辑函数共有 8 个最大项：$A'+B'+C'$、$A'+B'+C$、$A'+B+C'$、$A'+B+C$、$A+B'+C'$、$A+B'+C$、$A+B+C'$ 和 $A+B+C$。

n 变量逻辑函数共有 2^n 个最大项。最大项的编号方法是，将最大项中的原变量记为 0，反变量记为 1，将得到的数码看成二进制数，与该二进制数对应的十进制数就是该最大项的编号。例如，三变量逻辑函数 $Y=F(A,B,C)$ 的最大项 $A+B'+C'$ 的编号为 2，用 M_2 表示；四变量逻辑函数 $Y=F(A,B,C,D)$ 的最大项 $A+B'+C+D'$ 的编号为 5，用 M_5 表示。

最大项具有以下性质：

(1) 对于输入变量的任意一组取值组合，必有一个最大项而且仅有一个最大项的取值为 0；

(2) 同一逻辑函数的所有最大项之积为 0；

(3) 同一逻辑函数的任意两个最大项之和为 1；

(4) 只有一个变量不同的两个最大项称为相邻最大项。在逻辑函数式中，两个相邻最大项之积等于各相同变量之和。例如，$Y=(A+B+C)(A+B'+C)=A+C$。

全部由最大项相乘构成的或与式称为标准或与式(Standard POS Form)。

由真值表也可以直接写出逻辑函数的标准或与式。以三人表决问题为例进行分析。首先写出三人表决问题反函数的标准与或式：

$$Y'=A'B'C'+AB'C'+A'BC'+A'B'C$$

两边同时取反得到三人表决问题逻辑函数的与或非式：

$$Y=(A'B'C'+AB'C'+A'BC'+A'B'C)'$$

再利用摩根定理变换得到标准或与式：

$$Y=(A+B+C)(A'+B+C)(A+B'+C)(A+B+C')$$

将上式与真值表进行对比，可以总结出由真值表写出标准或与式的一般方法：

（1）找出真值表中所有使 $Y=0$ 的输入变量的取值组合；

（2）每个取值组合对应一个最大项，其中值为 0 的写为原变量，值为 1 的写为反变量，将得到一个最大项；

（3）将这些最大项相乘，即得到 Y 的标准或与式。

2.6 逻辑函数的化简

逻辑函数有多种形式，其繁简程度不同，实现的成本不同，电路的可靠性也不同。相对来说，函数形式越简单，所需要的元器件数量就越少，则实现的成本越低，电路的可靠性也就越高。因此，有必要对逻辑函数进行化简。

对于常用的与或式，化简的标准有两条：

（1）函数式中包含乘积项的数量最少；

（2）每个乘积项中包含的因子最少。

同时符合上述两个条件的与或式称为最简与或式（Mininum SOP Form）。

逻辑函数的化简方法有两种：公式法和卡诺图法。

公式法化简就是应用逻辑代数中的基本公式、常用公式以及应用最小项的性质等对逻辑函数进行化简。

【例 2-12】 用公式法化简下列逻辑函数

$$Y_1=AB'+ACD+A'B'+A'CD$$
$$Y_2=AB+ABC'+ABD+AB(C'+D')$$
$$Y_3=AC+AB'+(B+C)'$$
$$Y_4=AB+A'C+B'C$$

解　
$$\begin{aligned}
Y_1&=AB'+ACD+A'B'+A'CD\\
&=(AB'+A'B')+(ACD+A'CD)\\
&=B'+CD\\
Y_2&=AB+ABC'+ABD+AB(C'+D')\\
&=AB(1+C'+D'+(C'+D'))\\
&=AB\\
Y_3&=AC+AB'+(B+C)'\\
&=AC+AB'+B'C'\\
&=AC+B'C'\\
Y_4&=AB+A'C+B'C\\
&=AB+(A'+B')C\\
&=AB+(AB)'C\\
&=AB+C
\end{aligned}$$

由于 $A=A+A$，有时需要在逻辑函数式中重复写入某一项，以方便与其他项合并获得更简单的化简结果。

【例 2-13】 化简逻辑函数 $Y = A'BC' + A'BC + ABC$

解 由于第二项 $A'BC$ 与第一项 $A'BC'$ 和第三项 ABC 都相邻，所以将第二项再重复写一次，一个和第一项合并，一个和第三项合并。

$$\begin{aligned} Y &= A'BC' + A'BC + ABC \\ &= (A'BC' + A'BC) + (A'BC + ABC) \\ &= A'B + BC \end{aligned}$$

另外，由于 $A + A' = 1$，有时需要在逻辑函数式中乘以 $(A + A')$，然后拆分进行整理，以便获得更加简单的化简结果。

【例 2-14】 化简逻辑函数 $Y = AB' + A'B + BC' + B'C$

解 函数表达式中前两项与 C 无关，后两项与 A 无关，故在前两项中找出一项扩充 C，后两项里找出一项扩充 A，然后展开合并化简。

$$\begin{aligned} Y &= AB' + A'B + BC' + B'C \\ &= AB' + A'B(C + C') + BC' + (A + A')B'C \\ &= AB' + A'BC + A'BC' + BC' + AB'C + A'B'C \\ &= (AB' + AB'C) + (A'BC' + BC') + (A'BC + A'B'C) \\ &= AB' + BC' + A'C \end{aligned}$$

用公式法能否化到最简取决于对基本公式和常用公式的熟练程度，需灵活应用以达到化到最简的目的。

思考与练习

2-10 对于例 2-14，能否在第一项中扩充变量 C，在第三项中扩充变量 A？重新进行化简，并比较化简结果。

2-11 将上题得出的化简结果与例 2-13 中的结果进行对比，逻辑函数的形式是否相同？有什么特点？

当逻辑函数比较复杂时，用公式化简并不直观。

【例 2-15】 用公式法化简四变量逻辑函数
$$Y = A'B'C'D + A'BD' + ACD + AB'$$

解 化简该逻辑函数时，常用的化简公式都无法直接使用。因此，只有将逻辑函数展开为标准与或式，通过寻找相邻最小项的方法进行合并化简。

$$\begin{aligned} Y &= A'B'C'D + A'BD' + ACD + AB' \\ &= A'B'C'D + A'B(C + C')D' + A(B + B')CD + AB'(C + C')(D + D') \\ &= A'B'C'D + A'BCD' + A'BC'D' + ABCD + AB'CD + AB'CD' + AB'C'D + AB'C'D' \\ &= m_1 + m_4 + m_6 + m_8 + m_9 + m_{10} + m_{11} + m_{15} \end{aligned}$$

由上式可以看出，该逻辑函数共有八个最小项，相邻关系并不直观，所以也不方便化简。那么，如何能够直观地表示最小项之间的相邻关系呢？美国工程师莫里斯·卡诺（Maurice Karnaugh）发明了以图形方式表示最小项之间相邻关系的卡诺图（Karnaugh Map），具有非常直观的优点。

两变量逻辑函数 $Y=F(A,B)$ 共有 4 个最小项，因此画 4 个格子的卡诺图，如图 2-15(a)所示，每个格子代表一个最小项，并将两个逻辑变量分为 A 和 B 两组。

三变量逻辑函数 $Y=F(A,B,C)$ 共有 8 个最小项，因此画 8 个格子的卡诺图，如图 2-15(b)所示，每个格子代表一个最小项，并将三个逻辑变量分为 A 和 BC 两组。

四变量逻辑函数 $Y=F(A,B,C,D)$ 共有 16 个最小项，因此画 16 个格子的卡诺图，如图 2-15(c)所示，每个格子代表一个最小项，并将四个逻辑变量分为 AB 和 CD 两组。

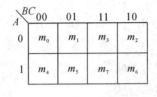

A \ B	0	1
0	(A'B') m_0	(A'B) m_1
1	(AB') m_2	(AB) m_3

(a) 两变量卡诺图

A \ BC	00	01	11	10
0	m_0	m_1	m_3	m_2
1	m_4	m_5	m_7	m_6

(b) 三变量卡诺图

AB \ CD	00	01	11	10
00	m_0	m_1	m_3	m_2
01	m_4	m_5	m_7	m_6
11	m_{12}	m_{13}	m_{35}	m_{14}
10	m_8	m_9	m_{11}	m_{10}

(c) 四变量卡诺图

图 2-15　二四变量卡诺图

为了使相邻格子代表的最小项相邻，卡诺图中两组逻辑变量需要按循环码的顺序取值。单变量循环码的取值依次为 0、1，两变量循环码的取值依次为 00、01、11、10。由于循环码任意两个相邻码之间只有一位不同，因此卡诺图中每个格子所代表最小项的编号如图 2-15 中所示。从三变量卡诺图中可以看出，最小项 m_7 与 m_3、m_5 和 m_6 相邻；从四变量卡诺图中可以看出，最小项 m_{15} 与 m_7、m_{13}、m_{14} 和 m_{11} 相邻。

根据循环码的取值特点，卡诺图中除了相邻格子代表的最小项相邻外，两头相对的格子代表的最小项也是相邻的。例如三变量卡诺图中的 m_0 与 m_2 和 m_4 相邻，四变量卡诺图中 m_0 与 m_2 和 m_8 相邻。

由于卡诺图中每个格子代表一个最小项，所以用卡诺图表示逻辑函数时，首先需要将逻辑函数化成标准与或式。在逻辑函数中存在某个最小项时，在卡诺图中对应的格子里填 1，否则填 0，即逻辑函数是由卡诺图中填 1 的格子代表的最小项相加构成的。

【例 2-16】 用卡诺图表示逻辑函数 $Y=A'B'C'D+A'BD'+ACD+AB'$。

解　由例 2-15 可知

$$Y=m_1+m_4+m_6+m_8+m_9+m_{10}+m_{11}+m_{15}$$

画出四变量卡诺图，分别在 1、4、6、8、9、10、11 和 15 号最小项对应的格子中填入 1，其余最小项对应位置填入 0，即可得到图 2-16 所示的卡诺图(通常为清晰起见，卡诺图中的 0 可以不填)。

AB \ CD	00	01	11	10
00	0	1	0	0
01	1	0	0	1
11	0	0	1	0
10	1	1	1	1

图 2-16　例 2-16 卡诺图

用卡诺图化简逻辑函数的基本原理是：两个相邻最小项之和可以合并成一项并消去一对因子。根据这个基本原理，结合公式法可推出用卡诺图化简逻辑函数的实用方法。

若三变量逻辑函数 $Y_1=ABC'+ABC=m_6+m_7$，则其卡诺

图如图 2-17(a)所示。用公式法化简 $Y_1 = ABC' + ABC = AB$，说明 Y_1 中这两个相邻最小项可合并为一项。在卡诺图中，用圈儿将这两个最小项圈起来表示可以合并成一项，如图 2-17(b)所示。变化的变量被消掉了，没有变化的变量为公共因子，为 1 的写为原变量，为 0 的写为反变量，得到的乘积项 AB 即为化简结果。

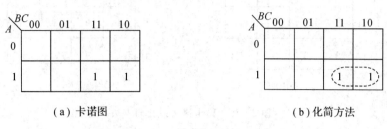

(a) 卡诺图　　　　　　　　　　(b) 化简方法

图 2-17　Y_1 卡诺图

三变量逻辑函数 $Y_2 = m_4 + m_5 + m_6 + m_7$ 的卡诺图如图 2-18(a)所示，将图中的 m_4 和 m_5 合并为 AB'，将 m_6 和 m_7 合并为 AB（如图 2-18(b)所示），所以函数化简为 $Y_2 = AB' + AB$。由公式法可知 Y_2 可进一步化简为 A，说明在卡诺图中这 4 个排成长方形的最小项可以直接圈起来合并成一项，如图 2-18(c)所示。圈儿中变化的变量 B、C 被消掉了，只有变量 A 保持不变，为 1 记为原变量，所以化简结果为 $Y_2 = A$。

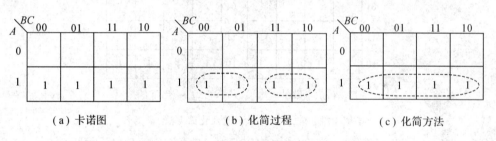

(a) 卡诺图　　　　　(b) 化简过程　　　　　(c) 化简方法

图 2-18　Y_2 的化简过程

同理，对于图 2-19 所示的三变量逻辑函数 $Y_3 = m_2 + m_3 + m_6 + m_7$，这 4 个排成正方形的最小项可以直接圈起来合并成一项，变量 A、C 被消掉了，变量 B 保持不变，为 1 记为原变量，所以化简结果为 $Y_3 = B$。

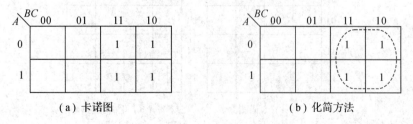

(a) 卡诺图　　　　　　　　　　(b) 化简方法

图 2-19　Y_3 卡诺图及化简方法

四变量逻辑函数 $Y_4 = m_8 + m_9 + m_{10} + m_{11} + m_{12} + m_{13} + m_{14} + m_{15}$ 的卡诺图如图 2-20 (a)所示，这 8 个最小项同样排成了长方形，可用一个圈儿圈起来（如图 2-20(b)所示），变量 C、D 和 B 被化简掉了，变量 A 为 1 不变，所以化简结果为 $Y_4 = A$。

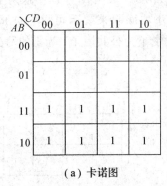 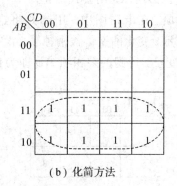

(a) 卡诺图　　　　　　　　(b) 化简方法

图 2-20　Y_4 卡诺图及化简方法

四变量逻辑函数 $Y_5 = m_0 + m_1 + m_2 + m_3 + m_8 + m_9 + m_{10} + m_{11}$ 的卡诺图如图 2-21(a) 所示，这 8 个最小项也可用一个圈儿圈起来合并成一项（如图 2-21(b) 所示），化简结果为 $Y_5 = B'$。

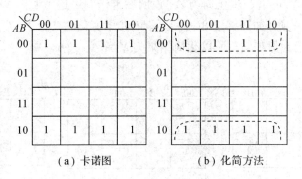

(a) 卡诺图　　　　　　　　(b) 化简方法

图 2-21　Y_5 卡诺图及化简方法

需要注意的是，对于四变量逻辑函数 $Y_6 = m_0 + m_2 + m_8 + m_{10}$，卡诺图如图 2-22(a) 所示。图中 4 个最小项也是相邻关系可以合并成一项（如图 2-22(b) 所示），得 $Y_6 = B'D'$。

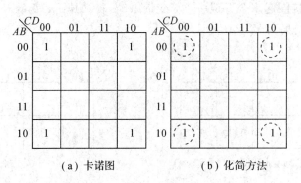

(a) 卡诺图　　　　　　　　(b) 化简方法

图 2-22　Y_6 卡诺图及化简方法

至此，可总结出用卡诺图化简逻辑函数的实用方法，即：

在卡诺图中，如果有 2^n（n 为正整数）个最小项排成一个长方形或者正方形（统称为矩形），则它们可以合并成一项，并消去 n 对因子。

用卡诺图化简逻辑函数时，一般按以下步骤进行：

（1）先将逻辑函数式展开为标准与或式；

（2）画出表示该逻辑函数的卡诺图。

（3）观察可以合并的最小项，寻找最简化简方法。原则是：

① 圈儿数越少越好。

② 圈儿越大越好。

因为圈儿数少，化简后的乘积项少。圈儿越大，消的因子越多。

需要注意的是，卡诺图中的圈儿应覆盖图中所有的最小项。如果某个最小项与其他最小项都不相邻，也需要用一个圈儿圈起来表示化简为一项。

思考与练习

2-12　对于图 2-23 所示的三变量逻辑函数 $Y_7=m_1+m_2+m_3+m_5+m_6+m_7$，最简与或式包含几个乘积项？写出化简结果。

2-13　对于图 2-24 所示的四变量逻辑函数 $Y_8=m_1+m_4+m_5+m_6+m_7+m_9+m_{12}+m_{13}$，最简与或式包含几个乘积项？写出化简结果。

AB\CD	00	01	11	10
00		1		
01	1	1	1	1
11			1	
10		1		

A\BC	00	01	11	10
0		1	1	1
1		1	1	1

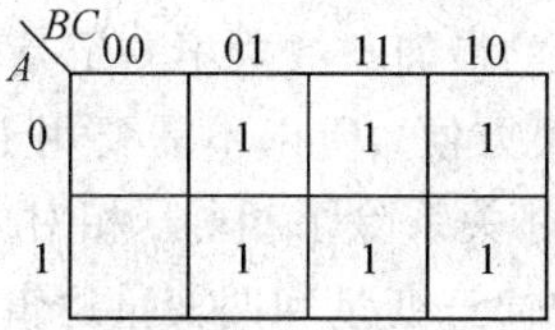

图 2-23　Y_7 卡诺图 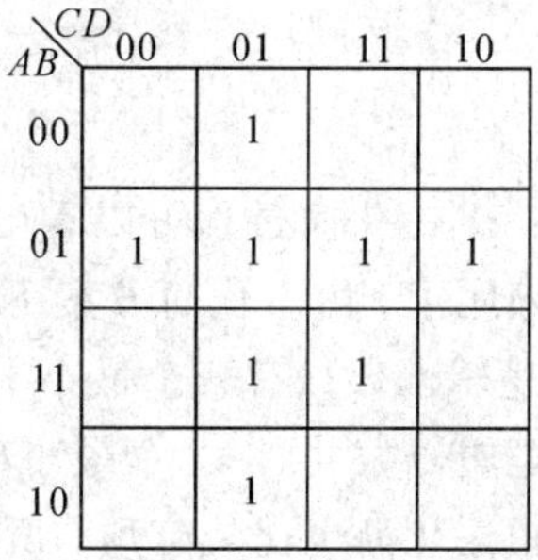　　　　图 2-24　Y_8 卡诺图

【例 2-17】 用卡诺图化简逻辑函数 $Y=A'B'C'D+A'BD'+ACD+AB'$。

解　逻辑函数 Y 的卡诺图如图 2-16 所示。

逻辑函数的 8 个最小项可以用 4 个圈儿圈完，化简方法如图 2-25 所示，因此最简与或式为

$$Y=AB'+B'C'D+A'BD'+ACD$$

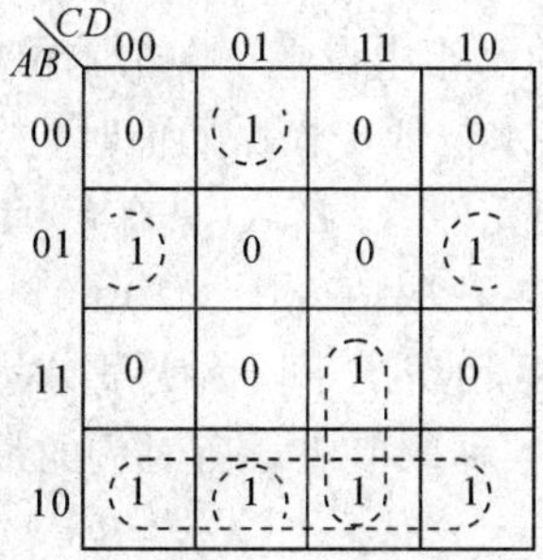

AB\CD	00	01	11	10
00	0	(1)	0	0
01	(1)	0	0	(1)
11	0	0	(1)	0
10	(1)	(1)	(1)	(1)

图 2-25　例 2-17 化简方法

【例 2-18】 用卡诺图化简例 2-13 的逻辑函数。

解 首先将逻辑函数化为标准与或式

$$Y = AB' + A'B + BC' + B'C$$
$$= AB'(C+C') + A'B(C+C') + (A+A')BC' + (A+A')B'C$$
$$= AB'C + AB'C' + A'BC + A'BC' + ABC' + A'B'C$$
$$= m_1 + m_2 + m_3 + m_4 + m_5 + m_6$$

画出逻辑函数的卡诺图,如图 2 - 26(a)所示。

按图 2 - 26(b)的化简法可得其最简与或式

$$Y = AB' + BC' + A'C$$

按图 2 - 26(c)的化简法可得其最简与或式

$$Y = A'B + B'C + AC'$$

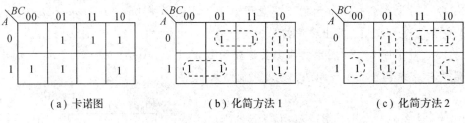

(a) 卡诺图　　　　(b) 化简方法 1　　　　(c) 化简方法 2

图 2 - 26　例 2 - 16 卡诺图

从例 2 - 18 的化简过程可以看出,卡诺图化简法具有非常直观的优点,对于是否已化到最简,清晰明了。由于化简方案不同,因此逻辑函数的最简与或式不一定是唯一的。

两变量逻辑函数只有四个最小项,用公式法化简很方便,所以不需要用卡诺图进行化简。五变量逻辑函数共有 32 个最小项,最小项之间相邻关系除了相邻、相对之外,还有相重,用卡诺图法化简也比较麻烦,所以卡诺图最适合化简三变量和四变量逻辑函数。

五变量及以上的逻辑函数化简一般采用适合于计算机编程实现的 Quine - McCluskey (简称 Q-M)化简法,有兴趣的读者可以阅读相关文献。

2.7　无关项及其应用

n 变量逻辑函数共有 2^n 个取值,但对于一些具体的实际问题,有些取值组合并没有实际意义。例如,在图 2 - 27 所示的水箱中设置了 3 个水位检测元件 A、B、C,当水位高于检测元件时,检测元件输出为 0,当水位低于检测元件时,检测元件输出为 1。根据常识可知,检测元件 A、B、C 只有 000、100、110 和 111 四种取值组合,其余 4 种取值 001、010、011、101 没有实际意义,因此不能取。在这种情况下,称变量 A、B、C 为具有约束的变量,不能取的这 4 种取值组合所对应的最小项称为该逻辑问题的约束项。

根据最小项的性质可知,在 ABC 正常取值(000、100、110 和 111)的情况下,约束项的值恒为 0,即:

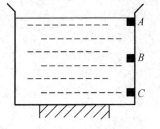

图 2 - 27　水箱

$$\begin{cases} A'B'C=0 \\ A'BC'=0 \\ A'BC=0 \\ AB'C=0 \end{cases}$$

所以

$$A'B'C+A'BC'+A'BC+AB'C=0$$

上式称为该逻辑问题的约束条件(或约束方程)。

由于在正常取值的情况下,约束项的值恒为 0,所以将约束项写入函数表达式或者不写入时,对逻辑函数并没有影响。但是,用卡诺图表示逻辑函数时则有差异。写入约束项时应在对应的格子中应填 1,不写入时应填 0。也就是说,在卡诺图中约束项对应的格子中填入 1 或者 0 都可以,一般填入"×"表示既可以取 1 也可以取 0。

有时还会遇到另外一些实际问题,在变量的某些取值下定义函数值为"1"或者为"0",并不影响电路的逻辑功能,那么这些取值所对应的最小项称为该逻辑问题的任意项。

在逻辑代数中,约束项和任意项统称为无关项(don't care term),用 d 表示。关于无关项在逻辑设计中的作用,通过下面具体的设计示例进行说明。

【例 2 - 19】 设计一个 8421 码四舍五入电路,要求电路尽量简单。

设计过程:8421 码是用二进制数码表示的十进制数,共有 0000、0001、…、1000 和 1001 十种取值,分别表示十进制数的 0~9。若将 8421 码的 4 位数分别用逻辑变量 A、B、C、D 表示,四舍五入的结果用 Y 表示,并且规定 $Y=1$ 表示入,$Y=0$ 时表示舍,则该逻辑问题的真值表如表 2 - 14 所示。

表 2 - 14　例 2 - 19 真值表

A	B	C	D	Y
0	0	0	0	0
0	0	0	1	0
0	0	1	0	0
0	0	1	1	0
0	1	0	0	0
0	1	0	1	1
0	1	1	0	1
0	1	1	1	1
1	0	0	0	1
1	0	0	1	1
1	0	1	0	×
1	0	1	1	×
1	1	0	0	×
1	1	0	1	×
1	1	1	0	×
1	1	1	1	×

由于 8421 码不会取 1010、1011、…、1111 六种取值，所以在这六种取值下，规定 Y 为 1 或为 0 均可，并不影响电路的功能。因此，这六种取值对应的最小项称为该逻辑问题的任意项。

根据真值表画出逻辑函数的卡诺图，如图 2-28(a)所示。图中的"×"表示该最小项既可以看作 1，也可看作 0，所以最简的化简方法如图 2-28(b)所示。

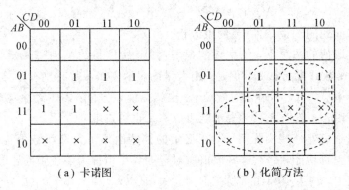

（a）卡诺图   （b）化简方法

图 2-28　例 2-19 卡诺图

因此，最简与或表达式为

$$Y = A + BC + BD$$

按上述逻辑式即可画出 8421BCD 码四舍五入功能的逻辑电路，如图 2-29 所示。

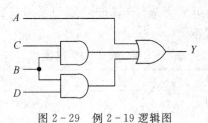

图 2-29　例 2-19 逻辑图

*2.8　硬件描述语言

硬件描述语言(Hardware Description Language，HDL)从高级语言发展而来，是用形式化方法来描述数字电路和系统的硬件结构与行为的计算机语言，至今已有 30 多年的发展历史，成功地应用于数字系统设计的各个阶段。

目前应用广泛的硬件描述语言有 Verilog HDL 和 VHDL 两种。Verilog HDL(以下简称 Verilog)是从 C 语言发展而来的硬件描述语言，继承了 C 语言简洁、高效的特点。SystemVerilog 进一步完善和扩展了 Verilog 的功能，提高了硬件设计和仿真的效率，在集成电路设计、数字信号处理以及通信系统设计中有着广泛的应用。

2.8.1　模块的基本结构

模块是 Verilog 的基本单元，由模块定义、端口类型说明、数据类型说明和功能描述等多个部分构成。

模块的语法格式如下：

```
module 模块名(端口列表);                // 模块定义
    input   输入端口列表;                // 端口类型说明
    output 输出端口列表;
    inout   双向端口列表;
    wire 信号名,信号名,…;               // 数据类型说明
    reg   信号名,信号名,…;
        // 功能描述
    assign 输出信号名=表达式;            // 数据流描述
    initial 语句;                        // 行为描述
    always 语句;                         // 行为描述
    调用模块名 例化模块名(端口列表);      // 结构描述
    endmodule
```

1. 模块定义

模块定义包括模块名和 I/O 端口列表两部分,由关键词 module 开始,以关键词 endmodule结束。

模块定义的语法格式为

```
module 模块名(端口名 1,端口名 2,…);
    …
endmodule
```

模块名是模块唯一的标识,端口列表用于描述模块对外的连接端口。

2. 端口类型说明

Verilog 支持 input、output 和 inout 三种端口类型,其中 input 定义模块从外界读取数据的输入口,output 定义模块往外界送出数据的输出口,inout 则定义既支持数据的输入又支持数据输出的双向口。

端口类型说明的语法格式为

```
input [msb:lsb]   端口名 x1,端口名 x2,…;
output [msb:lsb] 端口名 y1,端口名 y2,…;
inout [msb:lsb]   端口名 z1,端口名 z2,…;
```

格式中 msb 和 lsb 用于定义端口的位宽,缺省时默认为 1 位。

3. 数据类型说明

数据类型说明用于定义线网或变量的数据类型。其语法格式为

```
wire [msb:lsb] 线网名 1,线网名 2,…;
reg [msb:lsb]   变量名 1,变量名 2,…;
```

其中 wire 表示线网类型,reg 表示寄存器变量。例如:

```
wire Din;           // 定义 Din 为线网
reg [7:0] Dout;     // 定义 Dout 为 8 位寄存器变量
```

4. 功能描述

功能描述用于定义模块的功能或结构。Verilog 有三种方法描述模块的功能。

(1) 用连续赋值语句描述。

连续赋值语句通过在关键字 assign 后加函数表达式的方式描述电路的逻辑功能。

例如：

```
assign y1 = a & b;                      // 描述二输入与门
assign y2 = a&(~b)|(~a)&b;              // 描述异或门
```

（2）用过程语句描述。

always 过程语句反复执行，内部用 if...else、case 等高级语句来描述逻辑功能。例如，用 always 语句描述三输入与非门：

```
always @(a, b, c)
    y <= a & b & c;
```

（3）调用实例元件。

实例元件是指 Verilog 中内置的门级或开关级元件（简称为基元），或者是用户定义的功能模块。

调用实例元件就是调用基元或模块来定义模块的结构。

调用实例元件的语法格式为：

调用模块名 实例元件名(端口列表)；

例如：

```
and my_and (y, a, b, c);  // 调用基元 and，描述三输入与门 my_and
```

2.8.2 Verilog 基本语法

1. 空白符与注释

空白符（White Space）在 Verilog 中起分隔作用，包括空格、TAB 键、换行符和换页符。和 C 语言一样，在行中适当插入空白符，可以增加代码的可阅读性。

注释（Comments）分单行注释和多行注释两种。单行注释以"//"开始到行尾结束。多行注释以"/ * "开始，以" * /"结束。需要注意的是，多行注释不允许嵌套。

2. 逻辑值与常量表示

Verilog 为变量定义了 4 种取值，含义如表 2 – 15 所示，其中 x 和 z 不区分大小写。

表 2 – 15　Verilog 中的 4 种逻辑值

逻辑值	含　义
0	逻辑 0、逻辑假
1	逻辑 1、逻辑真
x 或 X	未知（不确定的值）
z 或 Z	高阻状态

在 Verilog 中，值不变的量称为常量，包括整数常量、实数常量和字符串三种类型。

整数（Integer）常量的定义格式为

<±><位宽>'<基数符号><数值>

其中：

"<±>"：表示整数的正负，为正时可以省略；

位宽：为十进制数，定义该整数用二进制数表示时的位数；

基数符号：定义数值的表示形式，可为 b 或 B(二进制)、o 或 O(八进制)、d 或 D(十进制)以及 x 或 X(十六进制)。

数值：基数符号确定的数字序列。例如：

```
4′b1001        // 4 位二进制数，数值为 1001；
5′d23          // 5 位二进制数，数值为十进制数 23；
−8′d6          // 8 位二进制有符号数，值为 −6(用补码表示)。
```

实数(Real)常量用于表示延时、仿真时间等物理参数，用十进制或科学计数法表示。例如：

```
1.0            // 十进制数 1.0；
3.1415926      // 十进制表示；
123.45e2       // 科学计数法，值为 23512(e 也可以用大写字母)；
1.2e−2         // 科学计数法，值为 0.012。
```

下划线"_"可以添加在常量中以提高数据的可阅读性。例如：

```
16′b00010011011111111 可书写成 16′b0001_0011_0111_1111
```

字符串(Strings)定义为双引号内的字符序列，与 C 语言相同，在表达式和赋值语句中，字符串用 ASCII 码序列表示。

3. 标识符与关键词

标识符(Identifier)是用户定义的，用来表示常量、信号、变量、参数或者模块的名称。

Verilog 中的标识符应符合以下规范：(1) 由字母、数字、$ 和_(下划线)组成；(2) 以字母或下划线开头，中间可以使用下划线，但不能连续使用下划线，也不能以下划线结束；(3) 长度小于 1024。

和 C 语言一样，Verilog 中的标识符是区分大小写的。例如，MAX、Max 和 max 是三种不同的标识符。

Verilog 预定义了一系列保留标识符，称为关键词(Keywords)，仅用于表示特定的含义，如 module、wire、reg、assign 和 always 等。用户定义的标识符不能和关键词相同。

2.8.3　数据类型

数据类型(Data Type)用于对电路中的信号连线和具有存储作用的物理量进行描述。Verilog 定义了线网(Net Type)和变量(Variable Type)两种数据类型。

1. 线网类型

线网表示硬件电路中元器件间的物理连线，其定义的语法格式为：

```
线网类型名 [msb:lsb] 线网名 1，线网名 2，…，线网名 n；
```

其中，线网类型名是指线网的具体类型。msb 和 lsb 是用于定义线网范围的常量表达式，缺省时默认为 1 位。

wire 和 tri 是常见的两种线网类型。wire 类型定义硬件电路中的信号连线，tri 则用于描述总线结构(多个驱动源驱动同一线网)的线网类型。

2. 变量类型

变量表示抽象的数据存储单元。变量被赋值后，其值能够保持到下一次赋值时为止。

变量类型有 reg、integer、time、real 和 realtime 五种子类型。

reg 用于定义寄存器变量，表示抽象的数据存储单元，其定义的语法格式为

reg [msb: lsb] 变量名 1，变量名 2，…，变量名 n；

其中，msb 和 lsb 用于定义寄存器变量位宽的常量表达式，缺省时默认为 1。例如：

reg [3:0] q；　　　　　　　 // q 为 4 位寄存器变量

reg tmp；　　　　　　　　 // tmp 为 1 位寄存器变量

reg [1:32] reg_A，reg_B，reg_C; // 32 位寄存器变量

寄存器变量的值通常被解释为无符号数，例如：

reg [3:0] tmp；

tmp = 5；　　　　　　　　 //　 tmp 的值为 0101

tmp = −2；　　　　　　　 //　 tmp 的值为 1110(−2 的补码)

整数变量用于存储有符号整数，其定义的语法格式为

integer 变量名 1，变量名 2，…，变量名 n [msb:lsb]；

其中，msb 和 lsb 用于定义整数变量位宽的常量表达式，缺省时默认为 32 位。例如：

integer A，B，C；　　　　 // A，B，C 为 32 位整数变量

integer Stat [3:6]；　　　　 // Stat 为 4 位整数变量

3. 标量与矢量

在 Verilog 中，位宽为一位的称为标量，位宽大于一位的称为矢量。

对矢量进行说明时，矢量范围用括在中括号内的一对整数表示，中间用冒号隔开。例如：

reg [7:0] reg_a ；　　　　 // 8 位寄存器变量

wire [7:0] bus_a，bus_b ；　 // 8 位线网

wire a，b；　　　　　　　 // 1 位线网

reg c，d，e；　　　　　　 // 1 位寄存器变量

可按位或部分位赋值的矢量称为标量类矢量，用关键字 scalared 表示，相当于多个一位标量的集合，是使用最多的一类矢量。不能按位或部分位赋值的矢量称为矢量类矢量，用关键字 vectored 表示。例如：

reg scalared [7:0] reg_a；　 // reg_a 被定义成标量类变量

wire vectored [15:0] bus16；　 // bus16 被定义成矢量类线网

标量类矢量的说明可以省略，没有关键字 scalared 或 vectored 的矢量均将被解释成标量类矢量。

习　　　题

2.1　用真值表证明下列等式。

(1) $A+A'B=A+B$

(2) $AB+A'C+BC=AB+A'C$

(3) $A(B\oplus C)=(AB)\oplus(AC)$

(4) $A'\oplus B=A\oplus B'=(A\oplus B)'$

2.2　用公式化简下列各式。

(1) $AB(A+BC)$

(2) $A'BC(B+C')$

(3) $(AB+A'B'+A'B+AB')'$

(4) $(A+B+C')(A+B+C)$

(5) $(AC+A'BC)+B'C+ABC'$

(6) $ABD+AB'CD'+AC'DE+AD$

(7) $(A\oplus B)C+ABC+A'B'C$

(8) $A'(C\oplus D)+BC'D+ACD'+AB'C'D$

(9) $(A+A'C)(A+CD+D)$

2.3　对于下列逻辑式，变量 ABC 取哪些值时，Y 的值为 1?

(1) $Y=(A+B)C+AB$

(2) $Y=AB+A'C+B'C$

(3) $Y=(A'B+AB')C$

2.4　求下列逻辑函数的反函数。

(1) $Y=AB+C$

(2) $Y=(A+BC)C'D$

(3) $Y=(A+B')(A'+C)AC+BC$

(4) $Y=AD'+A'C'+B'C'D+C$

2.5　将下列各函数式化成标准与或式。

(1) $Y=A'BC+AC+B'C$

(2) $Y=AB'C'D+BCD+A'D$

(3) $Y=(A+B')(A'+C)AC+BC$

2.6　用卡诺图化简下列逻辑函数。

(1) $Y=AC'+A'C+BC'+B'C$

(2) $Y=ABC+ABD+C'D'+AB'C+A'CD'+AC'D$

(3) $Y=(AC+A'BC+B'C)'+ABC'$

(4) $Y=AB'CD+D(B'C'D)+(A+C)CD'+A'(B'+C)'$

(5) $Y(A, B, C, D)=\sum m(3, 4, 5, 6, 9, 10, 12, 13, 14, 15)$

(6) $Y(A, B, C, D)=\sum m(0, 2, 5, 7, 8, 10, 13, 15)$

(7) $Y(A, B, C, D)=\sum m(1, 4, 6, 9, 13)+\sum d(0, 3, 5, 7, 11, 15)$

(8) $Y(A, B, C, D)=\sum m(2, 4, 6, 7, 12, 15)+\sum d(0, 1, 3, 8, 9, 11)$

2.7　将下列逻辑函数化为"与非-与非"式，并画出相应的逻辑图。

(1) $Y=AB+BC$

(2) $Y=(A(B+C))'$

(3) $Y=(ABC'+AB'C+A'BC)'$

2.8　用真值表和卡诺图表示逻辑函数 $Y=A'B+B'C+AC'$，并用与非逻辑实现。

2.9 分析如题 2.9 图所示逻辑电路，写出逻辑函数 Y 的表达式。

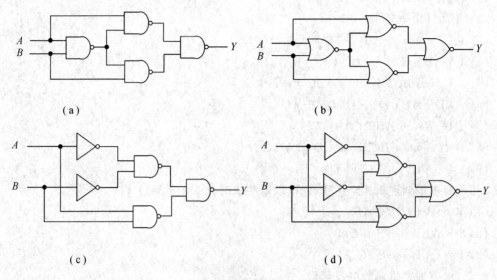

题 2.9 图

2.10 分析题 2.10 图所示的逻辑电路，写出 Y_1 和 Y_2 的函数表达式，并列出真值表。

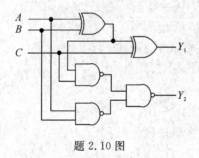

题 2.10 图

2.11 用异或逻辑和与逻辑实现下列逻辑函数。

$$W = A \oplus B \oplus C$$
$$X = A'BC + AB'C$$
$$Y = ABC' + (A' + B')C$$
$$Z = ABC$$

2.12 用与非逻辑实现异或逻辑关系 $Y = A \oplus B$，并画出逻辑图。

2.13 按下列要求实现逻辑关系 $Y(A, B, C, D) = \sum m(1, 3, 4, 7, 13, 14, 15)$，并画出逻辑图。

(1) 用与非逻辑实现。

(2) 用或非逻辑实现。

(3) 用与或非逻辑实现。

2.14 如题 2.14 图所示电路，若规定开关闭合为 1，断开为 0；灯亮为 1，灯灭为 0。列出 Y 与 A、B、C 关系的真值表，并写出函数表达式。

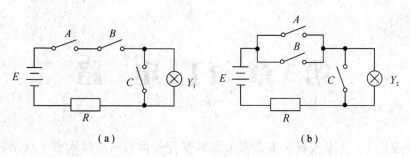

题 2.14 图

2.15　旅客列车分为特快、直快和普快三种。车站发车的优先顺序是：特快、直快和普快。在同一时间车站只能给出一班列车的发车信号。用与非逻辑设计满足上述要求的逻辑电路，为列车提供发车信号。

2.16　若一组变量中不可能有两个或两个以上同时为 1，则称这组变量相互排斥。在变量 A、B、C、D、E 相互排斥的情况下，证明逻辑式 $AB'C'D'E'=A$、$A'BC'D'E'=B$、$A'B'CD'E'=C$、$A'B'C'DE'=D$ 和 $A'B'C'D'E=E$ 成立。

第3章 门 电 路

在数字电路中,用来实现基本逻辑关系和复合逻辑关系的单元电子线路称为门电路(Gates)。门电路的名称源于它们能够控制数字信息的流动。

逻辑代数中定义了与、或、非、与非、或非、异或和同或七种逻辑运算,相应地,实现上述逻辑关系的门电路分别称为与门、或门、非门、与非门、或非门、异或门和同或门。由于非门的输出与输入相反,因此习惯上称为反相器。

门电路中用高电平和低电平表示逻辑代数中的1和0。所谓电平,是指针对电路中特定的参考点(一般为"地"),电路的输入、内部节点或者输出电位的高低。

门电路主要分为TTL门电路和CMOS门电路两大系列。TTL门电路电源电压为5 V,定义 0~0.8 V 为低电平、2.0~5.0 V 为高电平,如图3-1(a)所示,而0.8~2.0 V 则认为是高电平和低电平之间的不确定状态。CMOS门电路的电源电压范围宽,当电源电压取5 V时,定义 0~1.5 V 为低电平、3.5~5.0 V 为高电平,如图 3-1(b)所示,而1.5~3.5 V 则认为是高电平和低电平之间的不确定状态。

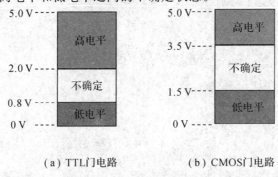

（a）TTL门电路 　　（b）CMOS门电路

图 3-1 逻辑电平的定义

用高、低电平表示逻辑代数中的0和1有两种方法,如图 3-2 所示。用高电平表示逻辑1、低电平表示逻辑0,称为正逻辑赋值;用高电平表示逻辑0、低电平表示逻辑1,称为负逻辑赋值。两种表示方法等价,为统一起见,本教材默认采用正逻辑赋值。

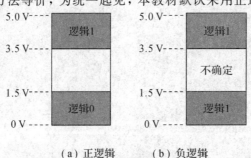

（a）正逻辑　　　（b）负逻辑

图 3-2 正/负逻辑赋值法

在数字电路中，高、低电平是通过如图 3 - 3 所示的开关电路产生的。设电源电压 U_{CC} 为 5 V。

对于图 3 - 3(a) 所示的单开关电路，当输入信号控制开关 S 闭合时 u_O 输出为低电平，断开时通过上拉电阻使 $u_O = U_{CC}$ 为高电平。

对于图 3 - 3(b) 所示的互补开关电路，输入信号控制开关 S_1 闭合、S_2 断开时，u_O 输出为高电平，控制开关 S_1 断开、S_2 闭合时，u_O 输出为低电平。

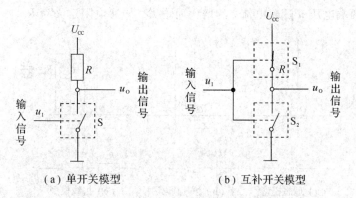

(a) 单开关模型　　　　　　　　(b) 互补开关模型

图 3 - 3　获得高、低电平的开关电路模型

图 3 - 3 所示电路中的开关可以用二极管、三极管或场效应管实现。因为二极管在外加正向电压时导通，外加反向电压时截止，能够表示开关的闭合和断开，而工作在饱和区和截止区的三极管同样能够表示开关的闭合和断开。场效应管作为开关的原理与三极管类似。

3.1　分立元件门电路

门电路可以用二极管、三极管或场效应管这些分立元件设计。二极管可以构成与门和或门，而非门则需要基于三极管或场效应管设计。

常用硅二极管的伏安特性曲线如图 3 - 4 所示。从伏安特性曲线可以看出，二极管在外加反向电压但还未达到击穿电压时只有非常小的漏电流流过（一般为 pA 级），完全可以忽略不计，认为二极管是截止的；二极管在外加正向电压并高于阈值电压时导通，有明显的电流流过。对于硅二极管来说，该阈值电压一般在 0.5 V 左右。

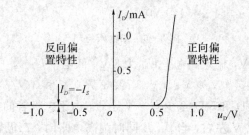

图 3 - 4　二极管的伏安特性

二极管为非线性元件，在近似分析中通常用模型代替，以简化电路分析。图 3 - 5 是二极管常用的三种近似模型，图中的虚线表示二极管实际的伏安特性，实线则表示其模型的伏安特性。

图 3-5(a)称为理想模型。理想模型将二极管看作理想开关，外加正向电压时导通，并且导通电阻 $R_{ON}=0$，外加反向电压时截止，并且截止电阻 $R_{OFF}=\infty$。

图 3-5(b)称为恒压降模型。恒压降模型认为二极管外加正向电压达到导通电压 U_{ON} 时才能导通，并且导通电阻 $R_{ON}=0$，外加电压小于 U_{ON} 时截止，截止电阻 $R_{OFF}=\infty$。对于硅二极管来说，U_{ON} 一般按 0.7 V 进行估算。

图 3-5(c)称为折线模型。折线模型考虑到二极管导通时仍有一定的导通电阻，即 $R_{ON}\neq0$，因此两端电压 u 随着电流 i 的增大而增大。导通电阻定义为 $R_{ON}=\Delta v/\Delta i$。

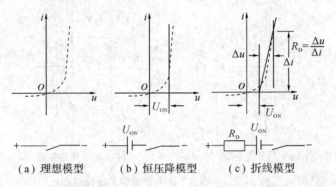

(a) 理想模型　　(b) 恒压降模型　　(c) 折线模型

图 3-5　二极管的三种模型

由于逻辑电平定义为一段范围，而不是一个确定的数值，因此对于数字电路来说，无论采用哪种模型分析并不影响电路逻辑关系的正确性。为方便分析，同时考虑尽量接近二极管实际的伏安特性，以下采用恒压降模型进行分析。

3.1.1　二极管与门

二输入二极管与门电路如图 3-6 所示，其中 A、B 为两个输入变量，Y 为输出变量。

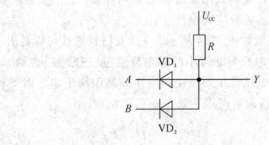

图 3-6　二输入与门

设电源电压 $U_{CC}=5$ V，输入高电平 U_{IH} 为 3 V、低电平 U_{IL} 为 0 V。两个输入端 A、B 的电平组合共有 4 种可能性：0 V/0 V、0 V/3 V、3 V/0 V 和 3 V/3 V。当 A、B 中至少有一个为低电平时，二极管 VD_1 和 VD_2 至少有一个导通，由于二极管的导通压降约为 0.7 V，所以输出电平被限制在 0.7 V 左右；当 A、B 同时为高电平时，二极管 VD_1 和 VD_2 同时导通，输出电平会升高到 3.7 V。根据上述分析可以得到表示输出与输入之间电平关系的电平表，如表 3-1 所示。

将表 3-1 所示的电平表按正逻辑赋值，即用高电平表示逻辑 1，用低电平表示逻辑 0，则可以转化为表 3-2 所示的真值表。从真值表可以看出，该电路实现了与逻辑关系，故称为二极管与门。

<table>
<tr><td colspan="3">表 3-1 图 3-6 电路电平表</td></tr>
</table>

U_A	U_B	U_Y
0 V	0 V	0.7 V
0 V	3 V	0.7 V
3 V	0 V	0.7 V
3 V	3 V	3.7 V

表 3-2 图 3-6 电路真值表

A	B	Y
0	0	0
0	1	0
1	0	0
1	1	1

三变量以上二极管与门可按图 3-6 扩展构成。

3.1.2 二极管或门

二输入二极管或门电路如图 3-7 所示,其中 A、B 为两个输入变量,Y 为输出变量。

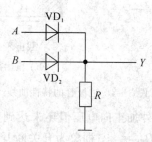

图 3-7 二输入或门

设电源电压 $U_{CC}=5$ V,输入端的高电平 U_{IH} 和低电平 U_{IL} 分别为 3 V 和 0 V。当 A、B 中至少有一个为高电平时,二极管 VD_1 和 VD_2 至少有一个导通,考虑到二极管的导通压降约为 0.7 V,所以输出电平约为 2.3 V;当 A、B 同时为低电平时,二极管 VD_1 和 VD_2 会同时截止,由于电路中没有电流流过,所以输出电平为 0 V。根据上述分析得到图 3-7 电路的电平表,如表 3-3 所示。

同样将表 3-3 所示的电平表按正逻辑赋值,可转化为表 3-4 所示的真值表。由真值表可以看出,该电路实现了或逻辑关系,故称为二极管或门。

表 3-3 图 3-7 电路电平表

U_A	U_B	U_Y
0 V	0 V	0 V
0 V	3 V	2.3 V
3 V	0 V	2.3 V
3 V	3 V	2.3 V

表 3-4 图 3-7 电路真值表

A	B	Y
0	0	0
0	1	1
1	0	1
1	1	1

三变量以上二极管或门可按图 3-7 扩展构成。

3.1.3 三极管反相器

三极管通常有三个工作区域:截止区、放大区和饱和区,其输入特性曲线和输出特性曲线如图 3-8 所示。

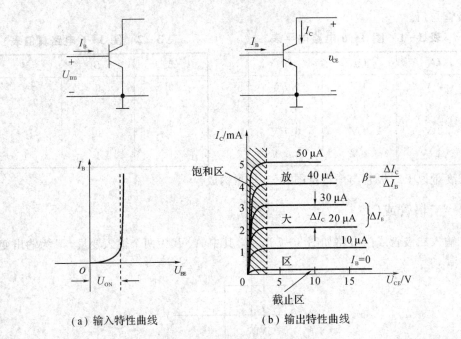

(a) 输入特性曲线　　　　　(b) 输出特性曲线

图 3-8　三极管的特性曲线

当三极管的发射结反偏或者外加正向电压但还未达到其阈值电压时工作在截止区，此时即使 $U_{CE} \neq 0$，但 $I_C \equiv 0$，所以 $R_{CE} = \infty$，抽象为开关断开。当三极管在发射结正偏并使其工作在饱和区时，发射结和集电结同时处于正偏状态，此时 $R_{CE} \rightarrow 0$，抽象为开关闭合。

在数字电路中，三极管工作在截止或饱和状态，称之为开关状态，而放大区则看作是开关由闭合到断开，或者由断开到闭合的过渡状态。

用三极管构成的基本开关电路如图 3-9 所示，基于图 3-3(a) 所示的单开关模型来实现。由于三极管工作在放大区时集电结反偏，工作在饱和区时集电结正偏，因此定义集电结零偏（即 $I_{CB}=0$）为临界饱和状态，是区分放大区和饱和区的分界线。

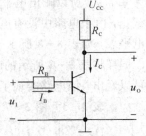

图 3-9　三极管基本开关电路

若将三极管处于临界饱和状态时的集电结和发射结之间的管压降和基极驱动电流分别用 U_{CES} 和 I_{BS} 表示（下标 S 表示 Saturation，饱和），则 $I_{BS}=(U_{CC}-U_{CES})/(\beta \times R_C)$，其中 U_{CES} 按 0.7 V 估算。

三极管基本开关电路的工作原理分析如下：

(1) 当输入 $u_I = 0$ V 时，发射结零偏，因此三极管截止，这时 $I_C = 0$，输出电压 $U_O = U_{CC} - R_C \times I_C = U_{CC}$，为高电平。

(2) 当输入 u_I 为高电平 (U_{IH}) 时，三极管的发射结导通，可能工作在放大状态，也可能工作在饱和状态，取决于基极电流 I_B 和处于临界饱和状态时所需要的驱动电流 I_{BS} 的关系。下面进行进一步分析。

当 $u_I = U_{IH}$ 时，实际的基极驱动电流为 $I_B=(U_{IH}-U_{BE})/R_B$。若 $I_B > I_{BS}$ 时，则 $I_C > I_{CS}$（不一定成比例关系），导致电阻 R_C 两端的压降增大，使 $U_{CE} < 0.7$ V，因此使三极管的集

电结正偏而工作在饱和状态。三极管处于深度饱和($I_B \gg I_{BS}$)时,U_{CES}约为 $0.1 \sim 0.2$ V,所以输出 $u_o = U_{CES}$ 为低电平。

由以上分析可知,三极管基本开关电路只有在电路参数满足 $I_B > I_{BS}$ 时才能实现非逻辑关系。

由于 TTL 低电平上限为 0.8 V,对于三极管基本开关电路来说,当输入电压 $U_1 = 0.8$ V 时,因为三极管 V 不能可靠地截止从而影响门电路的性能。为此,三极管反相器采用图 3-10 所示的改进电路,其中 U_{EE} 为负电源,目的是当输入电压在 $0 \sim 0.8$ V 范围内三极管都能够可靠截止。

对于三极管反相器,当输入电压 $u_1 = U_{IL}$ 时,设三极管截止,则三极管的基极电位可表示为

$$U_B = \frac{R_2}{R_1 + R_2} U_{IL} + \frac{R_1}{R_1 + R_2} U_{EE}$$

若 $U_B < 0$,则三极管截止成立,输出 $u_O = U_{CC}$,为高电平。

当输入电压 $u_1 = U_{IH}$ 时,设三极管导通。设流过电阻 R_1 的电流记为 I_1,流过电阻 R_2 的电流记为 I_2,则三极管的实际驱动电流为

$$I_B = I_1 - I_2 = \frac{U_{IH} - U_{BE}}{R_1} - \frac{U_{BE} - U_{EE}}{R_2}$$

若 $I_B > I_{BS}$,则三极管饱和,输出电压 $u_O = U_{CES} \approx 0.1 \sim 0.2$ V,为低电平。

将二极管与门和三极管反相器级联即可构成与非门,如图 3-11 所示。这种由二极管和三极管复合而成的门电路称为 DTL(Diode Transistor Logic)门电路。DTL 与非门的工作原理是:当 A、B、C 中至少有一个为低电平时,P 点为低电平,因此三极管 V 截止使输出 Y 为高电平;当 A、B、C 同时为高电平时,P 点才为高电平,使三极管 V 饱和,输出 Y 为低电平。

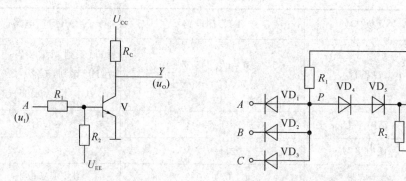

图 3-10 三极管反相器　　　　　　图 3-11 DTL 与非门

同理,将二极管或门和三极管反相器级联可构成 DTL 或非门。由于二极管实际性能并不理想,存在正向导通压降(硅管约为 0.7 V),所以对于 DTL 与非门,低电平信号经过一级与门后,其电平将升高 0.7 V;对于 DTL 或非门,高电平信号每经过一级或门其电平将下降 0.7 V,因此由分立元件难以构成性能良好的多级逻辑电路。

讲解分立元器件门电路的目的在于帮助我们理解基本门电路的设计原理。在进行数字系统设计时,直接使用集成门电路更为方便。

思考与练习

3-1　若将图 3-6 所示的二极管电路按负逻辑进行赋值，是什么门电路？同样，将图 3-7 所示的二极管电路若按负逻辑赋值时是什么门电路？由此能得出什么结论？

3-2　三极管基本开关电路与三极管共射放大电路有什么本质区别？试进行分析说明。

3-3　分析图 3-11 所示的 DTL 与非门电路中，二极管 VD_4 和 VD_5 的作用是什么？

3.2　集成逻辑门

集成门电路根据制造工艺进行划分，主要分为 TTL 门电路和 CMOS 门电路两种类型，其中 TTL 门电路基于三极管工艺制造，CMOS 门电路基于 MOS 场效应管工艺制造。

TTL 门电路发展较早，有 54/74、54S/74S、54AS/74AS、54LS/74LS、54ALS/74ALS 和 74F 等多种产品系列，其中 54 系列为军工（M）产品，工作温度范围为 $-55\sim125$ ℃，电源电压范围为 5 V±10%；74 系列为民用产品，电源电压范围为 5 V±5%，分为工业级（I）和商业级（C）两个子系列。工业级器件的工作温度范围为 $-40\sim85$ ℃，商业级器件的工作温度范围为 $0\sim70$ ℃。

CMOS 门电路有 4000、74HC/AHC、74HCT/AHCT、74LVC/ALVC 等多种系列。早期的 4000 系列门电路的工作速度远低于同期的 74 系列 TTL 门电路，主要用在对速度要求不高的场合。随着 MOS 制造工艺的改进，其后推出的 HC/AHC、HCT/AHCT 和 LVC/ALVC 等系列门电路的工作速度赶上甚至超过了 TTL 门电路。

目前，CMOS 门电路因其具有工作电源电压范围宽、静态功耗极低、抗干扰能力强、输入阻抗高和成本低等许多优点而得到了广泛的应用，TTL 门电路只有 74LS 等部分产品系列仍在应用。表 3-5 是 TTL 门电路和 CMOS 门电路的特性参数对照表。

表 3-5　门电路特性对照表

特　性	参　数	TTL 门电路	CMOS 门电路
电源电压	U_{CC}/U_{DD}	54 系列：U_{CC}=5 V±10% 74 系列：U_{CC}=5 V±5%	4000 系列：U_{DD}=3~18 V 74HC 系列：U_{DD}=2~6 V 74LVC：U_{DD}=1.85~3.6 V
输出电平	高电平 U_{OH}	3.4~3.6 V	$\approx U_{DD}$
	低电平 U_{OL}	0.1~0.2 V	≈ 0 V
抗干扰能力	噪声容限 U_N	小，0.4~0.8 V	大，1 V 以上
带负载能力	扇出系数 N	小，一般在 10 以下	大，至少大于 50
功耗	Po	大，74 系列为 10 mW	极小，静态功耗约为 0
速度	传输延迟时间 t_{PD}	74 系列：10 ns 74LS 系列：9.5 ns 74ALS 系列：4 ns	4000 系列：80~120 ns 74HC 系列：8~20 ns 74AHC 系列：5~8 ns

3.2.1 CMOS 反相器

CMOS 反相器采用图 3-3(b) 所示的互补开关模型设计，内部原理电路如图 3-12 所示，它由一个 P 沟道增强型 MOS 管和一个 N 沟道增强型 MOS 管串接构成。P 沟道 MOS 管源极接电源 U_{DD}，N 沟道 MOS 管源极接地，两个栅极并联作为输入，两个漏极并联作为输出。

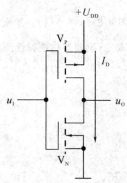

图 3-12 CMOS 反相器

N 沟道增强型 MOS 管和 P 沟道增强型 MOS 管在电特性上为互补关系：(1) N 沟道 MOS 管的开启电压 U_{TN} 为正值，而 P 沟道 MOS 管的开启电压 U_{TP} 为负值；(2) N 沟道 MOS 管的沟道电流 I_D 从漏极流向源极，而 P 沟道 MOS 管的沟道电流 I_D 则从源极流向漏极。

由于 N 沟道增强型 MOS 管和 P 沟道增强型 MOS 管在电特性上恰好为互补关系，因此由 N 沟道增强型 MOS 管和 P 沟道增强型 MOS 管构成的门电路称为 CMOS(C 表示 Complementary，互补) 门电路。

CMOS 反相器的工作原理很简单。当输入电压 u_I 为低电平 (0 V) 时，MOS 管 V_P 导通而 V_N 截止，相当于图 3-3(b) 中的开关 S_1 闭合而 S_2 断开，输出电压 u_O 为高电平。当输入电压 u_I 为高电平 (U_{DD}) 时，V_P 截止而 V_N 导通，相当于图 3-3(b) 中的开关 S_1 断开而 S_2 闭合，输出电压 u_O 为低电平。由于输出电压 u_O 与输入电压 u_I 的状态相反，所以实现非逻辑关系。

在分析和设计数字系统时，不但要熟悉门电路的功能，同时还必须掌握门电路的特性，包括静态特性和动态特性。静态特性包括电压传输特性和电流传输特性、噪声容限，以及输入特性和输出特性。动态特性主要包括传输延迟时间、交流噪声容限以及动态功耗等。

下面对 CMOS 反相器的外特性做进一步分析。

1. 电压传输特性与电流传输特性

电压传输特性用来描述门电路输出电压随输入电压的变化关系，即 $u_O = f(u_I)$。电流传输特性用来描述门电路电源电流随输入电压的变化关系，即 $I_D = f(u_I)$。

CMOS 反相器的电压传输特性和电流传输特性可以通过图 3-13 所示的实验电路测量得到。记录输入电压 u_I 从 0 V 上升到电源电压 U_{DD} 过程中反相器输出电压 u_O 和电源电流 $I_D(\mu A)$ 的数值，可绘制出图 3-14 所示的电压传输特性和电流传输特性曲线。

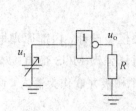
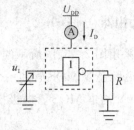

（a）电压传输特性测量电路　　（b）电流传输特性测量电路

图 3-13　CMOS 反相器传输特性测量原理电路

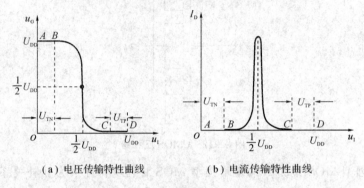

（a）电压传输特性曲线　　（b）电流传输特性曲线

图 3-14　CMOS 反相器传输特性曲线

下面从理论上进一步分析反相器的传输特性。当输入电压从 0 V 上升到 U_{DD} 的过程中，根据两个 MOS 管的开启电压 U_{TP} 和 U_{TN}，将输入电压的上升过程近似划分为以下三段：

（1）当输入电压 $u_1 < U_{TN}$ 时，由于 P 沟道 MOS 管的栅源电压值 $|U_{GSP}| = |u_1 - U_{DD}| > |U_{TP}|$、N 沟道 MOS 管的栅源电压 $U_{GSN} = u_1 < U_{TN}$，所以 V_P 导通而 V_N 截止，输出 $u_O \approx U_{DD}$ 为高电平，对应于电压传输特性曲线的 AB 段。

（2）当输入电压 $U_{TN} < u_1 < |U_{DD} - U_{TP}|$ 时，随着输入电压的升高，V_P 管从原来的导通状态逐渐趋向于截止，内阻 R_P 越来越大。相应地，V_N 管从截止状态逐渐转变为导通，内阻 R_N 越来越小。在这个工作阶段，输出电压 u_O 随着输入电压的升高从高电平逐渐下降为低电平，对应于传输特性曲线的 BC 段，称为电压传输特性的转折区。

（3）当 $u_1 > U_{DD} - |U_{TP}|$ 时，由于 $|U_{GSP}| = |u_1 - U_{DD}| < |U_{TP}|$、$U_{GSN} = u_1 > U_{TN}$，所以 V_P 截止而 V_N 导通，输出 $u_O \approx 0$ 为低电平，对应于电压传输特性曲线的 CD 段。

将电压传输特性曲线转折区的中点所对应的输入电压定义为 CMOS 反相器的阈值电压（Threshold Voltage），用 U_{TH} 表示。当 V_P 管和 V_N 管的参数对称时，$U_{TH} = \frac{1}{2}U_{DD}$。在近似分析中，阈值电压表示门电路输入端高、低电平的分界线。当反相器的输入电压低于 U_{TH} 时，认为输入为低电平从而输出为高电平，当反相器的输入电压高于 U_{TH} 时，认为输入为高电平从而使输出为低电平。

反相器工作在 AB 段或 CD 段时，V_P 管和 V_N 管始终有一个处于截止状态。由于 MOS 管截止时内阻极高，因此从电源 U_{DD} 到地的电源电流几乎为零。只有当门电路状态转换经过转折区时，V_P 管和 V_N 管才会同时导通有电流流过，如图 3-15 所示。为了限制 CMOS 反相器的动态功耗，我们希望输入电平的跳变时间不要太长，以避免反相器工作在转折区时间长而导致功耗增加。但总体来说，CMOS 门电路与 TTL 门电路相比，功耗极小，这是CMOS 门电路最突出的优点。

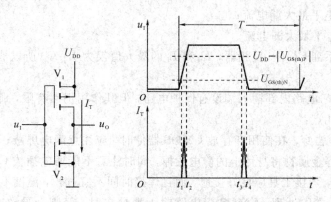

图 3 - 15 CMOS 反相器动态功耗

由于 CMOS 电路的功耗极低，而且制造工艺比 TTL 电路简单，占用硅片面积小，所以特别适合于制造大规模和超大规模集成电路。

2. 输入特性与输出特性

输入特性用来描述门电路输入电流与输入电压之间的关系，即 $I_I = f(u_I)$。输出特性用来描述门电路输出电压与输出电流之间的关系，即 $u_O = f(I_O)$。

CMOS 反相器的输入端为 MOS 管的栅极，而栅极与源极和漏极之间绝缘，所以CMOS 器件的输入阻抗很高。但由于绝缘层极薄，所以 CMOS 电路容易受到静电放电(Electrostatic Discharge)而损坏。当绝缘层两侧聚集大量相向电荷时，电压通常可达到几百伏到上千伏，产生的强大电场足以将绝缘层击穿，因此在制造 CMOS 集成电路时，输入端都加有保护电路。

74HC 系列门电路的输入端保护电路如图 3 - 16 所示。在正常应用时，输入电压在 0 ~U_{DD} 之间变化，因而保护电路不起作用。当输入端受到静电放电等因素的影响使输入电压瞬时超过 $U_{DD} + 0.7$ V 时，二极管 VD_1 导通将输入电压限制在 $U_{DD} + 0.7$ V 左右。若输入电压瞬时低于 -0.7 V 时，二极管 VD_2 导通将输入电压限制在 -0.7 V 左右，从而有效控制门电路输入电压在 -0.7 V ~ $U_{DD} + 0.7$ V 的范围内变化，保护了 MOS 管，防止绝缘层被击穿。综合上述分析，可得 74HC 系列反相器的输入特性，如图 3 - 17 所示。

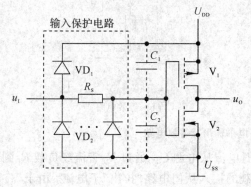

图 3 - 16 74HC 系列输入端保护电路

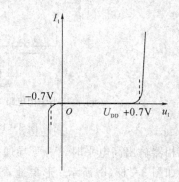

图 3 - 17 74HC 系列反相器的输入特性

当输入电压在 $0\sim U_{DD}$ 之间变化时，CMOS 反相器的输入电流仅仅取决于输入端保护二极管的漏电流和 MOS 管栅极的漏电流。门电路的最大输入漏电流由制造商规定：

I_{IH}：输入高电平最大漏电流；

I_{IL}：输入低电平最大漏电流。

对于 74HC 系列 CMOS 反相器，I_{IH} 和 I_{IL} 的最大值仅为 1 μA，所以消耗驱动电路的功率极小。

虽然 CMOS 门电路内部输入端设有保护电路，但其作用仍然有限，所以在实际使用过程中应注意以下几点：

（1）防止静电击穿。在使用和存放 CMOS 器件时，应注意静电屏蔽；在取用 CMOS 器件时先摸暖气片等金属物将身体上的静电放掉，同时注意不能通电插拔 CMOS 器件；在焊接 CMOS 器件时，焊接工具应良好接地，而且焊接时间不宜过长，温度不能太高。

（2）多余输入端的处理。CMOS 门电路输入端悬空时，轻则会导致电路工作不正常，重则会产生灾难性后果。因为输入端悬空时由于静电或干扰的影响，输入电平会随机波动，既不能作为逻辑 1 处理也不能作为逻辑 0 处理。由于输入端无法得到确定的输入电压，所以输出电压是无法预测的。因此，对于 CMOS 门电路来说，不用的输入端应根据逻辑需要接地或者接电源，或者与其他输入端并联使用。

（3）注意布局布线工艺，增强抗干扰能力。对于高速数字系统，应避免引线过长，以防止信号之间的窜扰和对信号传输的延迟。另外，尽量降低电源和地线的阻抗，以减少电源噪声的影响。需要注意的是，容性负载会降低 CMOS 集成电路的工作速度和增加功耗，所以设计 CMOS 系统时应尽量减少负载的电容性。

由于门电路正常工作时输出为高电平或者低电平，因此其输出特性分为高电平输出特性和低电平输出特性两种进行分析。

高电平输出特性是指门电路输出高电平时输出电压与输出电流之间的关系，即 $U_{OH} = f(I_{OH})$。用高电平驱动负载时，负载应接在输出与地之间，如图 3-18(a) 所示。这种接法的负载称为"拉电流"负载(Source Current Load)。

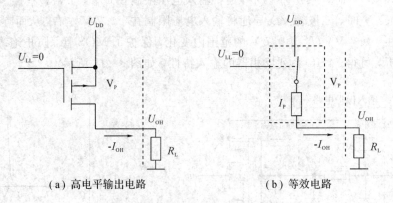

（a）高电平输出电路　　　　　（b）等效电路

图 3-18　高电平输出及等效电路

反相器输出高电平时，V_P 管导通，这时电流从电源 U_{DD} 通过 V_P 管流经负载 R_L 到地，等效电路如图 3-18(b) 所示。形象地看，负载的接入从门电路"拉出"了电流。由于 V_P 管并非理想开关，其导通内阻 $R_p \neq 0$，因此随着负载电流的增加其输出的高电平会逐渐降低，降低

的速率与电源电压 U_{DD} 有关，U_{DD} 越大 R_p 越小，降低得越慢。在进行门电路分析时，习惯上规定电流流入门电路为正，故反相器的高电平输出特性如图 3-19 所示。

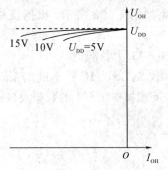

图 3-19　高电平输出特性

低电平输出特性是指门电路输出低电平时输出电压与输出电流之间的关系，即 $U_{OL}=f(I_{OL})$。用低电平驱动负载时，负载应接在输出与电源之间，如图 3-20(a) 所示。这种接法的负载称为"灌电流"负载(Sink Current Load)。

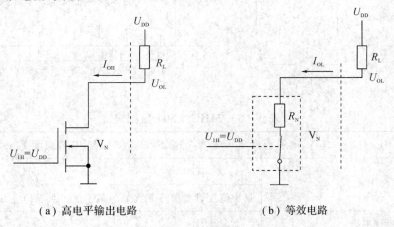

（a）高电平输出电路　　　　　　（b）等效电路

图 3-20　低电平输出及等效电路

反相器输出低电平时，V_N 管导通，这时电流从电源 U_{DD} 通过负载 R_L 流经 V_N 管到地，即门电路"吸收"了负载灌进来的电流。由于 V_N 管的导通内阻 $R_N \neq 0$，所以随着负载电流的增加而输出的低电平会逐渐升高。低电平升高的速率同样与电源电压 U_{DD} 有关。U_{DD} 越大 R_N 越小，升高得就越慢。由于规定电流流入门电路为正，故反相器的低电平输出特性如图 3-21 所示。

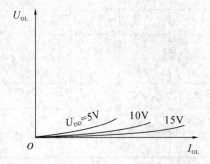

图 3-21　低电平输出特性

门电路的输入特性和输出特性决定了门电路的带负载能力。门电路能够驱动同类门的个数称为扇出系数(Fan - out Ratio)。

【例 3 - 1】 反相器驱动电路如图 3 - 22 所示。根据反相器的输出特性和输入特性,计算反相器的扇出系数。

解 图中 G_1 称为驱动门, $G_2 \sim G_n$ 为负载门。

74××04 为六反相器(××代表 LS、HC 等不同的系列),外部引脚如图 3 - 23 所示。CMOS 反相器 74HC04 和 TTL 反相器 74LS04 的数据表(Data Sheet)如表 3 - 6 所示。

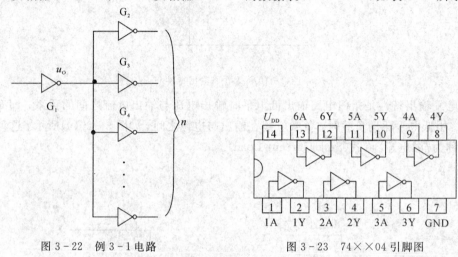

图 3 - 22 例 3 - 1 电路　　　　　图 3 - 23 74××04 引脚图

表 3 - 6 74HC/LS04 数据表

工作条件 74HC: $U_{DD}=4.5$ V,工作温度 $T_A=25$ ℃;74LS: $U_{CC}=5.0$ V,工作温度 $T_A=25$ ℃							
参数	描述	74HC04			74LS04			单位
		最小值	典型值	最大值	最小值	典型值	最大值	
U_{DD}/U_{CC}	电源电压	2		6	4.75	5	5.25	V
U_{IH}	输入高电平	3.15			2			V
U_{IL}	输入低电平			1.35			0.8	V
I_{IH}	高电平输入电流		0.1	1.0			20	μA
I_{IL}	低电平输入电流		0.1	1.0			−360	μA
U_{OH}	高电平输出电压	4.4			2.7	3.4		V
U_{OL}	低电平输出电压			0.33		0.25	0.4	V
I_{OH}	高电平输出电流		−4	−25			−0.4	mA
I_{OL}	低电平输出电流		4	25			8	mA
开关特性(U_{DD}、$U_{CC}=5$ V, $T_A=25$ ℃, $C_L=50$ pF)								
t_{PHL}	前沿延迟时间		9		4		15	ns
t_{PLH}	后沿延迟时间		9		4		15	ns

注:表中数据取自于美国 National Semiconductor 公司的数据表。

查阅 CMOS 反相器 74HC04 的数据表可知：输出高电平时，最大输出电流 $I_{\mathrm{OH(max)}} = -25\ \mathrm{mA}$，输出低电平最大输出电流 $I_{\mathrm{OL(max)}} = 25\ \mathrm{mA}$，而输入高、低电平最大电流 $I_{\mathrm{IH(max)}}$ 和 $I_{\mathrm{IL(max)}}$ 为 $\pm 1\ \mu\mathrm{A}$，因此，CMOS 反相器输出高电平时的扇出系数为

$$N_{\mathrm{H}} = \frac{I_{\mathrm{OH(max)}}}{I_{\mathrm{IH(max)}}} = 25\ 000$$

输出低电平时的扇出系数为

$$N_{\mathrm{L}} = \frac{I_{\mathrm{OL(max)}}}{I_{\mathrm{IL(max)}}} = 25\ 000$$

故 74HC04 的扇出系数 $N = (N_{\mathrm{H}}, N_{\mathrm{L}})_{\min} = 25\ 000$。也就是说，从理论上讲，74HC 系列 CMOS 反相器可以驱动 25 000 个同系列反相器。上述计算具有一定的参考意义，考虑到反相器的动态特性，在数字系统设计时要留有足够大的裕量，以保证器件可靠工作。

查阅 TTL 反相器 74LS04 的数据表可知：输出高电平时，最大输出电流 $I_{\mathrm{OH(max)}} = -0.4\ \mathrm{mA}$，输出低电平最大输出电流 $I_{\mathrm{OL(max)}} = 8\ \mathrm{mA}$，而输入高电平最大电流 $I_{\mathrm{IH(max)}} = 20\ \mu\mathrm{A}$，输入低电平最大电流 $I_{\mathrm{IL(max)}} = -360\ \mu\mathrm{A}$。因此，74LS04 输出高电平时的扇出系数为

$$N_{\mathrm{H}} = \frac{I_{\mathrm{OH(max)}}}{I_{\mathrm{IH(max)}}} = \frac{0.4}{0.02} = 20$$

输出低电平时的扇出系数为

$$N_{\mathrm{L}} = \frac{I_{\mathrm{OL(max)}}}{I_{\mathrm{IL(max)}}} = \frac{8}{0.36} \approx 22$$

故 74LS04 的扇出系数 $N = (N_{\mathrm{H}}, N_{\mathrm{L}})_{\min} = 20$，即一个 74LS 系列 TTL 反相器能够驱动 20 个同系列反相器。

3. 噪声容限

数字电路在正常工作时，允许在线路上叠加一定的噪声，只要噪声电压不超过一定的限度，就不会影响数字电路的正常工作，这个限度就称为噪声容限（Noise Margin）。

为了能够可靠地区分高、低电平，集成电路制造商在门电路应用手册中规定了以下四个特性参数：

$U_{\mathrm{OH(min)}}$：输出高电平的最小值；
$U_{\mathrm{OL(max)}}$：输出低电平的最大值；
$U_{\mathrm{IH(min)}}$：输入高电平的最小值；
$U_{\mathrm{IL(max)}}$：输入低电平的最大值。

噪声容限的概念可以通过图 3-24 来说明，其中 G_1 为驱动门，G_2 为负载门。根据以上四个特性参数，可推出高、低电平的噪声容限。

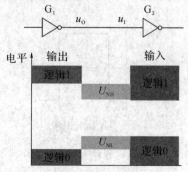

图 3-24　噪声容限定义图

(1) 当驱动门输出高电平时，其高电平的最小值为 $U_{OH(min)}$。但对于负载门来说，只要输入高电平不低于 $U_{IH(min)}$ 就可以了，由此可以推出高电平噪声容限为

$$U_{NH} = U_{OH(min)} - U_{IH(min)}$$

也就是说，当 G_1 输出高电平时，允许在输出线路上叠加一定的噪声，只要噪声电压不超过 U_{NH}，就不会影响 G_2 正常工作。

(2) 当驱动门输出低电平时，其低电平的最大值为 $U_{OL(max)}$。但对于负载门来说，只要输入低电平不高于 $U_{IL(max)}$ 就可以了，由此可以推出低电平噪声容限为

$$U_{NL} = U_{IL(max)} - U_{OL(max)}$$

也就是说，当 G_1 输出低电平时，允许在输出线路上叠加一定的噪声，只要噪声电压不超过 U_{NL}，就不会影响 G_2 的正常工作。

从表 3-6 所示的反相器数据表可以查出：CMOS 反相器 74HC04 的 $U_{OH(min)} = 4.4$ V、$U_{OL(max)} = 0.33$ V、$U_{IH(min)} = 3.15$ V、$U_{IL(max)} = 1.35$ V，由此可以推出 74HC04 的高电平噪声容限为 1.25 V，低电平噪声容限为 1.02 V。相应地，TTL 反相器 74LS04 的高电平噪声容限为 0.7 V，低电平噪声容限为 0.4 V，比 74HC04 的噪声容限小。

4. 传输延迟时间

脉冲(Pulse)在数字电路中是指电平的突变，然后迅速返回到其初始电平的过程，如图 3-25 所示。从低电平跳变为高电平称为正脉冲，从高电平跳变为低电平称为负脉冲。

（a）正脉冲　　　　　　　　　（b）负脉冲

图 3-25　脉冲的定义

门电路在输入脉冲的作用下，产生的输出响应总滞后于输入。造成门电路输出滞后于输入的主要原因有两方面：一是开关元件在导通和截止之间转换时，内部载流子的"聚集"和"消散"需要一定的时间。例如，对图 3-26(a)所示的二极管基本开关电路，当加入图 3-26(b)所示的脉冲电压 u 时，产生的动态电流 i 如图 3-26(c)所示。因为当二极管外加电压由反向跳变为正向时，需要等到内部 PN 结积累到一定的电荷才能形成扩散电流，因此正向导通电流会稍滞后于输入电压。同样，当二极管外加电压由正向跳变为反向时，由于内部 PN 结仍积累有一定的电荷，因此仍有电流流过 PN 结，伴随着在电荷的消散，反向电流才衰减而趋于 0。

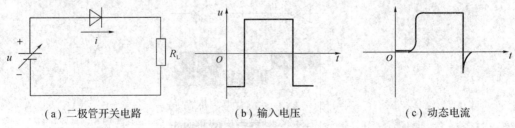

（a）二极管开关电路　　　　（b）输入电压　　　　（c）动态电流

图 3-26　二极管开关电路及工作波形

三极管作为开关也是同样的道理。三极管的开与关在饱和与截止两个状态之间相互转

换，内部 PN 结中的载流子也存在聚集和消散的过程。所以转换需要一定的时间。

造成门电路输出滞后于输入的第二个因素是门电路驱动容性负载（例如通过长线驱动负载，线路上存在较大的分布电容）时，还伴随着对电容的充电和放电过程，同样会导致输出滞后于输入，如图 3-27 所示。

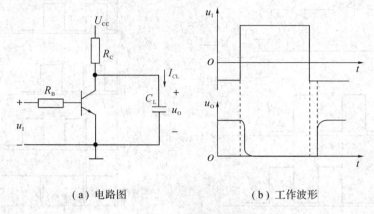

（a）电路图　　　　　　　（b）工作波形

图 3-27　门电路驱动容性负载

传输延迟时间（Propagation Delay Time）是指从门电路的输入信号发生跳变到引起输出变化的延迟时间，用 t_{PD} 表示。对于多输入多输出逻辑器件，传输延迟时间的具体数值还与信号通路有关。不同信号通路的传输延迟时间不同。

CMOS 反相器传输延迟时间的定义如图 3-28 所示。将反相器的输入电压从低电平上升到 $50\%U_{OH}$ 的时刻到输出电压从高电平下降到 $50\%U_{OH}$ 的时刻之差定义为前沿滞后时间，用 t_{PHL} 表示；把输入电压从高电平下降到 $50\%U_{OH}$ 的时刻到输出电压从低电平上升到 $50\%U_{OH}$ 的时刻之差定义为后沿滞后时间，用 t_{PLH} 表示。反相器的传输延迟时间 t_{PD} 则定义为前沿滞后时间和后沿滞后时间的平均值，即

$$t_{PD} = \frac{t_{PHL} + t_{PLH}}{2}$$

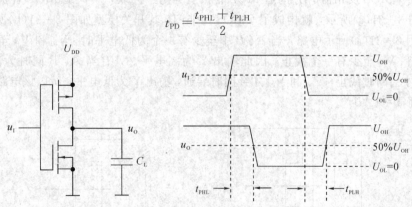

图 3-28　传输延迟时间的定义

传输延迟时间反映的是门电路工作速度的参数。t_{PD} 越小，说明门电路速度越快。74HC 系列 CMOS 门电路的 t_{PD} 约为 9 ns，74LS 系列 TTL 门电路的 t_{PD} 约为 9.5 ns。

门电路存在传输延迟时间导致对数字电路进行分析时，理论分析结果和实际电路的性能之间存在着差异。例如，对于图 3-29 所示的电路，在忽略门电路传输延迟时间的情况下，A_1 和 A 的波形相同，所以在图中 A、B 所示波形的作用下，输出 Y 始终为高电平。但若

考虑到反相器存在传输延迟时间时，A_1 的波形会滞后于 A 的波形 $2t_{PD}$。这时在图中 A_1、B 所示波形的作用下，输出 Y 的波形会出现两个负脉冲，如图 3-30 所示，这种现象是不符合逻辑关系的，有可能会导致后续电路产生错误，因此应用时应特别注意。

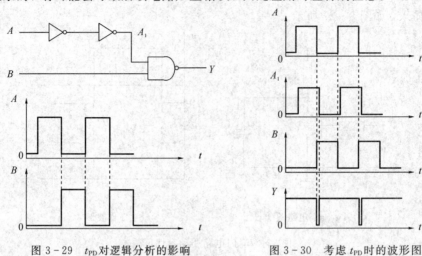

图 3-29　t_{PD} 对逻辑分析的影响　　　　图 3-30　考虑 t_{PD} 时的波形图

对于数字系统来说，其工作速度不但与门电路的传输延迟时间有关，而且与电路板的布局布线引起的传播延迟时间有关。因此，在数字系统设计时，需要同时考虑传输延迟和传播延迟两方面因素的影响。

3.2.2　其他 CMOS 逻辑门

反相器是构成门电路的基础。按 CMOS 反相器的电路结构进行扩展，就可以得到其他功能的逻辑门。

如果将 CMOS 反相器的 P 沟道 MOS 管扩展为两个并联，N 沟道 MOS 管扩展为两个串联，如图 3-31(a) 所示，就构成了 CMOS 与非门，其开关模型如图 3-31(b) 所示。

对于图 3-31(a) 所示电路，当 A、B 中至少有一个为低电平时，V_{P1} 和 V_{P2} 至少有一个导通，V_{N1} 和 V_{N2} 至少有一个截止，因此输出 Y 为高电平。只有当 A、B 同时为高电平时，V_{P1} 和 V_{P2} 才会同时截止，V_{N1} 和 V_{N2} 才会同时导通，输出 Y 为低电平，所以该电路实现了与非逻辑关系 $Y=(AB)'$。

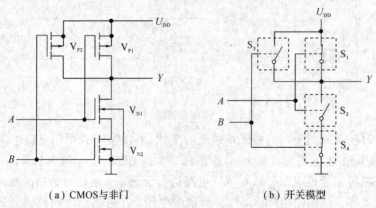

（a）CMOS与非门　　　　　　　（b）开关模型

图 3-31　CMOS 与非门及开关模型

如果将 CMOS 反相器的 P 沟道 MOS 管扩展为两个串联,将 N 沟道 MOS 管扩展为两个并联,如图 3-32(a)所示,就构成了 CMOS 或非门,其开关模型如图 3-32(b)所示。

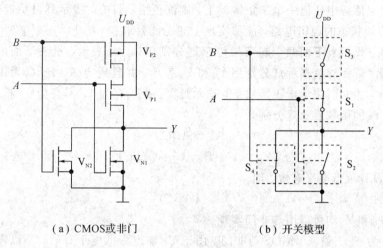

（a）CMOS 或非门　　　　　　　　（b）开关模型

图 3-32　CMOS 或非门及开关模型

对于图 3-32(a)所示电路,当 A、B 中至少有一个为高电平时,V_{P1} 和 V_{P2} 至少有一个截止,V_{N1} 和 V_{N2} 至少有一个导通,输出 Y 为低电平。只有当 A、B 同时为低电平时,V_{P1} 和 V_{P2} 才会同时导通,V_{N1} 和 V_{N2} 同时截止,输出 Y 为高电平,所以该电路实现了或非逻辑关系 $Y=(A+B)'$。

74HC00 是四-二输入 CMOS 与非门,74HC02 是四-二输入 CMOS 或非门,内部逻辑框图和引脚排列如图 3-33 所示。

与或非逻辑关系可由与非门电路扩展而成,如图 3-34 所示。先将 A 和 B 与非、C 和 D 与非,再将 $(AB)'$ 和 $(CD)'$ 与非,最后再取一次非即可得到与或非逻辑关系,即

$$Y=((AB)'(CD)')''=(AB)'(CD)'=(AB+CD)'$$

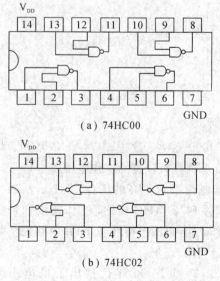

（a）74HC00

（b）74HC02

图 3-33　CMOS 与非门和或非门

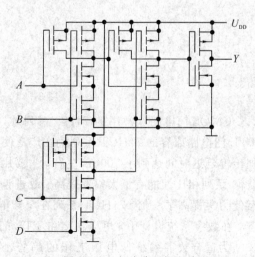

图 3-34　与或非逻辑电路

【例 3-2】 飞机着陆时，要求机头和两翼下的三个起落架均处于"放下"状态。当驾驶员打开"放下起落架"开关后，如果三个起落架均已放下则绿色指示灯亮，表示起落架状态正常；若三个起落架中任何一个未正常放下，则红色指示灯亮，提示驾驶员起落架有故障。设计监视起落架状态的逻辑电路，能够实现上述功能要求。

设计过程：设机翼下面两个起落架传感器分别用 A、B 表示，机头下面的传感器用 C 表示，绿色指示灯和红色指示灯分别用 Y_G 和 Y_R 表示，并且规定 A、B、C 为 1 时表示起落架已正常放下，为 0 时表示未正常放下，指示灯 Y_G 和 Y_R 亮为 1，不亮为 0。根据功能要求，可推出 Y_G 和 Y_R 的函数表达式分别为

$$Y_G = ABC$$
$$Y_R = A' + B' + C' = (ABC)'$$

若将 Y_G 设计成低电平有效，即

$$Y_G' = (ABC)'$$

则逻辑函数 Y_G' 和 Y_R 均可以用与非门实现。

74HC10 为三-三输入 CMOS 与非门。由于 Y_G' 输出为低电平有效，所以需要将绿色指示灯接成灌电流负载形式。相应地，Y_R 输出为高电平有效，因此将红色指示灯接成拉电流负载形式，具体实现电路如图 3-35 所示。

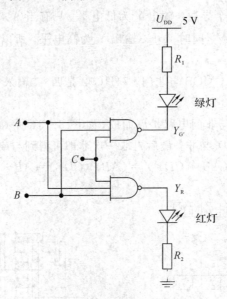

图 3-35 例 3-2 设计图

CMOS 门电路除常用的 74HC 系列外，早期的 4000 系列、改进型 74AHC 系列、与 TTL 门电路兼容的 74HCT 系列仍在广泛使用。4000 系列具有较宽的工作电压（3～18 V），但传输延迟时间达到了 100 ns 左右，主要用在对工作速度要求不高的场合。74HC 系列与 4000 系列相比性能有了大幅度提高。改进型 74AHC 系列与 74HC 相比，工作速度和带负载能力又提高了一倍。74HCT 系列在 5 V 电源下工作，输入/输出特性与 TTL 电路完全兼容，在数字系统设计中，可以直接和 TTL 门电路混合使用。

为适合数字系统低电压工作的趋势，TI 公司于 20 世纪 90 年代推出了低电压的 74LVC/ALVC 系列（LV 为 Low Voltage 的缩写）。74LVC/ALVC 系列能够在 1.65～

3.3 V电压下工作，不但传输延迟时间更小，而且具有更强的驱动能力。另外，74LVC/ALVC 系列能够接收 0～5 V 的输入信号，转换成 0～3.3 V 输出。同时，LVC 系列总线驱动器又能将 0～3.3 V 输入转换成 0～5 V 输出，为 3.3 V 系统和 5 V 系统的连接提供了解决方案。CMOS 门电路各系列的特性参数如表 3－7 所示。

表 3－7　CMOS 门电路各系列特性参数表

参数	描　　述	CMOS 不同系列（以反相器参数为例）					
		74HC	74HCT	74AHC	74AHCT	74LVC	74ALVC
U_{DD}	工作电压(V)	2～6	4.5～5.5	2～5.5	4.5～5.5	1.65～3.3	1.65～3.3
$U_{IH(min)}$	输入高电平最小值(V)	3.15	2.0	3.15	2.0	2.0	2.0
$U_{IL(max)}$	输入低电平最大值(V)	1.35	0.8	1.35	0.8	0.8	0.8
$U_{OH(min)}$	输出高电平最小值(V)	4.4	4.4	4.4	4.4	2.2	2.0
$U_{OL(max)}$	输出低电平最大值(V)	0.33	0.33	0.44	0.44	0.55	0.55
$I_{OH(max)}$	输出高电平电流最大值(mA)	−4	−4	−8	−8	−24	−24
$I_{OL(max)}$	输出低电平电流最大值(mA)	4	4	8	8	24	24
$I_{IH(max)}$	输入高电平电流最大值(μA)	0.1	0.1	0.1	0.1	5	5
$I_{IL(max)}$	输入低电平电流最大值(μA)	−0.1	−0.1	−0.1	−0.1	−5	−5
t_{PD}	传输延迟时间(ns)	9	14	5.3	5.5	3.8	2
C_I	输入电容最大值(pF)	10	10	10	10	5	3.5
C_{pd}	功耗电容	20	20	12	14	8	27.5

说明　（1）除工作电压栏外，74HC/HCT/AHC/AHCT 的参数为 $U_{DD}=4.5$ V 下的参数，74LVC/ALVC 的参数为 $U_{DD}=3.0$ V 下的参数；

（2）$U_{OH(min)}$ 和 $U_{OL(max)}$ 为最大负载电流下的输出电压。

思考与练习

3－4　与非门和或非门能否作为反相器使用？如果可以，画出接线图。

3－5　在数字系统设计中，CMOS 门电路多余的输入端应如何处理？

3.2.3　TTL 逻辑门

TTL(Transistor - Transistor Logic)门电路以三极管为开关元件。三极管开关电路是 TTL 门电路的基础，但基本开关电路的性能并不理想，为了改善其性能，在基本开关电路的基础上改进设计出了 TTL 门电路。

TTL 门电路分为 54/74、54S/74S、54AS/74AS、54LS/74LS、54ALS/74ALS 和 74F 等多种产品系列，其中 54/74 系列为标准系列，其他系列是在标准系列的基础上为了提高性能而改进得来的。

74 系列反相器的电路结构如图 3-36(a)所示，由三极管 V_1、电阻 R_1 和保护二极管 VD_1 构成的输入级，三极管 V_2 和电阻 R_2、R_3 构成的分相级（Phase Splitter）以及三极管 V_4 和 V_5、电阻 R_4 和电平移位二极管 VD_2 构成的输出级三部分组成，其中分相级用于将输入级输出的驱动信号转换为双端输出，分别驱动三极管 V_4 和 V_5，输出高电平或低电平。

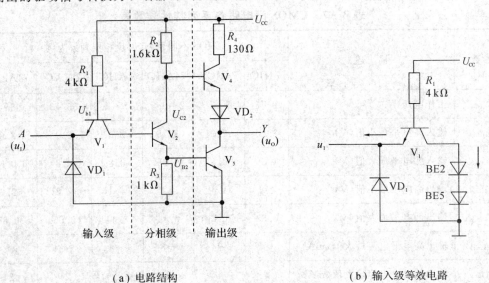

（a）电路结构　　　　　　（b）输入级等效电路

图 3-36　TTL 反相器电路结构及输入级等效电路

下面对 TTL 反相器的工作原理进行分析。从电路结构可以看出，TTL 反相器从电源 U_{CC} 通过三极管 V_1 的基极电阻 R_1 向下有两条电流通路：一是经过 V_1 管的发射结流向前级；二是经过 V_1 管的集电结、V_2 管和 V_5 管的发射结流向地。因此，TTL 反相器输入级等效电路如图 3-36(b)所示。两条通路的工作状况受反相器输入电平的控制，分两种情况进行分析。

（1）当输入电压为低电平时。

以 TTL 低电平 0.2V 进行分析。

当 $u_I = 0.2$ V 时，从电源 U_{CC} 经过 R_1 流向 V_1 管发射结的通路导通，因此 $U_{B1} \approx 0.9$ V，这时 V_2 截止。因为要使 V_2 导通，则 U_{B1} 对地的电位至少应该高于 V_1 管集电结的导通压降和 V_2 管发射结的导通压降之和，即 U_{B1} 应大于 $U_{BC1} + U_{BE2} \approx 0.7 + 0.7 = 1.4$ V。由于 $U_{B1} = 0.9$ V 远小于 1.4 V（PN 结正向电流与电压为指数关系），因此 V_2 截止。由于 V_2 截止，所以流过 V_2 管的各极均电流为 0，所以 $U_{E2} = 0$ V，因此 V_5 截止。同时，三极管 V_4，电阻 R_2、R_4 和二极管 VD_2 构成共集电极电路，这时输出电压 $u_O = U_{CC} - I_{B4} \times R_2 - U_{BE4} - U_D \approx 5 - 0.2 - 0.7 - 0.7 = 3.4$ V，为高电平。

TTL 反相器输入低电平时的内部状态和参数如图 3-37(a)所示。

（2）当输入电压为高电平时。

以 TTL 高电平 3.4 V 进行分析。

当 $u_I = 3.4$ V 时，若不考虑后级通路，则从电源 U_{CC} 经过 R_1 流向 V_1 管发射结的通路会导通，因此 U_{B1} 的电位应达到 4.1 V，但实际上是不可能的。因为只要当 U_{B1} 达到 2.1 V 时，就会导致 V_1 管的集电结、V_2 管和 V_5 管的发射结导通（可以证明，V_2 管和 V_5 管处于饱和状态），从而限制了 U_{B1} 的电位最高只能为 2.1 V。同时由于 V_2 饱和，所以 V_2 的集电极电位 $U_{C2} = U_{BE5} + U_{CES2} \approx 0.7 + 0.2 = 0.9\ V < U_{BE4} + U_D \approx 1.4\ V$，因此 V_4 管截止。由于 V_4 截止、V_5 饱和，所以输出电压 $u_O = U_{CES5} \approx 0.2\ V$，为低电平。

TTL 反相器输入低电平时的内部状态和参数如图 3-37(b) 所示。

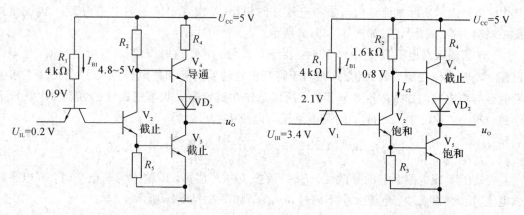

（a）输入为低电平时　　　　　　　　　　（b）输入为高电平时

图 3-37　TTL 反相器工作原理分析

若进一步分析 TTL 反相器的电压传输特性，就需要考查输入电压 u_I 从 0 V 上升至电源电压 U_{CC} 过程中输出电压的变化情况，分为以下四段进行分析。

（1）当输入电压 $u_I < 0.6\ V$ 时，$U_{B1} < 1.3\ V$，这时 V_2 管仍然截止，所以 V_5 截止、V_4 导通，输出电压 u_O 为高电平，对应于电压传输特性的 AB 段，如图 3-38 所示，称为截止区。

（2）当输入电压 $0.7\ V < u_I < 1.3\ V$ 时，这时 $1.4\ V < U_{B1} < 2.0\ V$，因此 V_2 管导通，但 V_5 管仍然截止。在这个工作阶段，V_4 管导通，但随着 V_2 管 I_{C2} 电流的增加，V_4 管的基极电位线性下降，因此输出电压也随之线性下降，但仍然处于高电平区，对应于电压传输特性的 BC 段，如图 3-38 所示，称为线性区。

图 3-38　TTL 反相器电压传输特性

（3）当输入电压 $1.3\ V < u_I < 1.4\ V$ 时，这时 $2.0\ V < U_{B1} < 2.1\ V$，V_5 管由截止迅速转换为饱和状态，相应地，V_4 管由导通转换为截止，输出电压下降为低电平，对应于电压传输特性的 CD 段，如图 3-38 所示，称为转折区。

（4）当输入电压 $u_I > 1.4\ V$ 时，这时 V_5 管完全饱和，V_4 管截止，输出电压为低电平，对应于电压传输特性的 DE 段，如图 3-38 所示，称为饱和区。

与 CMOS 反相器相同，定义电压传输特性转折区的中点为阈值电压，用 U_{TH} 表示，为区分输入端高、低电平的分界线，对于 74 系列反相器，阈值电压 $U_{TH} \approx 1.4\ V$。

由于 TTL 反相器与 CMOS 反相器的结构不同，因此 TTL 反相器也表现出与 CMOS 反相器完全不同的特性：一是输入特性，二是输入端负载特性。

首先来分析输入特性。

(1) 当输入低电平 $U_{IL}=0.2\ \text{V}$ 时，V_2 管截止，因此流经 V_1 管的基极电流全部流向反相器的输入端。这时低电平输入电流 I_{IL} 为

$$I_{IL}=\frac{-(U_{CC}-U_{BE}-U_{IL})}{R_1}\approx\frac{5-0.7-0.2}{4}\approx-1\ \text{mA}$$

其中，负号表示实际电流流向与参考电流方向相反（习惯规定流入门电路为正），电流是从反相器输入端"流出"的，如图 3-39(a)所示。

(2) 当输入高电平 $U_{IH}=3.4\ \text{V}$ 时，由于 $U_{B1}=2.1\ \text{V}$，这时 V_1 管的发射结反偏，集电结正偏，V_1 管工作在倒置放大状态（相当于将三极管的发射极和集电极用反了）。由于三极管发射区与集电区的掺杂浓度差异很大，所以工作在倒置放大状态三极管的（倒置）电流放大倍数 β_I 很小，若按 0.01 估算，则高电平输入电流 I_{IH} 为

$$I_{IH}=\beta_I\times I_{B1}=\frac{\beta_I\times(U_{CC}-U_{B1})}{R_1}\approx\frac{0.01\times(5-2.1)}{4}=7.25\ \mu\text{A}$$

考虑到集成电路制造的分散性，I_{IH} 一般按 $40\ \mu\text{A}$ 估算，即输入为高电平时，高电平输入电流"流入"输入端，电流大小不超过 $40\ \mu\text{A}$，如图 3-39(b)所示。

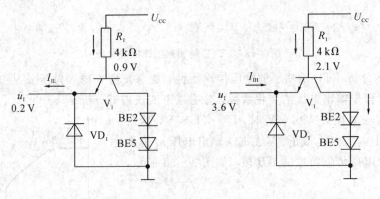

(a) 输入为低电平时　　　　　(b) 输入为高电平时

图 3-39　输入特性分析

输入特性也可以通过图 3-40(a)所示的实验方法进行测量，得到图 3-40(b)所示的完整的输入特性曲线。当输入电压从 0 V 上升到 U_{CC} 的过程中，达到阈值电压时，输入电流由"流出"转为"流入"。

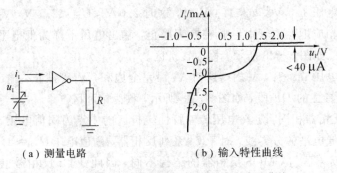

(a) 测量电路　　　　　(b) 输入特性曲线

图 3-40　TTL 反相器输入特性测量电路及曲线

输入端负载特性是指在 TTL 门电路的输入端接入不同阻值的电阻 R_p，折合不同的输

入电压 u_1，即 $u_1 = f(R_p)$。TTL 反相器存在输入端负载特性的原因是，在输入端接入负载电阻时，门电路有电流"输出"输入端，从而在电阻上产生了压降。

输入端负载特性可以通过图 3 - 41(a)所示的实验方法进行测量，得到的输入端负载特性曲线如图 3 - 41(b)所示。从图中可以看出，随着负载电阻阻值的增大，折合的输入电压也在增大，但最高只能折合到 1.4 V(阈值电压)。这是因为当输入电压达到 1.4 V 时，$U_{B1} = 2.1$ V，完全能够使 V_2 和 V_5 管导通，从而使输出为低电平，这和输入为高电平的效果相同。

TTL 门电路规定 0~0.8 V 为低电平。当折合的输入电压为 0.8 V 时，对应的负载电阻称为关门电阻，用 R_{OFF} 表示。对于 74 系列反相器，$R_{OFF} \approx 910$ Ω，即负载电阻小于 910 Ω 时，就可以保证折合的输入电压在低电平范围内。同时，定义能使输出为低电平的最小负载电阻为开门电阻，用 R_{ON} 表示。对于 74 系列反相器，R_{ON} 规定为 2.7 kΩ，即当负载电阻大于 2.7 kΩ 时，和输入端接高电平的效果相同。

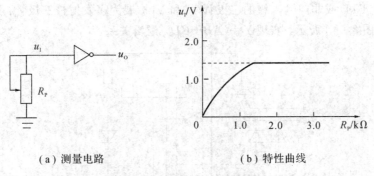

(a) 测量电路　　　　　　　　　(b) 特性曲线

图 3 - 41　输入端负载特性

由于 TTL 门电路的特性与 CMOS 门电路的特性不同，所以在应用时一定要注意其差异。例如，TTL 反相器输入端悬空时相当于在输入端接入了无穷大的负载电阻，这和输入端接高电平的效果一样，因此对于 TTL 门电路，"输入端悬空相当于逻辑 1"，而 CMOS 门电阻输入端是不允许悬空的。另外，由于 CMOS 门电路输入端绝缘，所以在 CMOS 门电路的输入端接入不同的电阻时流过电阻的电流恒为 0，因此 CMOS 门电路输入端不存在负载特性。

TTL 门电路输入端悬空时相当于逻辑 1，所以在 TTL 门电路测试中，可以将某些输入端的高电平用悬空来代替以简化实验电路。但在实际应用时，不推荐用悬空来代替高电平输入，因为悬空的输入端容易接收噪声，会对门电路的工作造成不利的影响。

如果将 TTL 反相器输入级的三极管 V_1 扩展为多发射极三极管就会得到与非门。二输入 TTL 与非门 7400 的电路结构如图 3 - 42(a)所示。多发射极三极管的作用和图 3 - 6 所示的二极管与门电路功能等效，因此当 A、B 中至少有一个为低电平时，$U_{B1} \approx 0.9$ V，输出 Y 为高电平，只有 A、B 全部为高电平时，$U_{B1} \approx 2.1$ V，输出 Y 为低电平。

如果将 TTL 反相器的输入级扩展为多个并联，则会得到或非门。二输入 TTL 或非门 7402 的内部电路如图 3 - 42(b)所示。由于两个输入级同时控制着 V_2 管，因此当 A、B 中至少有一个为高电平时，V_2 和 V_5 管就会同时导通，输出 Y 为低电平。只有 A、B 同时为低电平时 V_2 管才会截止，输出 Y 为高电平。

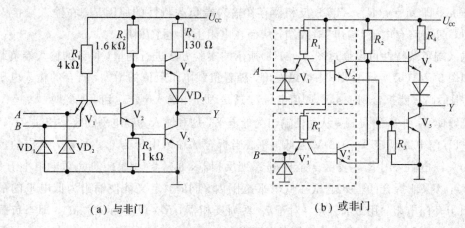

（a）与非门　　　　　　　　　　　（b）或非门

图 3-42　TTL 与非门和或非门

如果再将 TTL 或非门输入级的三极管 V_1 和 V_1' 扩展为多发射极三极管，则可以扩展出与或非门，如图 3-43 所示，实现 $Y=(AB+CD)'$ 逻辑关系。

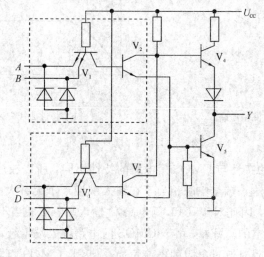

图 3-43　TTL 与或非门

【例 3-3】　TTL 与非门和或非门驱动电路如图 3-44 所示。根据 74 系列与非门和或非门的特性参数，计算驱动门 G_M 的扇出系数。

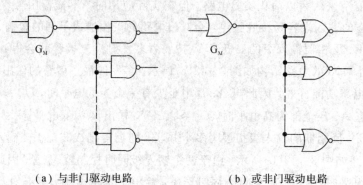

（a）与非门驱动电路　　　　　　　　（b）或非门驱动电路

图 3-44　例 3-3 电路

查阅 74 系列 TTL 与非门 7400 和或非门 7402 数据表，总结其输入特性、输出特性和开关特性参数，如表 3-8 所示。

表 3-8 与非门 7400 和或非门 7402 数据表

参数	描述	7400			7402			单位
		最小值	典型值	最大值	最小值	典型值	最大值	
U_{CC}	电源电压	4.75	5	5.25	4.75	5	5.25	V
U_{IH}	输入高电平	2.0			2.0			V
U_{IL}	输入低电平			0.8			0.8	V
I_{IH}	高电平输入电流			40			40	μA
I_{IL}	低电平输入电流			-1.6			-1.6	mA
U_{OH}	高电平输出电压	2.4	3.4		2.4	3.4		V
U_{OL}	低电平输出电压	0.2	0.4		0.2	0.4		V
I_{OH}	高电平输出电流			-0.4			-0.4	mA
I_{OL}	低电平输出电流			16			16	mA
开关特性($U_{CC}=5$ V，$T_A=25$ ℃，$C_L=15$ pF，$R_L=400$ Ω)								
t_{PLH}	延迟时间		22			22		ns
t_{PHL}	延迟时间		15			15		ns

与非门输入为低电平时，流出输入级多发射级三极管 V_1 基极的总电流受电阻 R_1 的控制，所以与非门的低电平输入电流与输入端个数无关。由于驱动门输出低电平时能够承受的最大灌电流为 $I_{OL(max)}$，因此与非门的低电平扇出系数为

$$N_{11} = \frac{I_{OL(max)}}{I_{IL}} = \frac{16}{1.6} = 10$$

与非门输入为高电平时，输入级多发射结三极管 V_1 工作在倒置放大状态，每个输入端都会流入 $\beta_I \times I_{B1}$ 的电流，所以与非门的高电平输入电流与输入端的个数有关。由于驱动门能够输出的最大高电平电流为 $I_{OH(max)}$，因此与非门的高电平扇出系数为

$$N_{12} = \frac{I_{OH}}{2 I_{IH}} = \frac{0.4}{2 \times 0.04} = 5$$

综合上述分析，得到二输入与非门的扇出系数为

$$N_1 = (N_{11}, N_{12})_{min} = 5$$

即与非门 7400 最多可以驱动 5 个同样的与非门。

或非门的输入级是独立的，因此输入为低电平时，每个输入端都会向驱动门"灌"电流，所以低电平输入电流与输入端个数有关。由于驱动门输出低电平时能够承受的最大灌电流为 $I_{OL(max)}$，因此或非门的低电平扇出系数为

$$N_{21} = \frac{I_{OL}}{2 I_{IL}} = \frac{16}{2 \times 1.6} = 5$$

或非门输入为高电平时，输入级三极管 V_1 和 V_1' 均工作在倒置放大状态，每个输入端均流入 $\beta_I \times I_{B1}$ 的电流，因此或非门的高电平输入电流与输入端个数有关。由于驱动门能够输出的最大高电平电流为 $I_{OH(max)}$，所以或非门的高电平扇出系数为

$$N_{22} = \frac{I_{OH}}{2I_{IH}} = \frac{0.4}{2 \times 0.04} = 5$$

因此，二输入或非门的扇出系数为

$$N_2 = (N_{21}, N_{22})_{min} = 5$$

即或非门 7402 最多可以驱动 5 个同样的与非门。

思考与练习

3-6 按例 3-3 所示的驱动原理，计算图 3-43 所示与或非门的扇出系数。

3-7 若将图 3-44 中的负载与非门的一个输入端接电源 U_{CC}，另一个输入端受驱动门控制，重新计算 G_M 的扇出系数。

3-8 若将图 3-44 中的负载或非门的一个输入端接地，另一个输入端受驱动门控制，重新计算 G_M 的扇出系数。

3-9 若将图 3-44 中的门电路为 CMOS 与非门和或非门，计算 CMOS 与非门和或非门的扇出系数。

74 系列反相器输出为低电平时，三极管 V_2 和 V_5 工作在深度饱和状态，优点是输出电阻小，驱动能力强，能够吸收较大的灌电流。缺点是三极管在截止和饱和状态之间转换时，会产生较大的开关延迟，从而限制了门电路的工作速度。

74S 为肖特基系列。为了提高工作速度，74S 系列门电路通过在三极管的集电结上并联肖特基垫垒二极管(Schottky Barrier Diode，SBD)的方法将普通三极管改造成抗饱和三极管，如图 3-45(a)所示。由于 SBD 正向导通电压只有 0.3 V 左右，因此当三极管饱和时 SBD 导通，对驱动电流 I_B 进行分流，从而有效地减小了三极管的基极电流，限制了三极管的饱和深度，减小了三极管的开关延迟。抗饱和三极管的符号如图 3-45(b)所示。

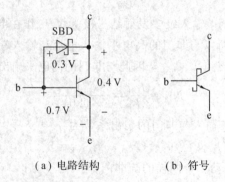

（a）电路结构   （b）符号

图 3-45 抗饱和三极管

74S 系列与非门 74S00 的内部电路结构如图 3-46 所示，除了采用抗饱和三极管外，还采取了以下措施进一步提高开关速度：(1)采用小阻值电阻，增加驱动电流；(2)将 V_4 管改为 V_3 和 V_4 构成的复合管以增加对容性负载的驱动能力；(3)将 R_3 替换为 V_6 和电阻 R_B、R_C 构成

的有源泄放电路，消除了电压传输特性的线性区，从而改善了 74S 系列的电压传输特性。

　　74LS 为低功耗肖特基系列。74LS 系列与非门 74LS00 的内部电路结构如图 3-47 所示。74S 系列为了提高门电路的工作速度以及减小传输延迟时间而采用了小阻值电阻，其缺点是使门电路的平均功耗大幅度增加。为降低门电路的功耗，74LS 系列以牺牲开关速度为代价，采用了更大阻值的电阻，以减小门电路的功耗，同时，将输入级的多发射极三极管 V_1 替换为二极管结构，以提高输入级的开关速度。

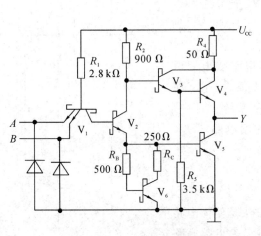 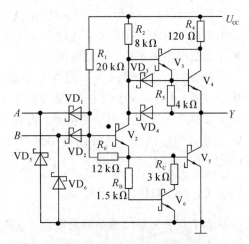

图 3-46　74S00 电路结构　　　　　　　　　　　图 3-47　74LS00 电路结构

　　74AS 和 74ALS 是两种改进型的 TTL 门电路。分别为先进（Advanced）的肖特基系列和先进的低功耗肖特基系列，在速度方面有了相当大的提高。74F 系列采用新的集成电路制造工艺，减小了器件间的电容量，从而达到了减小传输延迟时间的目的。

　　TTL 各系列门电路的典型特性参数如表 3-9 所示，其中延迟功耗积定义为门电路传输延迟时间与平均功耗的乘积，是衡量门电路总体性能的参数。

表 3-9　TTL 各系列门电路的参数表

参数	描述	TTL 门电路系列（以反相器为例）					
		74	74S	74LS	74AS	74ALS	74F
$U_{\text{IH(min)}}$	输入高电平最小值(V)	2.0	2.0	2.0	2.0	2.0	2.0
$U_{\text{IL(max)}}$	输入低电平最大值(V)	0.8	0.8	0.8	0.8	0.8	0.8
$U_{\text{OH(min)}}$	输出高电平最小值(V)	2.4	2.7	2.7	2.5	2.5	2.5
$U_{\text{OL(max)}}$	输出低电平最大值(V)	0.4	0.5	0.5	0.5	0.5	0.5
t_{PD}	传输延迟时间(ns)	9	3	9.5	1.7	4	3
p	单个平均功耗(mW)	10	20	2	8	1.2	6
pd	延迟功耗积(pJ)	90	60	19	13.6	4.8	18
f_{max}	最高工作速度(MHz)	35	125	45	200	70	100

3.3 两种特殊门电路

只能输出高电平和低电平两种状态的门电路习惯称为普通门电路。普通门电路在应用上有一定局限性。一是它们的输出端通常不能相互连接，因为当输出电平不一致时就会出现短路。如果将两个普通反相器输出并联，如图 3-48 所示，当 u_{O1} 输出高电平时 V_{P1} 管导通，u_{O2} 输出低电平时 V_{N2} 管导通，这时从电源 U_{DD} 通过 V_{P1} 和 V_{N2} 到地存在低电阻的通路，会因电流过大而烧坏器件。

普通门电路的另一个局限性是其输出的高电平受电源电压的限制。由于 CMOS 门电路输出高电平的最大值为 U_{DD}，所以无法驱动电压高于 U_{DD} 的负载。因此，在数字系统设计中，除了普通门电路外，经常还会用到两种特殊的门电路：OC/OD 门和三态门。

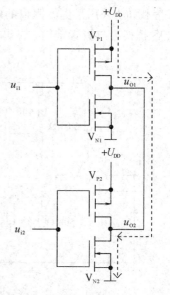

图 3-48 短路现象

3.3.1 OC/OD 门

为了克服普通门电路的局限性，一种改进方法是使门电路的输出端开路，从而使输出不受器件电源的影响。输出端开路的 TTL 门电路称为 OC(Open Collector) 门。相应地，输出端开路的 CMOS 门电路称为 OD(Open Drain) 门。

图 3-49 为 TTL OC 与非门和 CMOS OD 与非门的电路结构及逻辑符号。对于图 3-49(a) 所示的 OC 门，当 A、B 同时为高电平时 V_5 导通，OC 门输出为低电平；当 A、B 至少有一个为低电平时 V_5 截止，输出端悬空。对于图 3-49(b) 所示的 OD 门，当 A、B 同时为高电平时 MOS 管 V_N 导通，OD 门输出为低电平；当 A、B 至少有一个为低电平时 MOS 管 V_N 截止，输出端悬空。

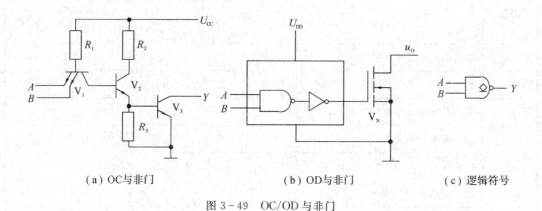

| (a) OC 与非门 | (b) OD 与非门 | (c) 逻辑符号 |

图 3-49 OC/OD 与非门

OC/OD 门输出端悬空时其输出电阻趋向于无穷大，因此称为高阻状态（High-impedance State），用 Z(或 z) 表示。

在数字集成电路中，采用 OC/OD 输出结构的器件很多，使用时应注意它们和普通门电路的区别。衡量 OC/OD 门的主要性能参数是其输出级晶体管截止时的耐压能力和导通时的吸收电流能力。7406 和 7407 是 OC 缓冲器，其中 7406 为六反相缓冲器，7407 为六同相缓冲器，每个输出端输出低电平时所允许的最大灌电流为 40 mA，最大负载电压为 30 V。

在数字系统中，OC/OD 门可以用于不同逻辑电平器件间的接口电路、驱动高电压大电流负载以及实现"线与"逻辑等功能。

不同逻辑电平间的接口应用电路如图 3-50 所示。对于图 3-50(a)所示电路，当 OC 门的输出 Y_1 为低电平时，CMOS 门电路能够正确判断输入为逻辑 0；当 OC 门的输出 Y_1 为高阻状态时，通过上拉电阻 R_P 使 CMOS 门电路输入电平为电源电压 U_{DD}，从而使 CMOS 门电路能够正确判断输入为逻辑 1。

对于图 3-50(b)所示电路，当 OD 门的输出 Y_1 为低电平时，TTL 门电路能够正确判断输入为逻辑 0；当 OD 门的输出 Y_1 为高阻状态时，通过上拉电阻 R_P 使 TTL 门电路输入电平为电源电压 U_{cc}，从而使 TTL 门电路能够正确判断输入为逻辑 1。

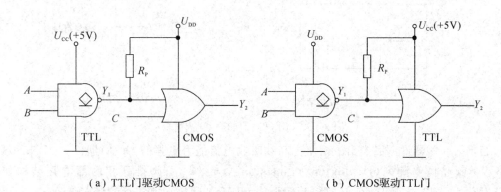

（a）TTL门驱动CMOS   （b）CMOS驱动TTL门

图 3-50 不同逻辑电平接口电路

由于 OC/OD 门输出低电平时，能够吸收较大的"灌"电流，并且负载电源电压不受驱动门电源电压的限制，因而能够驱动高电压、大电流负载。因此在数字系统中，OC/OD 门通常用作驱动器，驱动发光二极管和数码管等显示器件或者光耦合继电器等不同类型的功率器件，如图 3-51 所示。

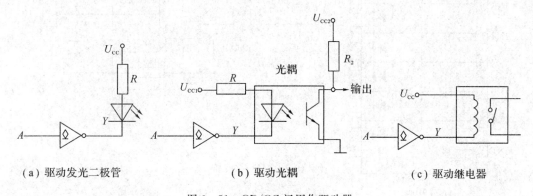

（a）驱动发光二极管   （b）驱动光耦   （c）驱动继电器

图 3-51 OD/OC 门用作驱动器

OC/OD 门的另一个典型应用就是将其输出端直接相连，实现"与"逻辑关系。这种通过连线而实现与逻辑关系的方式称为"线与"(Wired - AND)。

合理应用"线与"可以简化电路设计。例如，对于图 3-52(a)所示的电路，当 Y_1 和 Y_2 至少有一个为低电平时 Y 为低电平，只有当 Y_1 和 Y_2 同时截止时，U_{DD} 通过上拉电阻 R_L 才使 Y 为高电平。因此 $Y = Y_1 \cdot Y_2$，即

$$Y = (AB)'(CD)' = (AB + CD)'$$

从而实现了与或非逻辑关系。线与符号如图 3-52(b)所示。

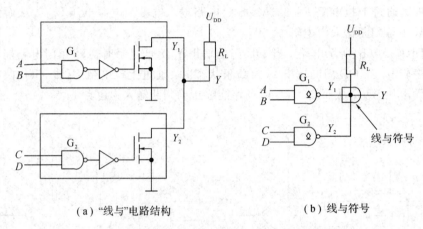

（a）"线与"电路结构　　　　　　　　（b）线与符号

图 3-52　用 OD 门实现"线与"逻辑

目前，一些器件厂商推出了耐压更高和吸收电流能力更强的 OC 门器件。ULN2803 是 8 路达林顿晶体管阵列(Darlington Transistor Arrays)，引脚排列和内部电路结构如图 3-53所示，TTL 电平驱动，达林顿管耐压为 50 V，单路最大灌电流为 500 mA。

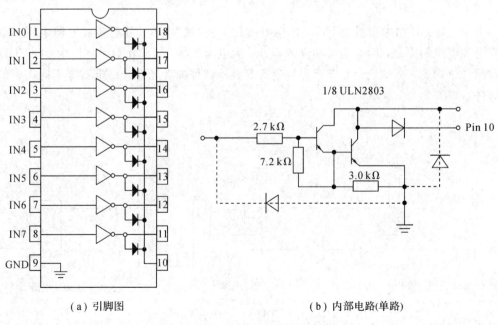

（a）引脚图　　　　　　　　　　　（b）内部电路(单路)

图 3-53　ULN2803 引脚图与电路结构

3.3.2 三态门

在计算机系统中,通常有多个设备共享总线。如果用普通门电路作为总线接口电路,如图 3-54 所示,当 1 号设备通过接口电路 G_1 向总线上发送数据时,其他接口电路 $G_2 \sim G_n$ 无论输出为高电平还是低电平都不能使总线正常工作。分以下两种情况分析:

(1) 若 $G_2 \sim G_n$ 输出为低电平,当 G_1 发送数据 1 时则会通过总线短路;

(2) 若 $G_2 \sim G_n$ 输出为高电平,当 G_1 发送数据 0 时同样会通过总线短路。

因此,普通门电路不能作为总线接口电路使用。

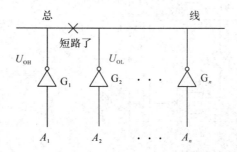

图 3-54 普通门电路作为总线接口电路

作为总线接口的门电路,除了能够输出高电平和低电平外,还应该具有第三种输出状态:高阻状态。当门电路输出为高阻状态时,无论总线为高电平还是低电平均不取电流,因此不影响其他设备使用总线。

能够输出高电平、低电平和高阻三种状态的门电路称为三态门(Tri-state Gate)。三态门可以通过对普通门电路进行改造获得。CMOS 三态反相器的内部电路原理和逻辑符号如图 3-55 所示。

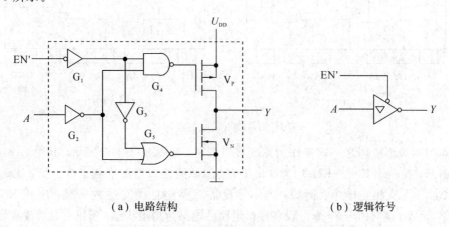

(a) 电路结构   (b) 逻辑符号

图 3-55 CMOS 三态反相器(三态控制端低电平有效)

CMOS 三态反相器的工作原理是:

(1) 当 EN' 为低电平时,反相器 G_1 输出为高电平而 G_3 输出为低电平,这时与非门 G_4 和或非门 G_5 的输出均为 A,所以 MOS 管 V_P 和 V_N 同时受输入 A 控制,这和普通反相器的工作情况一样,所以实现非逻辑关系 $Y = A'$。

(2) 当 EN' 为高电平时,反相器 G_1 输出为低电平而 G_3 输出为高电平。由于 G_1 输出为

低电平使与非门 G_4 输出为高电平,所以 V_P 截止。同时,由于 G_3 输出为高电平使或非门 G_5 输出为低电平,所以 V_N 截止。因此,输出端和"电源""地"均断开,所以 Y 悬空而呈现高阻状态,即 $Y="Z"$。

图 3-55(a)所示的三态门在 EN' 为低电平时正常工作,故称三态控制端"低电平有效"。若将图 3-55(a)中的反相器 G_1 去掉,则可以构成三态控制端高电平有效的三态反相器,其内部电路原理与逻辑符号如图 3-56 所示。

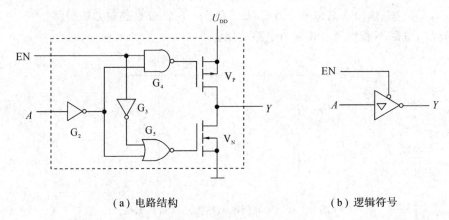

(a) 电路结构   (b) 逻辑符号

图 3-56 CMOS 三态反相器(三态控制端高电平有效)

三态缓冲器是用来控制数字信息是否输出的逻辑电路,有驱动器和反相缓冲器两类。74HC125/126 为 CMOS 三态驱动器,输出与输入同相,内部逻辑和引脚排列如图 3-57 所示,其中 74HC125 三态控制端为低电平有效,74HC126 三态控制端为高电平有效。

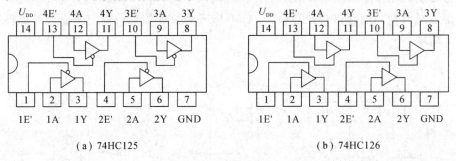

(a) 74HC125   (b) 74HC126

图 3-57 CMOS 三态缓冲器

三态门的典型应用之一就是作为总线接口电路,如图 3-58(a)所示,其中 $G_1 \sim G_n$ 均为三态门电路,控制端 $EN_1 \sim EN_n$ 均为高电平有效。总线接口电路要能正常工作,就要求三态控制端 $EN_1 \sim EN_n$ 相互排斥。例如,当一号设备需要向总线发送数据时,应使 EN_1 有效、$EN_2 \sim EN_n$ 无效。这时由于 $2 \sim n$ 号设备接口电路的输出为高阻状态,所以对总线没有影响。当二号设备需要向总线发送数据时,应使 EN_2 有效,其他三态控制端无效,其他设备同样不会影响总线的工作情况。当两个或两个以上的三态控制端同时有效时,同样会出短路现象。

三态门的另一个典型应用是控制数据的双向传输,如图 3-58(b)所示。G_1 和 G_2 是两个三态驱动器,其中 G_1 的三态控制端高电平有效,G_2 的三态控制端低电平有效。当 EN 为高电平时 G_1 工作,将数据 D_O 从设备发送到总线上;当 EN 为低电平时 G_2 工作,从总线上接收数据 D_1 送入设备中。

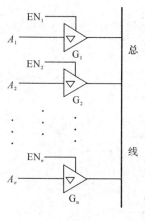

（a）作为总线接口电路

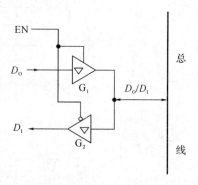

（b）实现数据的双向传输

图 3 - 58　三态门的应用

74HC240/244 是双四路 CMOS 三态缓冲器，内部结构如图 3 - 59 所示，其中 74HC240 为三态反相器（输出与输入反相），而 74HC244 为三态驱动器（输出与输入同相）。当三态控制端 OE′ 为低电平时，74HC240/244 正常工作，否则输出强制为高阻状态。

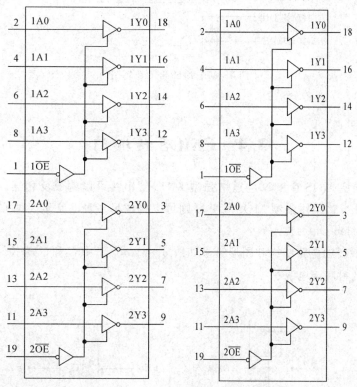

图 3 - 59　双四路 CMOS 总线缓冲器

74HC245 是八路双向 CMOS 总线收发器（Bus Transceiver），内部逻辑如图 3 - 60 所示。当三态控制端 OE′ 为低电平时，74HC245 正常工作。这时若方向控制信号 DIR 为低电平，则 B 口为输入，A 口为输出，数据从 B 口传向 A 口；若方向控制信号 DIR 为高电平，则 A 口为输入，B 口为输出，数据从 A 口传向 B 口。当三态控制端 OE′ 为高电平时，A 口

和 B 口均为高阻状态。

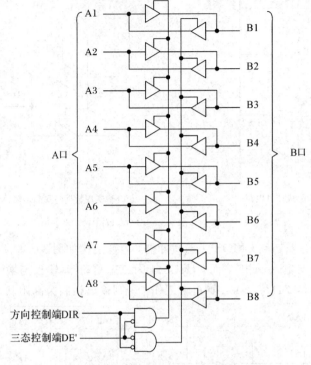

图 3-60 74HC245 逻辑图

3.4 CMOS 传输门

P 沟道增强型 MOS 管和 N 沟道增强型 MOS 管串接可以构成反相器。若将 P 沟道增强型 MOS 管和 N 沟道增强型 MOS 管并联则可以构成另一种非常重要的 CMOS 器件：传输门（Transmission Gate）。

CMOS 传输门的电路结构和图形符号如图 3-61 示，其中 C 和 C' 为控制端，V_1 管的衬底接地，V_2 管的衬底接电源。

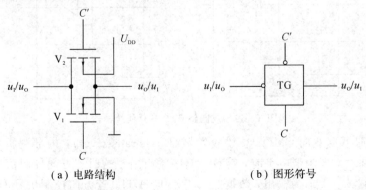

（a）电路结构   （b）图形符号

图 3-61 传输门结构及等效电路

下面对传输门的工作原理进行分析。

(1) 当 C 端接高电平 U_{DD}，C' 端接低电平 0 V 时。

若输入 u_I 为低电平(0 V)，则 $U_{GSP}=0$、$U_{GSN}=U_{DD}$，因此 V_P 截止而 V_N 导通，这时输入的低电平通过 V_N 管传输到输出端，如图 3-62(a)所示；若输入 u_I 为高电平(U_{DD})，则 $U_{GSP}=-U_{DD}$、$U_{GSN}=0$，因此 V_P 导通而 V_N 截止，这时输入的高电平通过 V_P 管传输到输出端，如图 3-62(b)所示。

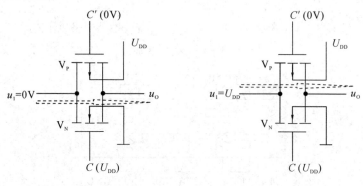

(a) 输入为低电平时　　　　(b) 输入为高电平时

图 3-62　控制端有效时传输门的工作过程

若输入信号 u_I 从低电平向高电平逐渐变化，在 $U_{TN}<u_I<U_{DD}-|U_{TP}|$ 时，V_N 和 V_P 同时导通，这时输入信号还是能够通过传输门传输到输出端。因此，当 C 和 C' 均有效时，无论输入 u_I 为低电平、高电平还是连续变化的模拟信号，传输门都处于导通状态，因此 $u_O=u_I$。

(2) 当 C 端接低电平 0 V，C' 端接高电平 U_{CC} 时。

若输入 u_I 为低电平(0 V)，V_P 管因栅源电压为 0 而截止，V_N 管因为所加的栅源电压极性与开启电压相反而处于截止状态。

若输入 u_I 为高电平(U_{DD})，V_N 管因栅源电压为 0 而截止，V_P 管因为所加的栅源电压极性与开启电压相反同样处于截止状态。因此，当 C 和 C' 均无效时，无论输入 u_I 为低电平还是高电平，V_P 和 V_N 均处于截止状态，传输门断开，输出 u_O 为高阻。

综上分析，CMOS 传输门为一个受控的电子开关：当控制端 C 和 C' 均有效时开关闭合，均无效时开关断开。由于 CMOS 传输门内部 MOS 管的衬底独立，都没有与源极相连，因此传输门源极与漏极结构对称，既可以以源极作为输入，也可以以漏极作为输入，所以 CMOS 传输门为双向开关，既可以传输数字信号，也可以传输模拟信号。

CMOS 反相器和 CMOS 传输门是构成 CMOS 电路的基本单元。图 3-63 是用 CMOS 反相器和传输门构成异或门的原理图和逻辑符号。当 A 为低电平时，传输门 TG_1 导通而 TG_2 截止，这时 $Y=B$；当 A 为高电平时，传输门 TG_1 截止而 TG_2 导通，这时 $Y=B'$，因此可以得到表 2-6 所示的异或门真值表。

74HC86 是四 CMOS 异或门，内部逻辑和引脚排列如图 3-64 所示。

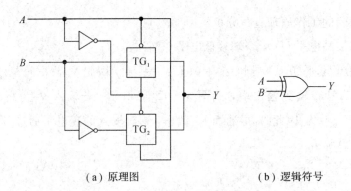

（a）原理图　　　　　　　　　　（b）逻辑符号

图 3 - 63　CMOS 异或门

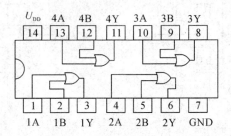

图 3 - 64　74HC86

传输门的两个控制端通常用一个信号控制，如图 3 - 65(a)所示，这时习惯上称为模拟开关，并采用图 3 - 65(b)所示的图形符号表示。当控制信号有效时开关导通，无效时开关截止。

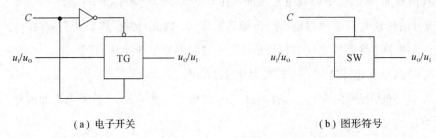

（a）电子开关　　　　　　　　　　（b）图形符号

图 3 - 65　电子开关结构和图形符号

CD4066 是 CMOS 双向模拟开关，内部由四个独立的模拟开关组成，其内部电路框图和引脚排列如图 3 - 66 所示。当控制端为高电平时开关导通，为低电平时开关截止。

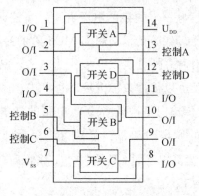

图 3 - 66　CD4066 引脚图

老式的家用音响中使用多路模拟开关选择音源开关,可以从磁盘、CD、收音机或者辅助输入(AUX)等音源中选择其中一路送入功放进行放大。CD4051 为 8 路模拟开关,其内部逻辑如图 3-67 所示。CD4052 为双 4 路模拟开关,CD4053 内部有三个 2 路模拟开关。由于模拟开关的信号通路是双向的,所以多路模拟开关既可以实现数据选择,也可以实现数据分配。

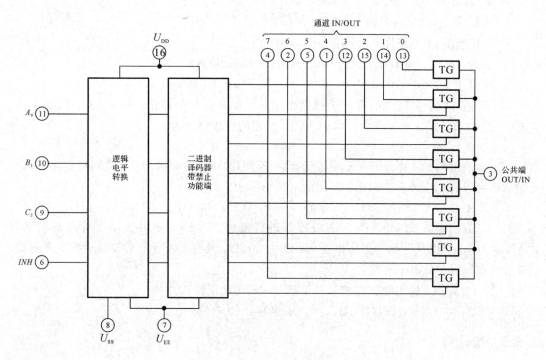

图 3-67 CD4051 逻辑图

思考与练习

3-10 OC/OD 门有几种输出状态?和普通门电路有什么区别?有什么特殊应用?

3-11 三态门有哪几种输出状态?有什么特殊应用?

3-12 OC/OD 门和三态门能否作为普通逻辑门使用?如果可以,说明其使用方法。

3-13 OC/OD 门是否能作为总线接口电路使用?结合图 3-36 进行分析。

3-14 如何用 CMOS 反相器和传输门实现同或逻辑关系?画出逻辑图。

3-15 异或门和同或门能否作反相器使用?如果可以,说明其连接方法。

3-16 用 CD4051 能否代替 74HC151? 74HC151 能否代替 CD4051?试分析原因。

*3.5 Verilog 中的基元和操作符

Verilog HDL 中内置了 26 个基本元件,与门电路中的基本元器件相对应,设计时可以直接调用这些元器件对数字系统进行描述。同时,Verilog 中定义了 10 类操作符,为描述数字系统提供了更为有效的方法。

3.5.1 Verilog 中的基元

Verilog 中内置的 26 个基本元件（习惯上称为基元）包括逻辑门、三态门、上拉电阻和下拉电阻、MOS 开关和双向开关。这些基元可以分为如下几类：

- 多输入门：and，nand，or，nor，xor，xnor
- 多输出门：buf，not
- 三态门：bufif0，bufif1，notif0，notif1
- 上拉电阻/下拉电阻：pullup，pulldown
- MOS 开关：cmos，nmos，pmos，rcmos，rnmos，rpmos
- 双向开关：tran，tranif0，tranif1，rtran，rtranif0，rtranif1

（1）多输入门。多输入门有一个或多个输入，但只有一个输出。Verilog 中内置了与、与非、或、或非、异或和同或六种多输入门，调用的语法格式为

多输入门名［实例名］（输出，输入 1，输入 2，……，输入 n）；

（2）多输出门。多输出门有缓冲器（buf）和反相器（not）两种类型，其共同特点是只有一个输入，可以有一个或多个输出。调用的语法格式为

多输出门名［实例名］（输出 1，输出 2，……，输出 n，输入）；

（3）三态门。三态门用于对三态缓冲器进行描述。Verilog 中内置了两种三态驱动器 bufif0 和 bufif1，以及两种三态反相器 notif0 和 notif1，其中 1 表示三态控制端高电平有效，0 表示三态控制端低电平有效。

三态门有输入、输出和三态控制三个端口，调用的语法格式为

三态门名［实例名］（输出，输入，三态控制）；

3.5.2 操作符

Verilog 的操作符分为算术操作符、赋值操作符、关系操作符、等式操作符、逻辑操作符、条件操作符、位操作符、移位操作符、位拼接操作符和缩位操作符共 10 类。

1. 算术操作符

算术操作符有以下 6 种：

＋	加法	/	整除
－	减法	％	取余
*	乘法	**	幂运算

在进行整数除法时，结果要去掉小数部分。在取余操作时，结果的符号和第一个操作数的符号保持一致。例如：

12.5/3：　　　　结果为 4，小数部分省去；

12％4：　　　　取余，余数为 0；

－15％2：　　　　结果取第一个数的符号，余数为－1；

13/－3：　　　　结果取第一个数的符号，余数为 1。

2. 赋值操作符

赋值分为连续赋值和过程赋值两大类，因此赋值操作符分为连续赋值操作符和过程赋值操作符两种。

(1) 连续赋值操作符。连续赋值操作符"＝"用在连续赋值语句 assign 中，其语法格式为

　　　assign　［♯延时量］线网名 ＝ 赋值表达式；

例如：

　　　wire y；

　　　assign y ＝ a & b；

连续赋值语句只能对线网进行赋值，而不能对变量进行赋值。线网一旦被连续赋值语句赋值之后，右端表达式中任何操作数的变化就会立即引起被赋值变量的更新操作。

(2) 过程赋值操作符。在过程语句(always 或 initial)内部的赋值称为过程赋值。过程赋值操作符只能对变量进行赋值，而不能对线网进行赋值。经过赋值后，变量的值将保持不变，直到下一次更新为止。

过程赋值的语法格式为

　　　<被赋值变量> <赋值操作符> <赋值表达式>

其中赋值操作符分为两种："＝"或"<＝"，分别代表了阻塞赋值(Blocking Assignment)和非阻塞赋值(Non-blocking Assignment)两种类型。

阻塞赋值是指在前一条赋值结束之前，后一条语句被阻塞，不能执行。非阻塞赋值语句同时执行，不受前面语句执行的影响。

非阻塞赋值提供了在过程语句内部实现并行操作的方法。

3. 关系操作符

关系操作符用于判断两个操作数的大小，如果操作数之间的关系为真时返回值为 1，为假时返回值为 0。关系操作符共有以下 4 种：

　　　>　　　大于　　　　　　　<　　　小于
　　　>＝　　大于等于　　　　　<＝　　小于等于

所有的关系操作符有相同的优先级，但低于算术操作符的优先级。在关系操作符中，若操作数中包含有 x 或 z，则结果为 x。

4. 等式操作符

等式操作符用于判断两个操作数是否相等，比较结果为真时返回值为 1，为假时返回值为 0。等式操作符共有以下 4 种：

　　　＝＝　　相等　　　　　　　＝＝＝　　全等
　　　!＝　　 不相等　　　　　　!＝＝　　不全等

操作符"＝＝"和"!＝"称为逻辑等式操作符，比较时，值 x 和 z 具有通常的物理含义。若操作数中包含 x 或 z，则逻辑相等的比较结果为 x。操作符"＝＝＝"和"!＝＝"称为 case 等式操作符，可以比较含有 x 和 z 的操作数，比较时，不考虑 x 和 z 的物理含义，严格按字符值进行比较，结果非 0 即 1。例如，设

　　　a＝4'b10x0
　　　b＝4'b10x0

则(a＝＝b)的比较结果为 x，而(a＝＝＝b)的比较结果为 1。

表 3 - 10 为逻辑等式操作符和 case 等式操作符的比较关系表。case 等式操作符用于 case 表达式的判别，在模块的功能仿真中有着广泛的应用，但不可综合，所以只能在编写

测试文件中使用。

表 3 - 10　逻辑等式/case 等式操作符真值表

逻辑等式操作符					case 等式操作符				
===	0	1	x	z	==	0	1	x	z
0	1	0	x	x	0	1	0	0	0
1	0	1	x	x	1	0	1	0	0
x	x	x	x	x	x	0	0	1	0
z	x	x	x	x	z	0	0	0	1

5. 逻辑操作符

逻辑操作符有以下 3 种：

　　&& 　　　逻辑与

　　|| 　　　逻辑或

　　! 　　　逻辑非

逻辑操作符对逻辑 0 和 1 进行操作，结果为 0 或者 1，真值表如表 3 - 11 所示。

表 3 - 11　逻辑操作真值表

a	b	!a	!b	a&&b	a||b
0	0	1	1	0	0
0	1	1	0	0	1
1	0	0	1	0	1
1	1	0	0	1	1

若操作数为矢量，则非 0 矢量被当作 1 进行处理。例如：

　　$a = 1'b0110$

　　$b = 1'b1000$

则 $(a\&\&b)$ 的结果为 1，$(a||b)$ 的结果也为 1。

若操作数中存在 x 或 z，逻辑操作结果是未定的，则结果为 x。例如：

　　$1'b0$ && $1'bx$ 　　结果为 0；

　　$1'b1$ || $1'bx$ 　　结果为 1；

　　! x 　　　　　　结果为 x。

6. 条件操作符

条件操作符根据条件表达式的值从两个表达式中选择其一，语法格式为

　　（条件表达式)? 表达式 1：表达式 2

表示若条件表达式为真，则返回表达式 1 的值，否则返回表达式 2 的值。

条件操作符可以很方便地描述二选一数据选择器：

　　wire y；

　　assign y = (sel == 0)? d0：d1；

条件操作符可以嵌套使用，实现多路选择。例如：

　　wire[1:0]s；

```
assign s = (a >=2 ) ? 1 : (a < 0) ? 2 : 0;
```

当 a≥2 时 s=1；当 a <0 时 s=2；其他则 s=0。

7. 位操作符

位操作符有如下 7 种：

&	与	^~	同或
|	或	~&	与非
~	非	~|	或非
^	异或		

位操作符对变量的每一位进行操作。例如：s1&s2 的含义是将 s1 和 s2 的对应位相与。如果两个操作数的长度不相等，将会对较短的数高位补零，然后进行对应位操作，输出结果的长度与位宽较长的操作数长度保持一致。例如：

当 s1=4'b1001，ce1=4'b0111，ce2=6'b011101 时

$$s2 = \sim s1 = 4'b0110;$$

$$var = ce1 \& ce2 = 6'b000101.$$

位操作符与逻辑操作符的主要区别是逻辑操作中的变量与函数的取值均为一位，而位操作中变量与函数的取值既可以为一位，也可以为多位。

8. 移位操作符

移位操作符用于将操作符左侧的操作数向左或向右移位，移位的次数由操作符右侧的位数决定。

移位操作符共有 4 种：

<<	逻辑左移	<<<	算术左移
>>	逻辑右移	>>>	算术右移

移位操作符的语法格式为

<操作数><移位操作符><位数>

例如，"data <<n"的含义是将操作数 data 向左移 n 位，"data >> n"的含义是将操作数 data 向右移 n 位。逻辑移位所移出的空位用 0 来填补。对于算术移位，左移所移出的空位用 0 来填补，右移时，无符号操作数所移出的空位用 0 来填补，有符号操作数所移出的空位用符号位来填补。

在实际应用中，经常用移位数操作的组合来计算乘法运算，以简化电路设计。例如要实现 d×20 时，因为 $20=2^4+2^2$，所以可以通过 d<<4+d<<2 来实现。

9. 拼接操作符

拼接操作符"{}"用于将两个或两个以上的线网或变量拼接起来，形成一个整体。例如，若 a，b，c 的位宽均为 1 位，则

{a, b, c}

表示将三个 1 位的线网或变量拼接为一个 3 位的线网或变量。

在实际操作中，拼接操作应用广泛。例如，用拼接操作符实现移位操作：

```
reg [15:0] shift_reg;
```

```
shift_reg [15:0] <= {shift_reg [14:0], data_in};    // 左移
shift_reg [15:0] <= {data_in, shift_reg [15:1]};    // 左移
```

使用拼接操作符时，每个线网或变量都必须有明确的位数。

10. 缩位操作符

缩位操作符是对单个操作数上的所有位进行操作，结果返回一位数。具体运算过程为：首先将操作数的第一位和第二位进行位操作，然后再将运算结果和第三位进行位操作，依次类推直至最后一位。例如：

```
reg [3:0] d;
reg y1, y2;
y1 = &d;    // 缩位与, y1 = d[3]& d[2] & d[1]& d[0]
y2 = |d;    // 缩位或, y2 = d[3]| d[2] | d[1]| d[0]
```

3.6 设 计 项 目

发光二极管是数字系统中常用的显示器件，用来指示电路的状态或者参数。发光二极管有多种规格，如图 3-68 所示，常用的发光二极管有 Φ3 和 Φ5 两种。Φ3 发光二极管的直径为 3 mm，正常发光时所需要的驱动电流约 3 mA 左右。Φ5 发光二极管的直径为 5 mm，正常发光时所需要的驱动电流约为 8～10 mA 左右。

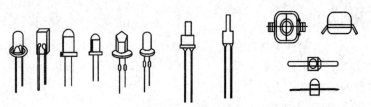

图 3-68 发光二极管

发光二极管用低电平驱动时，需要接成灌电流负载，如图 3-69(a)所示；用高电平驱动时，需要接成拉电流负载，如图 3-69(b)所示。

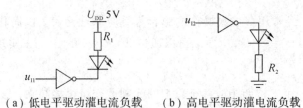

（a）低电平驱动灌电流负载   （b）高电平驱动灌电流负载

图 3-69 发光二极管驱动电路

发光二极管能不能导通发光，不但要考虑门电路的输出电平，还要考虑门电路的驱动电流是否满足发光二极管的电流要求。不同系列的门电路驱动能力不同，选择时视驱动门电路的驱动能力而定。

表 3-12 是常用几种反相器的输出特性数据表。从表中可以看出，早期的 4000 系列
CMOS 反相器 CD4049 输出高电平时最大只能输出 1.6 mA 拉电流，输出低电平时最大能够吸
收 5.0 mA 灌电流，因此对于 CD4049 只能采用图3-42(a)的驱动方案驱动 Φ3 系列发光二极
管，而图 3-42(b)则不满足驱动电流要求。

表 3-12　常用反相器输出特性数据表

系列 参数	TTL(U_{CC}=5 V, T=25 ℃)		CMOS(U_{DD}=5 V, T=25 ℃)	
	7404	74LS04	CD4049	74HC04
$U_{OH(min)}$/V	2.4	2.7	4.6	4.4
$I_{OH(max)}$/mA	−0.4	−0.4	−1.6(典型值)	−25
$U_{OL(max)}$/V	0.4	0.4	0.05	0.33
$I_{OL(max)}$/mA	16	8	5.0(典型值)	25

对于 74HC 系列反相器，其高、低电平的最大输出电流为 ±25 mA，因此图 3-42 两种
形式的电路均能驱动 Φ3 和 Φ5 系列发光二极管，而且需要加适当的限流电阻，以防止电流
过大而烧坏发光二极管。若以驱动 Φ5 发光二极管计算，发光二极管导通发光时会产生
1.5~2 V 的压降，若以 U_D=1.7 V 计算，驱动电流以 10 mA 计算，限流电阻 R_1 应取

$$R_1 = \frac{(U_{DD} - U_D - U_{OL})}{I_D} \approx \frac{(5 - 1.7 - 0)}{(10 \times 10^{-3})} = 330\ \Omega$$

限流电阻 R_2 应取

$$R_2 = \frac{(U_{OH} - U_D)}{I_D} \approx \frac{(5 - 1.7)}{(10 \times 10^{-3})} = 330\ \Omega$$

对于 74/74LS 系列 TTL 反相器，由于其高电平输出拉电流的能力太小而低电平吸收
灌电流的能力大，因此应用图 3-50(a)所示的电路可以驱动 Φ3 和 Φ5 系列发光二极管，而
3-50(b)则不能正常工作。由于 TTL 门电路发展比较早，因此许多器件设计成低电平有效
的输出形式，用低电平驱动负载。

需要说明的是，当门电路驱动电流不足时，可以将多个门电路并联以增加驱动能力。
例如，图 3-70 中三个反相器并联时，其输出电流为单个反相器驱动电流的 3 倍。

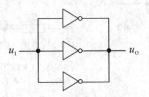

图 3-70　反相器并联增加驱动能力

习 题

3.1 分析题 3.1 图所示分立元件门电路在正逻辑下的逻辑关系，写出相应的函数表达式。设电路参数满足三极管饱和导通条件。

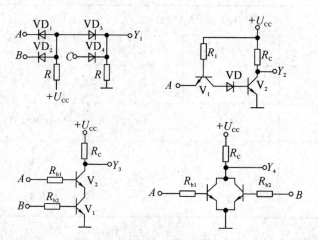

题 3.1 图

3.2 分析题 3.2 图所示电路中三极管的工作状态，计算输出电压 u_O 的值。设所有三极管均为硅三极管，U_{BE} 按 $0.7\ \text{V}$ 计算。

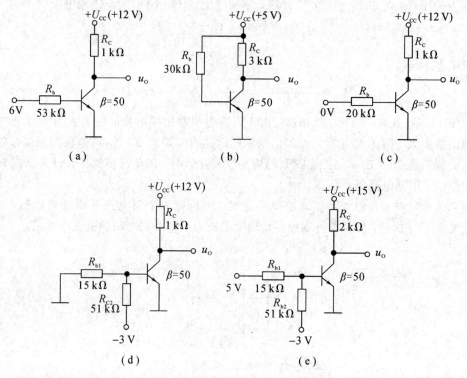

题 3.2 图

3.3 分析题 3.3 图所示 CMOS 门电路的逻辑功能，写出相应的函数表达式。

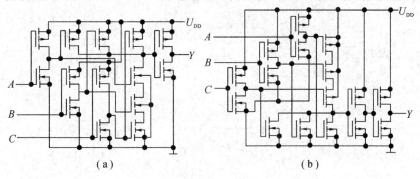

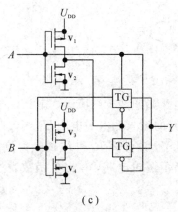

题 3.3 图

3.4 分析题 3.4 图所示 CMOS 门电路的输出状态，并写出相应的函数值。

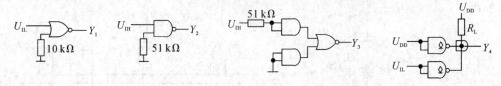

题 3.4 图

3.5 分析题 3.5 图所示 TTL 门电路的逻辑功能，写出相应的函数表达式。

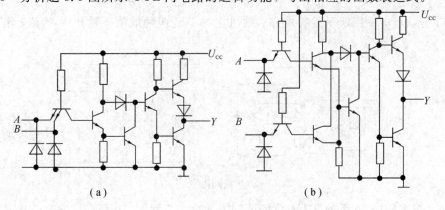

题 3.5 图

3.6 分析题 3.6 图所示 TTL 门电路的输出状态，并写出相应的函数值。

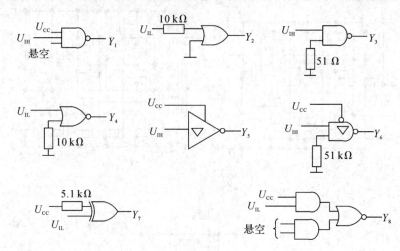

题 3.6 图

3.7 按键开关滤波电路如题 3.7 图所示，其中 $G_1 \sim G_5$ 为 74LS 系列 TTL 反相器。当开关 S 闭合时，要求门电路的输入低电平电压 $U_{IL} \leqslant 0.4$ V；当开关 S 断开时，要求门电路的输入高电平电压 $U_{IH} \geqslant 4$ V。试计算 R_1 和 R_2 的最大值。74LS04 数据表见表 3-6。

3.8 分析题 3.8 图所示逻辑电路，写出各函数表达式，并列出当 $ABCD = 1001$ 时的函数值。

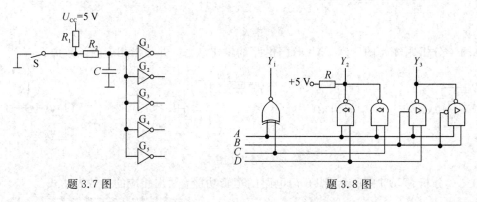

题 3.7 图   题 3.8 图

3.9 分析题 3.9 图所示逻辑电路，列出在 S_1、S_0 四种取值下输出 Y 的值，填入右侧表中。

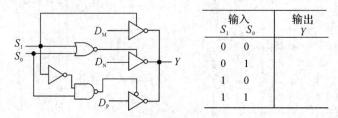

输入		输出
S_1	S_0	Y
0	0	
0	1	
1	0	
1	1	

题 3.9 图

3.10 若需要用 74 系列 TTL 反相器 7404 驱动 $\Phi 5$ 发光二极管，设发光二极管导通发光时导通压降为 2 V，需要 10 mA 驱动电流。已知 7404 输出高电平约为 3.6 V，输出高电平电流为$-400~\mu A$，输出低电平约为 0.2 V，输出低电平电流为 16 mA。

（1）画出驱动电路，并计算相应限流电阻的阻值；

（2）计算发光二极管导通发光时限值电阻所消耗的功率，并说明常用的 1/4W 电阻能否满足设计要求。

3.11　CMOS 门电路和 TTL 门电路的接口电路如题 3.11 图所示。已知 CMOS 与非门的输出电平为 $U_{OH} \approx 4.7$ V、$U_{OL} \approx 0.1$ V，TTL 与非门的输入参数为 $U_{IH(min)} = 2.0$ V、$U_{IL(max)} = 0.8$ V、$I_{IH(max)} = 20~\mu A$、$I_{IL(max)} = -0.36$ mA。计算接口电路的输出电平 u_O，并说明接口电路的参数选择是否合理。设 CMOS 门电路的输出电流满足三极管饱和导通条件。

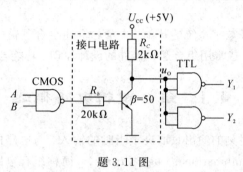

题 3.11 图

第4章　组合逻辑器件

数字电路根据逻辑功能的不同特点进行划分，可分为组合逻辑电路和时序逻辑电路两大类。

组合逻辑电路是构成数字系统的基础。本章先讲述组合逻辑电路的基本概念以及分析与设计方法，然后重点讲述常用组合逻辑器件的设计原理、功能与应用。

4.1　组合逻辑电路概述

如果数字电路任意时刻的输出只取决于当时的输入，与电路的状态无关，那么这种电路称为组合逻辑电路(Combinational Logic Circuit)，简称组合电路。由于组合电路与状态无关，所以不包含任何存储电路，也没有从输出到输入的反馈连接。

从电路形式上看，组合逻辑电路由门电路构成。门电路的输出只与输入有关，所以它是最简单的组合电路，只是习惯于将门电路看作是组合电路构成的基本单元。

一般地，组合逻辑电路的结构框图如图 4-1 所示，其中 a_1、a_2、$\cdots$、a_n 为输入变量，y_1、y_2、$\cdots$、y_m 为输出。由于组合电路的输出只与输入有关，所以输出只是输入的函数，即

$$\begin{cases} y_1 = f_1(a_1, a_2, \cdots, a_n) \\ y_2 = f_2(a_1, a_2, \cdots, a_n) \\ \cdots \\ y_m = f_m(a_1, a_2, \cdots, a_n) \end{cases}$$

图 4-1　组合电路的结构框图

若定义 $A = \{a_1, a_2, \cdots, a_n\}$，$Y = \{y_1, y_2, \cdots, y_m\}$，则上式可以简单表示为

$$Y = F(A)$$

其中 $F = \{f_1, f_2, \cdots, f_m\}$，表示一组函数关系。

既然组合电路的输出是函数，那么逻辑代数中讲述的逻辑函数的几种表示方法(真值表、函数表达式、逻辑图和卡诺图)都可以用来描述组合电路的逻辑功能。

4.2　组合电路的分析与设计

逻辑代数是组合逻辑电路分析与设计的理论基础。本节主要讲述组合电路的设计方

法，以便后续章节能以设计的思路讲解组合器件的原理和功能。

4.2.1　组合电路设计

所谓组合电路设计，就是对于给定的实际问题，画出能够实现功能要求的组合电路的逻辑图。

【例 4-1】　设计一个用三个开关控制一个灯的逻辑电路，要求改变任何一个开关的状态都能控制灯由亮变灭或者由灭变亮。

设计过程：由于开关控制着灯的亮、灭，所以开关的状态是因，灯的亮、灭是果。若用 A、B、C 分别表示三个开关的状态，Y 表示灯的状态，并且约定：

$A=1$ 表示开关 A 闭合，$A=0$ 表示开关 A 断开；

$B=1$ 表示开关 B 闭合，$B=0$ 表示开关 B 断开；

$C=1$ 表示开关 C 闭合，$C=0$ 表示开关 C 断开；

$Y=1$ 表示灯亮，$Y=0$ 表示灯灭。

在上述约定下，设 $ABC=000$ 时 $Y=0$，经推理可得 Y 的真值表，如表 4-1 所示。

根据真值表画出图 4-2 所示的该逻辑问题的卡诺图。从卡诺图中可以看出，该逻辑函数中每个最小项均不相邻，没有可以合并的最小项，因此由真值表写出的如下标准与或式就是该逻辑函数的最简与或式。

$$Y=A'B'C+A'BC'+AB'C'+ABC$$

表 4-1　例 4-1 真值表

A B C	Y
0 0 0	0
0 0 1	1
0 1 0	1
0 1 1	0
1 0 0	1
1 0 1	0
1 1 0	0
1 1 1	1

卡诺图：

$_A$ \ ^{BC}	00	01	11	10
0	0	1	0	1
1	1	0	1	0

图 4-2　例 4-1 卡诺图

实际上，该逻辑函数可以从另一个角度进行化简：

$$
\begin{aligned}
Y &= A'B'C+A'BC'+AB'C'+ABC\\
  &= (A'B'C+AB'C')+(A'BC'+ABC)\\
  &= B'(A'C+AC')+B(A'C'+AC)\\
  &= B'(A\oplus C)+B(A\odot C)\\
  &= A\oplus B\oplus C
\end{aligned}
$$

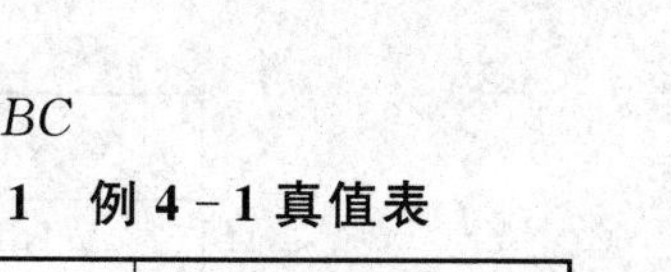

故实现该问题的逻辑图如图 4-3 所示。

图 4-3　例 4-1 设计图

思考与练习

4-1　能否设计用两个开关控制一个灯的逻辑电路？写出逻辑函数表达式。

4-2　能否设计用四个开关控制一个灯的逻辑电路？写出逻辑函数表达式。

4-3　能否设计用五个开关控制一个灯的逻辑电路? 写出逻辑函数表达式。

4-4　总结开关控制灯问题的设计规律,并说明这类电路能够应用在什么地方。

【例4-2】　有一水箱由大小两台水泵 M_L 和 M_S 供水,
如图4-4所示。水箱中设置了3个水位检测元件 C、B、A。
水面低于检测元件时,检测元件给出高电平;水面高于检测
元件时,检测元件给出低电平。现要求当水位超过 C 点时水
泵停止工作,水位低于 C 点而高于 B 点时小水泵单独工作,
水位低于 B 点而高于 A 点时大水泵单独工作,水位低于 A
点时大、小水泵同时工作。设计一个水泵控制电路,能够按
上述要求工作,要求电路尽量简单。

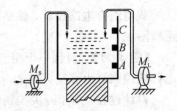

图4-4　例4-2图

设计过程:由于水位检测元件 C、B、A 的状态控制着大、小水泵 M_L 和 M_S 的工作状态,因此

$$\begin{cases} M_L = F_1(C, B, A) \\ M_S = F_2(C, B, A) \end{cases}$$

若用 $M_L = 1$ 表示大水泵工作,$M_L = 0$ 表示大水泵停止;用 $M_S = 1$ 表示小泵工作,$M_L = 0$
表示小水泵停止。分析该控制电路的要求,得出 M_L 和 M_S 的真值表,如表4-2所示。

表4-2　例4-2真值表

$C\ B\ A$	M_L	M_S
0　0　0	0	0
1　0　0	0	1
1　1　0	1	0
1　1　1	1	1
0　0　1	×	×
0　1　0	×	×
0　1　1	×	×
1　0　1	×	×

根据真值表画出 M_L 和 M_S 的卡诺图(如图4-5所示),并进行化简得

$$\begin{cases} M_L = B \\ M_S = A + B'C \end{cases}$$

根据上述逻辑函数表达式即可设计出水泵控制电路,如图4-6所示。

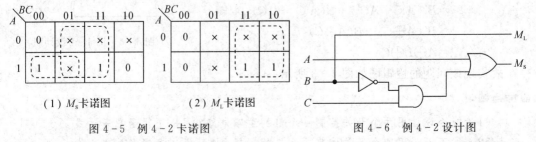

(1) M_S 卡诺图　　　(2) M_L 卡诺图

图4-5　例4-2卡诺图　　　　　　图4-6　例4-2设计图

根据以上两个设计实例可以总结出组合电路设计的一般步骤：

（1）逻辑抽象。

组合电路设计问题一般是由文字描述的逻辑关系问题。分析其因果关系，从中确定输入（因）和输出（果），并且定义每个输入/输出变量取值的具体含义，然后写出能够表示其逻辑功能的真值表。

（2）选定器件的类型，写出逻辑函数表达式。

组合电路既可以采用门电路设计，也可以采用本节将讲到的译码器、数据选择器等组合逻辑电路设计，或者基于只读存储器 ROM 设计。

若采用门电路设计，则需要对逻辑函数进行化简，并根据具体实现器件的类型变换为相应的形式，然后画出逻辑图。

若采用译码器或数据选择器设计，则需要对逻辑函数式进行变换，确定译码器或数据选择器与逻辑函数的对应关系，然后画出逻辑图。

若基于 ROM 设计，则需要确定 ROM 的类型和容量，将真值表写入 ROM 中。

（3）根据化简或变换后的函数式，画出相应的逻辑图。

根据函数式画出相应的逻辑图，可以附加必要的门电路。

综上所述，组合电路的设计流程如图 4-7 所示。

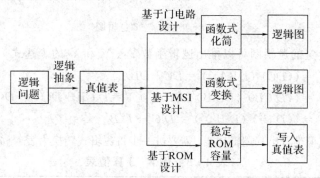

图 4-7 组合电路的设计流程

4.2.2 组合电路分析

所谓组合电路分析，就是对于给定的组合电路，确定电路的逻辑功能。一般来说，组合电路分析按以下步骤进行：

（1）写出逻辑函数表达式。

从给定的组合电路的输入级逐级向后推，推导出其输出逻辑函数的表达式，并进行化简或变换，使表达式简单明了。

（2）写出电路的真值表。

根据函数表达式，写出组合电路的真值表。真值表能直观详尽地描述电路输出与输入的关系。

（3）分析电路的逻辑功能。

根据真值表，推断组合电路的逻辑功能。

综上所述，组合电路的分析步骤如图 4-8 所示。

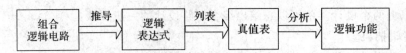

图 4-8 组合电路的分析过程

【例 4-3】 分析图 4-9 所示电路的逻辑功能，指出该电路的用途。

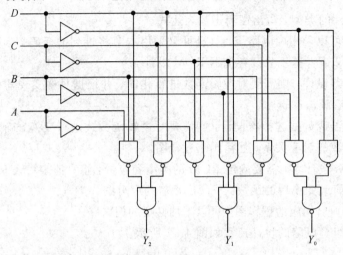

图 4-9 例 4-3 逻辑图

分析：根据给定的逻辑图可以推出逻辑函数 Y_2、Y_1 和 Y_0 的表达式

$$\begin{cases} Y_2 = ((DC)'(DBA)')' = DC + DBA \\ Y_1 = ((D'CB)'(DC'B)'(DC'A')')' = D'CB + DC'B + DC'A' \\ Y_0 = ((D'C')'(D'B')')' = D'C' + D'B' \end{cases}$$

从逻辑函数式很难看出其逻辑功能，需要进一步将逻辑式转换为表 4-3 所示的真值表。

表 4-3 例 4-3 真值表

D C B A	Y_2 Y_1 Y_0	D C B A	Y_2 Y_1 Y_0
0 0 0 0	0 0 1	1 0 0 0	0 1 0
0 0 0 1	0 0 1	1 0 0 1	0 1 0
0 0 1 0	0 0 1	1 0 1 0	0 1 0
0 0 1 1	0 0 1	1 0 1 1	1 0 0
0 1 0 0	0 0 1	1 1 0 0	1 0 0
0 1 0 1	0 0 1	1 1 0 1	1 0 0
0 1 1 0	0 1 0	1 1 1 0	1 0 0
0 1 1 1	0 1 0	1 1 1 1	1 0 0

从真值表可以看出，当输入 $DCBA$ 在 0~5 之间时 $Y_0 = 1$；在 6~10 之间时 $Y_1 = 1$；在 11~15 之间时 $Y_2 = 1$。因此，该组合电路具有根据输出状态判断输入数大小范围的功能。

对于同一个逻辑电路，不同的人可能会有不同的认识，从而抽象出不同的逻辑功能。一般来说，需要从整体的角度考查电路的逻辑功能，不能只见树木，不见森林。

4.3　常用组合逻辑器件

　　掌握了组合电路的分析与设计方法后，本节的主要任务是认识常用的组合逻辑器件，掌握器件的功能、设计原理和典型应用，主要有编码器、译码器、数据选择器、加法器、数据比较器和奇偶校验器等。

4.3.1　编码器

　　为了区别一系列不同的事物或状态，将其中每一个事物或状态用一组二值代码表示，称为编码。相应地，能够实现编码功能的电路称为编码器(Encoder)。例如，图 4-10 所示的计算机键盘是将键盘上的字母、数字、符号和控制符编成 7 位 ASCII 码的编码器。

图 4-10　计算机键盘

　　数字电路常用的编码器为二进制编码器，用于将 2^n 个高/低电平信号编成 n 位二进制码，因此命名为"2^n 线-n 线"编码器，框图如图 4-11 所示，其中 $I_0 \sim I_{2^n-1}$ 为 2^n 个高/低电平信号的输入端，$Y_0 \sim Y_{n-1}$ 为 n 位二进制数输出端。

图 4-11　二进制编码器

　　下面以具体的示例来讲述编码器的设计方法。

　　【例 4-4】　假设某个小医院共有 8 间病房，编号分别为 0~7 号。在每个病房都安装有一个呼叫按键，分别用 $I_0 \sim I_7$ 表示。当病房的病人需要服务时，按下按键发出请求。相应地，在护士值班室里对应有 3 个指示灯，分别用 $Y_2 Y_1 Y_0$ 表示。当 7 号病房的病人按下按键时 $Y_2 Y_1 Y_0 =111$(指示灯全亮)，提醒护士到七号病房服务；当 6 号病房的病人按下按键时

$Y_2 Y_1 Y_0 = 110$，提醒护士到六号病房服务，依次类推。设计能够实现该功能的组合逻辑电路。

分析：对于这个问题，$Y_2 Y_1 Y_0 = 111$ 表示 7 号病房的病人按下按键这一事件，$Y_2 Y_1 Y_0 = 110$ 表示 6 号病房的病人按下按键这一事件，依次类推，所以是一个 8 线-3 线的编码问题。

设按键 $I_0 \sim I_7$ 未按时为低电平，按下时为高电平，这种情况称为输入高电平有效（Active High），简称为高有效。为了简化电路设计，先假设任何时刻不会有两个及两个以上病房的病人同时按呼叫按键，即输入信号是相互排斥的，$I_0 \sim I_7$ 不会有两个或两个以上同时为 1。在这种约束下设计出的编码器称为普通编码器，其真值表如表 4-4 所示。

表 4-4 8 线-3 线普通编码器真值表

I_0	I_1	I_2	I_3	I_4	I_5	I_6	I_7	Y_2	Y_1	Y_0
1	0	0	0	0	0	0	0	0	0	0
0	1	0	0	0	0	0	0	0	0	1
0	0	1	0	0	0	0	0	0	1	0
0	0	0	1	0	0	0	0	0	1	1
0	0	0	0	1	0	0	0	1	0	0
0	0	0	0	0	1	0	0	1	0	1
0	0	0	0	0	0	1	0	1	1	0
0	0	0	0	0	0	0	1	1	1	1

由真值表写出相应函数表达式

$$\begin{cases} Y_2 = I_0' I_1' I_2' I_3' I_4 I_5' I_6' I_7' + I_0' I_1' I_2' I_3' I_4' I_5 I_6' I_7' + I_0' I_1' I_2' I_3' I_4' I_5' I_6 I_7' + I_0' I_1' I_2' I_3' I_4' I_5' I_6' I_7 \\ Y_1 = I_0' I_1' I_2 I_3' I_4' I_5' I_6' I_7' + I_0' I_1' I_2' I_3 I_4' I_5' I_6' I_7' + I_0' I_1' I_2' I_3' I_4' I_5 I_6' I_7' + I_0' I_1' I_2' I_3' I_4' I_5' I_6' I_7 \\ Y_0 = I_0' I_1 I_2' I_3' I_4' I_5' I_6' I_7' + I_0' I_1' I_2' I_3 I_4' I_5' I_6' I_7' + I_0' I_1' I_2' I_3' I_4' I_5 I_6' I_7' + I_0' I_1' I_2' I_3' I_4' I_5' I_6' I_7 \end{cases}$$

在输入变量相互排斥的情况下，逻辑函数可以简化为

$$\begin{cases} Y_2 = I_4 + I_5 + I_6 + I_7 \\ Y_1 = I_2 + I_3 + I_5 + I_7 \\ Y_0 = I_1 + I_3 + I_5 + I_7 \end{cases}$$

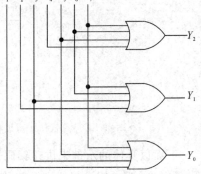

故普通编码器设计电路如图 4-12 所示。

普通编码器是在假设输入信号相互排斥的前提下设计的。若实际情况不满足这个约束条件，则会发生错误。例如，当 3 号和 4 号病房的病人同时按下呼叫按键（即 I_3 和 I_4 同时为 1）时，$Y_2 Y_1 Y_0 = 111$，而编

图 4-12 普通编码器设计图

码"111"的含义是 7 号病房的病人请求服务，因此护士会到 7 号病房而不是 3 号和 4 号病房。

由于普通编码器在不满足约束条件的情况下会发生错误，因此需要对普通编码器进行改进，引入优先编码的概念。

所谓优先编码，就是预先给不同的输入规定不同的优先级，当多个输入信号同时有效时，只对当时优先级最高的输入信号进行编码。

对于例 4-4 的逻辑问题，若规定 7 号病房的病人优先级最高，其次是 6 号，依次类推，0 号病房的病人优先级最低。在上述规定下重新设计，可得到表 4-5 所示的优先编码器的真值表。

表 4-5　8 线-3 线优先编码器真值表

I_0	I_1	I_2	I_3	I_4	I_5	I_6	I_7	Y_2	Y_1	Y_0
1	0	0	0	0	0	0	0	0	0	0
×	1	0	0	0	0	0	0	0	0	1
×	×	1	0	0	0	0	0	0	1	0
×	×	×	1	0	0	0	0	0	1	1
×	×	×	×	1	0	0	0	1	0	0
×	×	×	×	×	1	0	0	1	0	1
×	×	×	×	×	×	1	0	1	1	0
×	×	×	×	×	×	×	1	1	1	1

由真值表写出优先编码器的逻辑函数式

$$\begin{cases} Y_2 = I_4 I_5' I_6' I_7' + I_5 I_6' I_7' + I_6 I_7' + I_7 \\ Y_1 = I_2 I_3' I_4' I_5' I_6' I_7' + I_3 I_4' I_5' I_6' I_7' + I_6 I_7' + I_7 \\ Y_0 = I_1 I_2' I_3' I_4' I_5' I_6' I_7' + I_3 I_4' I_5' I_6' I_7' + I_5 I_6' I_7' + I_7 \end{cases}$$

进一步化简为

$$\begin{cases} Y_2 = I_4 + I_5 + I_6 + I_7 \\ Y_1 = I_2 I_4' I_5' + I_3 I_4' I_5' + I_6 + I_7 \\ Y_0 = I_1 I_2' I_4' I_6' + I_3 I_4' I_6' + I_5 I_6' + I_7 \end{cases}$$

按上述逻辑函数表达式即可设计出优先编码器(设计图略)。

优先编码器既解决了输入信号之间竞争的问题，又能作为普通编码器使用，所以实际编码器均设计为优先编码器。

74HC148 为 8 线-3 线优先编码器，内部逻辑如图 4-13 所示。与例 4-4 不同的是，74HC148 的输入设计为低电平有效(即按键未按时 I 为高电平，按下时 I 为低电平)，并且采用二进制反码输出。

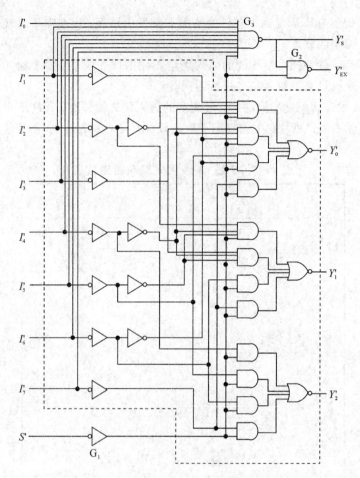

图 4 - 13　74HC148 内部逻辑图

为了便于功能扩展,74HC148 还增加了三个功能端口:一个控制端 S' 和两个附加输出端 Y'_S 和 Y'_{EX},器件功能如表 4 - 6 所示。

表 4 - 6　74HC148 功能表

输 入									输 出				
S'	I'_0	I'_1	I'_2	I'_3	I'_4	I'_5	I'_6	I'_7	Y'_2	Y'_1	Y'_0	Y'_S	Y'_{EX}
1	×	×	×	×	×	×	×	×	1	1	1	1	1
0	1	1	1	1	1	1	1	1	0	0	0	0	1
0	×	×	×	×	×	×	×	0	0	0	0	1	0
0	×	×	×	×	×	×	0	1	0	0	1	1	0
0	×	×	×	×	×	0	1	1	0	1	0	1	0
0	×	×	×	×	0	1	1	1	0	1	1	1	0
0	×	×	×	0	1	1	1	1	1	0	0	1	0
0	×	×	0	1	1	1	1	1	1	0	1	1	0
0	×	0	1	1	1	1	1	1	1	1	0	1	0
0	0	1	1	1	1	1	1	1	1	1	1	1	0

从功能表可以看出，74HC148 只有在控制信号 $S'=0$ 时才能正常工作，而在 $S'=1$ 时不工作，输出全部被封锁为高电平。在器件正常工作的情况下，$Y'_S=0$ 时表示编码器"无编码信号输入"，而 $Y'_{EX}=0$ 时表示"有编码信号输入"。

74HC147 为 10 线-4 线优先编码器，用于将 10 个高、低电平信号编为 4 位 BCD 码。用 74HC147 设计键盘编码电路如图 4-14 所示，十个按键分别对应十进制数 0~9，其中按键 9 的优先级别最高，编码器的输出为 8421BCD 反码。当按键 9~1 均未按下时，默认对按键 0(不需要画出)进行编码。

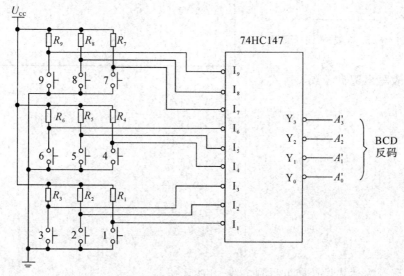

图 4-14　按键编码电路

4.3.2　译码器

译码器的功能与编码器相反，用于将输入的二进制代码重新翻译成高、低电平信号。与二进制编码器相对应，二进制译码器命名为"n 线-2^n 线"译码器，如 2 线-4 线译码器、3 线-8 线译码器、4 线-16 线译码器等。二进制译码器的框图如图 4-15 所示，其中 $A_0 \sim A_{n-1}$ 为 n 位二进制数输入，$Y_0 \sim Y_{2^n-1}$ 为 2^n 个高、低电平输出。

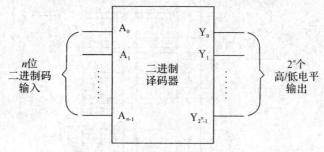

图 4-15　二进制译码器框图

设 3 线-8 线译码器输入的三位二进制码分别用 A_2、A_1、A_0 表示，输出的高、低电平信号分别用 $Y_0 \sim Y_7$ 表示(如图 4-16 所示)，且输出高电平有效，则根据译码器的功能要求即可写出译码器的真值表，如表 4-7 所示。

表 4 - 7 3 线 - 8 线译码器真值表

A_2 A_1 A_0	Y_7 Y_6 Y_5 Y_4 Y_3 Y_2 Y_1 Y_0
0 0 0	0 0 0 0 0 0 0 1
0 0 1	0 0 0 0 0 0 1 0
0 1 0	0 0 0 0 0 1 0 0
0 1 1	0 0 0 0 1 0 0 0
1 0 0	0 0 0 1 0 0 0 0
1 0 1	0 0 1 0 0 0 0 0
1 1 0	0 1 0 0 0 0 0 0
1 1 1	1 0 0 0 0 0 0 0

图 4 - 16 3 线 - 8 线译码器

由真值表写出逻辑函数表达式

$$\begin{cases} Y_0 = A_2' A_1' A_0' \\ Y_1 = A_2' A_1' A_0 \\ Y_2 = A_2' A_1 A_0' \\ Y_3 = A_2' A_1 A_0 \\ Y_4 = A_2 A_1' A_0' \\ Y_5 = A_2 A_1' A_0 \\ Y_6 = A_2 A_1 A_0' \\ Y_7 = A_2 A_1 A_0 \end{cases}$$

按上述逻辑函数表达式设计即可得到 3 线 - 8 线译码器。

74HC138 为 3 线 - 8 线译码器,内部逻辑如图 4 - 17 所示,输出 $Y_0' \sim Y_7'$ 为低电平有效。为了便于功能扩展和应用,74HC138 提供了 3 个控制信号 S_1、S_2' 和 S_3'。只有在 S_1、S_2' 和 S_3' 全部有效的情况下,内部门电路 G_S 输出的门控信号 $S = ((S_1)')' (S_2')' (S_3')'$ 为高电平,译码器才能正常工作,否则输出全部被强制为高电平。74HC138 的功能表如表 4 - 8 所示。

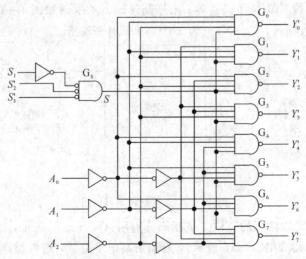

图 4 - 17 74HC138 内部逻辑图

表 4 - 8　74HC138 功能表

输　入						输　出							
S_1	S_2'	S_3'	A_2	A_1	A_0	Y_0'	Y_1'	Y_2'	Y_3'	Y_4'	Y_5'	Y_6'	Y_7'
0	×	×	×	×	×	1	1	1	1	1	1	1	1
×	1	×	×	×	×	1	1	1	1	1	1	1	1
×	×	1	×	×	×	1	1	1	1	1	1	1	1
1	0	0	0	0	0	0	1	1	1	1	1	1	1
1	0	0	0	0	1	1	0	1	1	1	1	1	1
1	0	0	0	1	0	1	1	0	1	1	1	1	1
1	0	0	0	1	1	1	1	1	0	1	1	1	1
1	0	0	1	0	0	1	1	1	1	0	1	1	1
1	0	0	1	0	1	1	1	1	1	1	0	1	1
1	0	0	1	1	0	1	1	1	1	1	1	0	1
1	0	0	1	1	1	1	1	1	1	1	1	1	0

【例 4 - 5】　用两片 74HC138 扩展为 4 线 - 16 线译码器。

分析：设 4 线 - 16 线译码器用于将四位二进制码翻译成十六个高低电平信号。设输入的二进制数用 $D_3 D_2 D_1 D_0$ 表示，输出的十六个高低电平信号用 $Z_0' \sim Z_{15}'$ 表示。由于单片 74HC138 只能对三位（及以下）二进制数进行译码，要对四位二进制数进行译码，其思路是：用四位二进制数的最高位 D_3 控制译码器的 S_1、S_2' 或 S_3'，当 $D_3 = 0$ 时让第一片 74HC138 工作，$D_3 = 1$ 时让第二片 74HC138 工作。然后将低三位二进制码 $D_2 D_1 D_0$ 分别接到每一片的 $A_2 A_1 A_0$ 上，使当前工作片的具体输出由低三位 $D_2 D_1 D_0$ 确定，这样组合起来可对四位二进制数进行译码。具体扩展电路如图 4 - 18 所示。

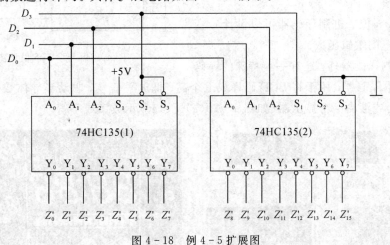

图 4 - 18　例 4 - 5 扩展图

思考与练习

4 - 5　能否用 4 片译码器 74HC138 扩展成 5 线 - 32 线译码器？画出设计图。

4 - 6　能否用 5 片译码器 74HC138 扩展成 5 线 - 32 线译码器？画出设计图。

4 - 7　比较上述两种扩展方案，哪种方案更合理？试说明理由。

若将 3 线-8 线译码器中 $A_2A_1A_0$ 看作三个逻辑变量，则 74HC138 的 8 个输出分别对应三变量逻辑函数 8 个最小项的非，即

$$\begin{cases} Y'_0 = (A'_2 A'_1 A'_0)' = m'_0 \\ Y'_1 = (A'_2 A'_1 A_0)' = m'_1 \\ Y'_2 = (A'_2 A_1 A'_0)' = m'_2 \\ Y'_3 = (A'_2 A_1 A_0)' = m'_3 \\ Y'_4 = (A_2 A'_1 A'_0)' = m'_4 \\ Y'_5 = (A_2 A'_1 A_0)' = m'_5 \\ Y'_6 = (A_2 A_1 A'_0)' = m'_6 \\ Y'_7 = (A_2 A_1 A_0)' = m'_7 \end{cases}$$

由于 74HC138 能够输出三变量逻辑函数的所有最小项，因此可以设计任意三变量逻辑函数。

【例 4-6】 利用 3 线-8 线译码器 74HC138 设计例 4-2 的水泵控制电路。

设计过程：根据表 4-2 所示的水泵控制电路的真值表可以写出 M_L 和 M_S 的标准与或式

$$\begin{cases} M_L = CBA' + CBA = m_6 + m_7 \\ M_S = CB'A' + CBA = m_4 + m_7 \end{cases}$$

由于 74HC138 的输出为低电平有效，输出的是最小项的非而不是最小项本身，所以需要对逻辑函数式进行变换

$$\begin{cases} M_L = (m_6 + m_7)'' = (m'_6 m'_7)' \\ M_S = (m_4 + m_7)'' = (m'_4 m'_7)' \end{cases}$$

故需要附加与非门实现。具体设计电路如图 4-19 所示。

一般地，n 位二进制译码器可以设计 n 变量及以下变量的逻辑函数。

除二进制译码器外，还有一类特殊的译码

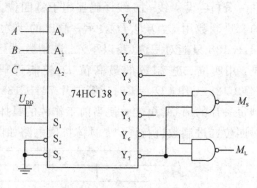

图 4-19 例 4-6 设计图

器，称为显示译码器，用于将 BCD 码译成七个高、低电平信号，驱动半导体数码管（如图 4-20(a)所示）或液晶字符显示器（如图 4-20(b)所示）显示数字或字符。

（a）半导体数码管

（c）液晶字符显示器

图 4-20 常用显示器件

半导体数码管内部由八个发光二极管 a、b、c、d、e、f、g、DP 构成，如图 4-21(a) 所示，其中 DP 表示小数点(Data Point)。发光二极管导通时相应的字段亮，截止时相应的字段不亮。不同发光段的组合可显示不同的数字或字符。

根据内部发光二极管连接方式的不同，将数码管分为共阳极(如图 4-21(b) 所示)和共阴极(如图 4-21(c) 所示)两种类型，其中 COM 为公共端(Common)。应用时，共阳极数码管的 COM 端接电源，要求显示译码器输出低电平有效信号驱动；共阴极数码管的 COM 端接地，要求显示译码器输出高电平有效信号驱动。

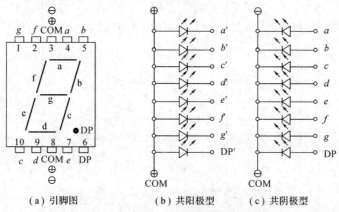

(a) 引脚图　　　　(b) 共阳极型　　　　(c) 共阴极型

图 4-21　半导体数码管

设显示译码器输入的四位 BCD 码分别用 $DCBA$ 表示，各段的输出分别用 Y_a、Y_b、Y_c、Y_d、Y_e、Y_f 和 Y_g 表示，高电平有效。根据数码管的组成结构以及显示数字的笔画，可列出显示译码器的真值表，如表 4-9 所示。根据真值表写出逻辑函数表达式并画出逻辑图即可设计出基本的 BCD 显示译码器。

表 4-9　BCD 显示译码器功能表

D C B A	Y_a Y_b Y_c Y_d Y_e Y_f Y_g	显示数字
0 0 0 0	1 1 1 1 1 1 0	0
0 0 0 1	0 1 1 0 0 0 0	1
0 0 1 0	1 1 0 1 1 0 1	2
0 0 1 1	1 1 1 1 0 0 1	3
0 1 0 0	0 1 1 0 0 1 1	4
0 1 0 1	1 0 1 1 0 1 1	5
0 1 1 0	0 0 1 1 1 1 1	6
0 1 1 1	1 1 1 0 0 0 0	7
1 0 0 0	1 1 1 1 1 1 1	8
1 0 0 1	1 1 1 0 0 1 1	9

CD4511 是 BCD 显示译码器，输出高电平有效，用于驱动共阴极数码管。除了具有基本的显示译码功能外，CD4511 还增加了灯测试(Lamp Test)、灭灯(Blanking)和锁存允许(Latch Enable)三种附加功能，其功能表如表 4-10 所示。

表 4 - 10　CD4511 功能表

输　入			输　出	显示数字
LE　BI′　LT′	D　B　C　A	Y_a　Y_b　Y_c　Y_d　Y_e　Y_f　Y_g	
×　×　0	×　×　×　×	1　1　1　1　1　1　1	8
×　0　1	×　×　×　×	0　0　0　0　0　0　0	
0　1　1	0　0　0　0	1　1　1　1　1　1　0	0
0　1　1	0　0　0　1	0　1　1　0　0　0　0	1
0　1　1	0　0　1　0	1　1　0　1　1　0　1	2
0　1　1	0　0　1　1	1　1　1　1　0　0　1	3
0　1　1	0　1　0　0	0　1　1　0　0　1　1	4
0　1　1	0　1　0　1	1　0　1　1　0　1　1	5
0　1　1	0　1　1　0	0　0　1　1　1　1　1	6
0　1　1	0　1　1　1	1　1　1　0　0　0　0	7
0　1　1	1　0　0　0	1　1　1　1　1　1　1	8
0　1　1	1　0　0　1	1　1　1　0　0　1　1	9
0　1　1	1　0　1　0	0　0　0　0　0　0　0	
0　1　1	1　0　1　1	0　0　0　0　0　0　0	
0　1　1	1　1　0　0	0　0　0　0　0　0　0	
0　1　1	1　1　0　1	0　0　0　0　0　0　0	
0　1　1	1　1　1　0	0　0　0　0　0　0　0	
0　1　1	1　1　1　1	0　0　0　0　0　0　0	
1　1　1	×　×　×　×	＊	＊

注："＊"表示保持上次的输出不变。

附加功能的使用说明如下：

（1）当 LT′＝0 时，CD4511 的输出全部强制为高电平，各段全亮，可用于数码管测试或者系统自检；

（2）当 LT′＝1 而 BI′＝0 时，CD4511 的输出全部强制为低电平，各段全灭；

（3）当 LT′＝1、BI′＝1 且 LE＝0 时，CD4511 正常工作，根据输入的 BCD 码显示相应的数字。

（4）当 LT′＝1、BI′＝1 且 LE＝1 时，CD4511 处于锁定状态，输出将保持上次的状态不变，与输入的 BCD 码不响应。

CD4511 驱动共阴极数码管的原理电路如图 4 - 22 所示。由于 CD4511 驱动电流大，使用时应在 CD4511 和数码管各段之间串接限流电阻，以防止烧坏数码管。限流电阻 R 的大小根据数码管的规格和亮度要求确定。

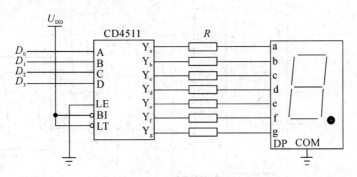

图 4-22　CD4511 驱动数码管

液晶显示器件与半导体数码管相比具有功耗极低的特点，通常用作计算器屏、电话机屏、手机屏、电视屏和电脑显示器等。

液晶字符显示器与数码管一样，也是采用七段形式实现数码或字符显示的。与数码管不同的是，液晶是通过控制可见光的反射达到显示的目的。液晶显示驱动电路和工作波形如图 4-23 所示。当字段控制信号 A 为低电平时，交变电压 v_S 和 v_1 同相，因此加字段液晶上的压差为 0，字段液晶没有极化，因而反射率很高，表现为"不显示"；当字段控制信号 A 为高电平时，v_S 和 v_1 反相，因此字段液晶在交变电压作用下通过极化作用使得液晶反射率很低，表现为"显示"。

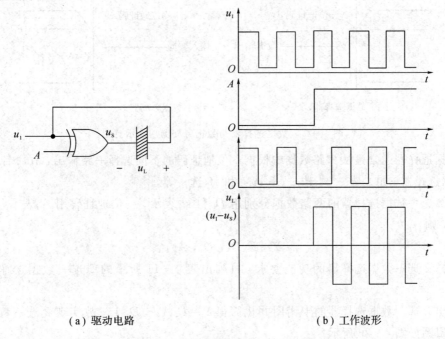

（a）驱动电路　　　　　　　　　　　　（b）工作波形

图 4-23　液晶驱动电路及工作波形

应用显示译码器驱动液晶字符显示器时，需要在显示译码器和液晶字符显示器件之间插入液晶显示驱动电路，如图 4-24 所示，其中交变电压的频率一般取 25～60 Hz。

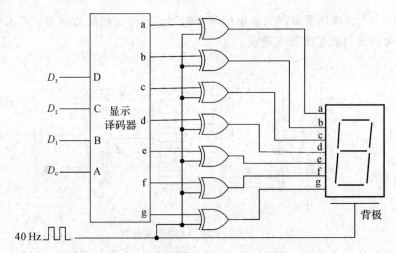

图 4 - 24　液晶字符显示器应用电路

4.3.3　数据选择器与数据分配器

数据选择器(Multiplexer)是用于从多路输入数据中根据地址码的不同选择其中一路输出的逻辑电路。数据分配器(Demultiplexer)的功能与数据选择器正好相反,是把输入的数据根据地址码的不同分配到不同的单元中去。数据选择器和数据分配器的功能示意如图 4 - 25 所示。

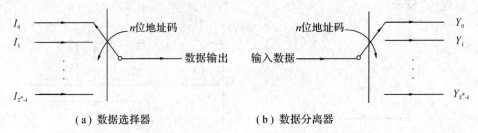

（a）数据选择器　　　　　　　　（b）数据分离器

图 4 - 25　数据选择器与数据分配器功能示意图

数据选择器通常是从 2^n 路数据中根据 n 位地址码的不同选择一路输出,故命名为"2^n 选一"数据选择器,如 2 选一、4 选一、8 选一和 16 选一等。

设 2 选一数据选择器的两路数据分别用 D_0 和 D_1 表示,一位地址码用 A_0 表示,输出用 Y 表示,则

$$Y = F(D_0, D_1, A_0)$$

根据 2 选一数据选择器的功能要求,可列出表 4 - 11 所示的 2 选一数据选择器的真值表。

画出 2 选一数据选择器的卡诺图并化简得 $Y = D_0 A_0' + D_1 A_0$,故实现 2 选一数据选择器的逻辑图如图 4 - 26 所示。

类似地,设 4 选一数据选择器的四路数据分别用 D_0、D_1、D_2 和 D_3 表示,两位地址码分别用 A_1、A_0 表示,输出用 Y 表示,则

$$Y = F(D_0, D_1, D_2, D_3, A_1, A_0)$$

表 4 - 11　2 选一数据选择器真值表

A_0 D_0 D_1	Y
0　0　0	0
0　0　1	0
0　1　0	1
0　1　1	1
1　0　0	0
1　0　1	1
1　1　0	0
1　1　1	1

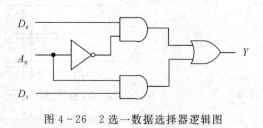

图 4 - 26　2 选一数据选择器逻辑图

由于 4 选一数据选择器的输出 Y 为六变量逻辑函数,输入变量共有 $2^6 = 64$ 种取值组合,若按传统方法列写真值表既烦琐也不利于逻辑函数的化简,因此习惯于将 4 选一数据选择器的真值表列写成表 4 - 12 所示的简化形式,这样概念清晰同时又有利于逻辑函数的化简。

对于简化的真值表,需要把根据真值表写出逻辑函数表达式的方法进行扩展。当 $D_0 = 1$ 时函数表达式中存在最小项 $A_1'A_0'$,当 $D_0 = 0$ 时函数表达式中不存在 $A_1'A_0'$,因此真值表中第一行对应的函数式用 $D_0(A_1'A_0')$ 表示,其余同理,故 4 选一数据选择器的函数式可表示为

$$Y = D_0(A_1'A_0') + D_1(A_1'A_0) + D_2(A_1A_0') + D_3(A_1A_0)$$

按上述逻辑函数式设计即可实现 4 选一数据选择器(略)。

按同样方法,8 选一数据选择器的真值表可表示为表 4 - 13 所示的简化形式,其逻辑函数表达式为

$$Y = D_0(A_2'A_1'A_0') + D_1(A_2'A_1'A_0) + D_2(A_2'A_1A_0') + D_3(A_2'A_1A_0)$$
$$+ D_4(A_2A_1'A_0') + D_5(A_2A_1'A_0) + D_6(A_2A_1A_0') + D_7(A_2A_1A_0)$$

表 4 - 12　4 选一数据选择器简化真值表

A_1 A_0	Y
0　0	D_0
0　1	D_1
1　0	D_2
1　1	D_3

表 4 - 13　8 选一数据选择器简化真值表

A_2 A_1 A_0	Y
0　0　0	D_0
0　0　1	D_1
0　1　0	D_2
0　1　1	D_3
1　0　0	D_4
1　0　1	D_5
1　1　0	D_6
1　1　1	D_7

74HC153 是双 4 选一数据选择器，内部逻辑如图 4 - 27 所示，能够实现 4 路两位数据的选择。其中 $D_{10}D_{11}D_{12}D_{13}$ 为第一个 4 选一数据选择器的 4 路输入数据端，Y_1 为输出端；$D_{20}D_{21}D_{22}D_{23}$ 为第二个 4 选一数据选择器的 4 路输入数据端，Y_2 为输出端。两个数据选择器公用 A_1A_0 两位地址。S_1' 和 S_2' 分别为两个 4 选一数据选择器的控制端，低电平有效。当控制端有效时，数据选择器正常工作，控制端无效时，数据选择器输出为 0。

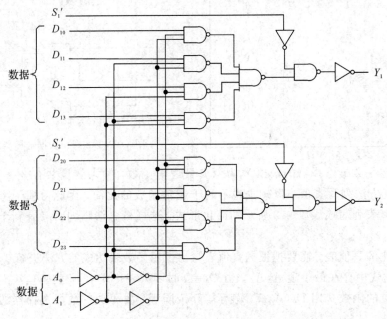

图 4 - 27　74HC153 内部逻辑图

74HC151 为 8 选一数据选择器，内部逻辑如图 4 - 28 所示，其中 S' 为控制端，Y 和 W 是两个互补输出端($W=Y'$)。S' 为低电平时，数据选择器正常工作，根据地址码 $A_2A_1A_0$ 从 $D_0 \sim D_7$ 8 路数据中选择其中一路输出；S' 为高电平时，数据选择器不工作，输出 $Y=0$、$W=1$。

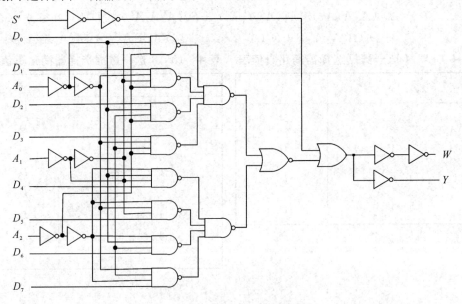

图 4 - 28　74HC151 内部逻辑图

【例 4-7】 将双 4 选一数据选择器 74HC153 扩展为 8 选一数据选择器。

分析：从 8 路数据中选择其中一路输出需要有 3 位地址码(分别用 $A_2 A_1 A_0$ 表示)，而 4 选一数据选择器只有两位地址码($A_1 A_0$)。

将两个 4 选一数据选择器扩展成一个 8 选一数据选择器的思路是：用 8 选一数据选择器的最高位地址 A_2 控制两个 4 选一的工作情况，再用低两位地址 $A_1 A_0$ 在片内进行进一步选择。例如，当 $A_2 = 0$ 时使 $S_1' = 0$，控制第一个 4 选一工作；当 $A_2 = 1$ 时使 $S_2' = 0$，控制第二个 4 选一工作。由于第一个 4 选一工作时数据从 Y_1 输出，第二个 4 选一工作时数据从 Y_2 输出，所以需要用或门将两个 4 选一的输出相加，使 8 选一数据选择器的输出 $Y = Y_1 + Y_2$。具体扩展电路如图 4-29 所示。

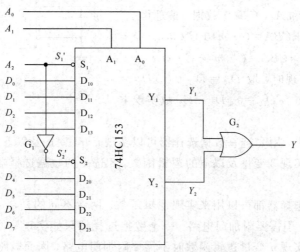

图 4-29 例 4-7 扩展图

思考与练习

4-8 能否将两片 74HC151 扩展为 16 选一的数据选择器？画出设计图。

4-9 能否将两片 74HC153 扩展为 16 选一的数据选择器？画出设计图。

若将 8 选一数据选择器的地址看作逻辑变量，则其逻辑函数表达式可进一步表示为
$$Y = m_0 D_0 + m_1 D_1 + m_2 D_2 + m_3 D_3 + m_4 D_4 + m_5 D_5 + m_6 D_6 + m_7 D_7$$
其中 m_0、m_1，…，m_7 为三变量逻辑函数的 8 个最小项，故 8 选一数据选择器可以实现任意三变量逻辑函数。

【例 4-8】 用 8 选一数据选择器实现三人表决电路。

设计过程：三人表决电路的标准与或式为
$$Y = A'BC + AB'C + ABC' + ABC$$
$$= m_3 + m_5 + m_6 + m_7$$

将上式与 8 选一数据选择器的标准形式进行对比可得 $D_3 = D_5 = D_6 = D_7 = 1$，而 $D_0 = D_1 = D_2 = D_4 = 0$，故用 8 选一数据选择器实现三人表决问题的电路原理如图 4-30 所示。

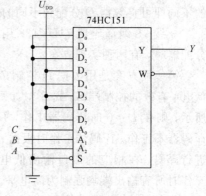

图 4-30 例 4-8 设计图

三变量逻辑函数也可以用 4 选一数据选择器实现。将三变量逻辑函数表达式与 4 选一数据选择器的函数表达式进行对比可知，实现时可将逻辑函数式中两个变量看作地址，另外一个变量看作数据。

【例 4-9】 用双 4 选一数据选择器 74HC153 实现例 4-2 的水泵控制电路。

设计过程：水泵控制电路的逻辑函数表达式为

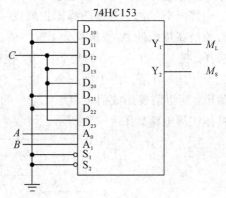

$$\begin{cases} M_L = CBA' + CBA \\ M_S = CB'A' + CBA \end{cases}$$

将表达式中 B、A 看作地址，分别对应于 4 选一数据选择器的 A_1 和 A_0，C 看作数据，整理得

$$\begin{cases} M_L = CBA' + CBA = C \cdot m_2 + C \cdot m_3 \\ M_S = CB'A' + CBA = C \cdot m_0 + C \cdot m_3 \end{cases}$$

因此用 74HC153 实现时，取 $D_{10} = D_{11} = 0$、$D_{12} = D_{13} = C$、$D_{20} = C$、$D_{21} = D_{22} = 0$、$D_{23} = C$，故实现电路如图 4-31 所示。

图 4-31 例 4-9 设计图

从应用的角度讲，用 2^n 选一数据选择器可以实现 $n+1$ 变量及以下的逻辑函数，即 4 选一数据选择器可以实现 3 变量及以下的逻辑函数，8 选一的数据选择器可以实现 4 变量及以下的逻辑函数。

译码器和数据选择器都可以用来实现逻辑函数。两者不同的是，一个译码器可以同时实现多个逻辑函数，但需要附加门电路。一个数据选择器只能实现一个逻辑函数，但用 2^n 选一的数据选择器实现 n 变量逻辑函数时不需要附加门电路，因而电路实现非常简洁。

思考与练习

4-10 能否用 8 选一数据选择器实现三个开关控制一个灯的逻辑电路？画出设计图。

4-11 能否用 4 选一数据选择器实现三个开关控制一个灯的逻辑电路？画出设计图。

在数字电路中，带有控制端的译码器本身就是数据分配器。译码器的基本功能是将输入的二进制代码翻译成高、低电平信号输出，但如果换种用法，就可以实现数据分配。

译码器用作数据分配器时，将待分配的数据 D 连接到译码器的控制端，根据二进制码的不同即可将数据 D 分配到不同的输出口。

3 线-8 线译码器 74HC138 用作数据分配器时，有两种实现方案。

第一种方案是用数据 D 控制 74HC138 低电平有效的控制端 S_2' 或 S_3'，如图 4-32 所示，则在 $D=0$ 时译码器工作，$D=1$ 时译码器不工作。译码器工作时根据 $A_2A_1A_0$ 进行译码，在相应的端口输出低电平，不工作时所有输出端均强制为高电平。

假设 D 为待分配的 8 位二进制序列

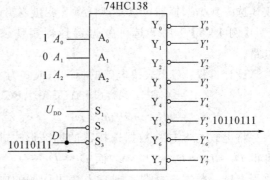

图 4-32 数据分配器（同相输出）

10110111，$A_2 A_1 A_0 = 101$。当 D 变化时在 Y_5' 输出的序列恰好为 10110111。若要将 D 分配到其他输出口，只需要将地址码 $A_2 A_1 A_0$ 设置为相应的二进制数即可。由于这种接法的输出序列与输入序列完全相同，所以 D 接 74HC138 低电平有效的控制端时，输出与输入"同相"。

第二种方案是用数据 D 控制 74HC138 高电平有效的控制端 S_1，如图 4-33 所示，则在 $D=0$ 时译码器不工作，$D=1$ 时译码器工作。设 $A_2 A_1 A_0 = 101$，D 仍为待分配的 8 位二进制序列 10110111。当 D 变化时，在 Y_5' 端输出的序列为 01001000。若要将 D 分配到其他输出口，只需要将地址码 $A_2 A_1 A_0$ 设置为相应的二进制数即可。

由于这种接法的输出序列与输入序列恰好相反，所以 D 接 74HC138 高电平有效的控制端时，输出与输入"反相"。

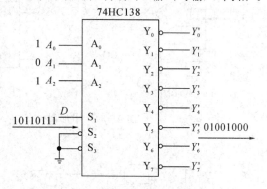

图 4-33　数据分配器（反相输出）

4.3.4　加法器

在数字系统中，加法是最基本的算术运算，而加法器是用于实现加法运算的逻辑电路。由于数字电路基于二值逻辑，故本节只讨论二进制加法器的设计。

先考虑最简单的情况。设两个一位二进制数 A 和 B 相加，其加法结果用 S(Summary) 表示，可能产生的进位信号用 CO(Carry Output) 表示。由于这种加法器不考虑来自低位的进位信号，因此称为半加器(Half Adder)，其真值表如表 4-14 所示。

由真值表写出半加器的逻辑函数 S 和 CO 的表达式

$$\begin{cases} S = A'B + AB' = A \oplus B \\ CO = AB \end{cases}$$

按上述表达式用一个异或门和一个与门即可实现半加器，如图 4-34(a) 所示。半加器的图形符号如图 4-34(b) 所示。

表 4-14　半加器真值表

A B	S CO
0　0	0　0
0　1	1　0
1　0	1　0
1　1	0　1

由于半加器没有考虑来自低位的进位信号，所以无法扩展为多位加法器。两位一位二进制数 A 和 B 相加时，如果同时考虑来自更低位的进位信号 CI(Carry Input)，即实现 A、B 和 CI 三个一位数相加，这样的加法器称为全加器(Full Adder)。根据二进制运算规则，可列出全加器的真值表，如表 4-15 所示。

由真值表写出 S 和 CO 的函数表达式

$$\begin{cases} S = A'B'C + A'BC' + AB'C' + ABC \\ CO = A'BC + AB'C + ABC' + ABC \end{cases}$$

进一步整理和化简得

$$\begin{cases} S = A \oplus B \oplus C \\ CO = AB + (A+B)CI \end{cases}$$

按上述逻辑函数设计即可实现全加器，如图 4-35(a) 所示。全加器的图形符号如图 4-35(b) 所示。

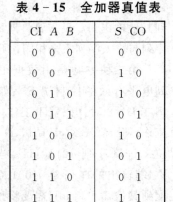

表 4-15　全加器真值表

CI	A	B	S	CO
0	0	0	0	0
0	0	1	1	0
0	1	0	1	0
0	1	1	0	1
1	0	0	1	0
1	0	1	0	1
1	1	0	0	1
1	1	1	1	1

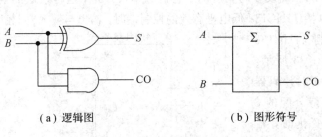

（a）逻辑图　　　　　　　（b）图形符号

图 4-34　半加器

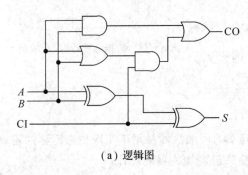
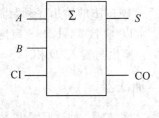

（a）逻辑图　　　　　　　（b）图形符号

图 4-35　全加器

74LS183 为双全加器器件，内部逻辑按第 2 章例 2-8 所示的逻辑电路设计。多位数相加时，可用多片 74LS183 按串行进位（Ripple Carry）方式级联实现。

四位串行进位加法的实现原理如图 4-36 所示，其中 $A_3A_2A_1A_0$ 和 $B_3B_2B_1B_0$ 为两个四位二进制数，$S_3S_2S_1S_0$ 为加法和，CO 为向更高位的进位信号。

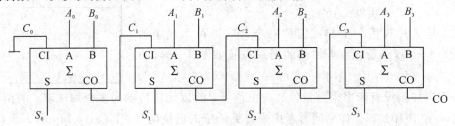

图 4-36　串行进位加法器

由于串行进位加法器的进位信号是从低位向高位逐级传递的，因此高位相加时必须确保来自低位的进位信号有效才能得到正确的加法结果。对于图 4-36 所示的四位串行进位加法器，需要经过 4 个全加器的工作时间，加法结果才整体有效，因此加法的位数越多，串行进位加法的速度就越慢。

为了提高运算速度，就需要减小进位传递所消耗的时间。超前进位（Carry Look-ahead）加法器是预先将每级加法所需要的进位信号算出来，然后各位可以同时相加的加法器。

根据一位全加器的进位表达式，可推出四位超前进位加法器各级进位信号的计算公式

$$C_1 = A_0B_0 + (A_0 + B_0)C_0 = A_0B_0$$
$$C_2 = A_1B_1 + (A_1 + B_1)C_1 = [A_1B_1 + (A_1 + B_1)]A_0B_0$$

$$C_3 = A_2 B_2 + (A_2 + B_2) C_2 = A_2 B_2 + (A_2 + B_2) [A_1 B_1 + (A_1 + B_1) A_0 B_0]$$

$$CO = A_3 B_3 + (A_3 + B_3) C_3$$

$$= A_3 B_3 + (A_3 + B_3) \{A_2 B_2 + (A_2 + B_2) [A_1 B_1 + (A_1 + B_1) A_0 B_0]\}$$

当四位二进制数 $A_3 A_2 A_1 A_0$ 和 $B_3 B_2 B_1 B_0$ 给定时，按上述公式用组合电路就可以直接算出各级所需要的进位信号 C_1、C_2、C_3 及进位输出信号 CO。由于进位信号不需要逐级传递，因此 4 个全加器就可以并行运算，所以超前进位加法器的工作速度比串行进位方式快。

74HC283 是四位超前进位加法器，内部逻辑如图 4-37 所示。

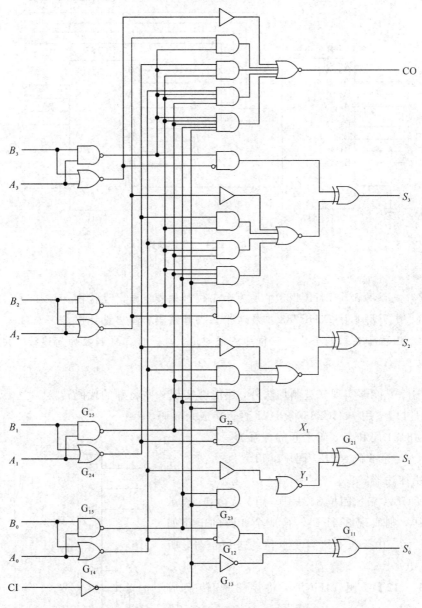

图 4-37　74HC283 内部逻辑图

为了便于功能扩展，74HC283 还提供了进位输入端 CI，用于连接来自更低位的进位信号。因此，74HC283 实现的加法关系为

$$\{CO,\ S_3 S_2 S_1 S_0\} = A_3 A_2 A_1 A_0 + B_3 B_2 B_1 B_0 + CI$$

【例 4 - 10】 用两片 74HC283 扩展成八位加法器。

分析：设 A、B 为两个八位二进制数，分别用 $A_7 \sim A_0$ 和 $B_7 \sim B_0$ 表示。由于 74HC283 只能实现四位二进制数相加，故需要将两个八位二进制数 A 和 B 拆分成高四位($A_7 \sim A_4$、$B_7 \sim B_4$)和低四位($A_3 \sim A_0$、$B_3 \sim B_0$)。用一片 74HC283 实现低四位相加，另一片实现高四位相加，同时将低四位的进位输出信号 CO 作为高四位的进位输入 CI。由于低四位相加时没有来自更低位的进位信号，所以低位片的进位输入 CI 接低电平。整体扩展电路如图 4 - 38 所示。

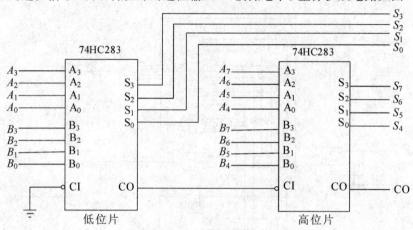

图 4 - 38 例 4 - 10 扩展图

思考与练习

4 - 12 能否用 3 片 74HC283 扩展为十二位加法器？画出设计图。

4 - 13 能否用 4 片 74HC283 扩展为十六位加法器？画出设计图。

4 - 14 四位加法器能否作为三位加法器使用？与三位二进制数如何连接？共有多少种方案？

加法器除了能够实现二进制加法外，还能够实现一些特殊的代码转换。

【例 4 - 11】 用 74HC283 将 8421 码转换成余 3 码。

分析：8421 码和余 3 码之间的关系为

$$余 3 码 = 8421 码 + 0011$$

所以可以用加法器实现。

设用 $DCBA$ 表示四位 8421 码，用 $Y_3 Y_2 Y_1 Y_0$ 表示四位余 3 码，则实现 8421 码转换成余 3 码的电路如图 4 - 39 所示。由于没有来自更低位的进位信号，所以 CI 接低电平。

【例 4 - 12】 用 74HC283 将余 3 码转换成 8421 码。

分析：余 3 码和 8421 码的关系为

$$8421 码 = 余 3 码 - 0011$$

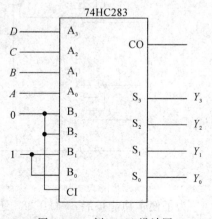

图 4 - 39 例 4 - 11 设计图

利用补码, 在忽略进位的情况下, 减 3 和加上 3 的补码等效, 即

$$8421 码 = 余 3 码 + 1101$$

设用 $DCBA$ 表示四位余 3 码, 用 $Y_3Y_2Y_1Y_0$ 表示四位 8421 码, 则实现余 3 码转换成 8421 码的电路如图 4-40 所示。

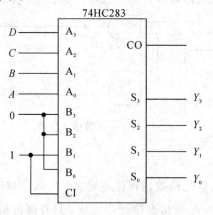

图 4-40 例 4-12 设计图

思考与练习

4-15 能否用一片 74HC283 实现四位二进制数加/减运算? 在 M=0 时实现加法, M=1 时实现减法。试画出设计图。

4.3.5 数值比较器

数值比较器用于比较数值的大小。一位数值比较是多位数值比较的基础, 因此先设计一位数值比较器, 再类推设计出多位数值比较器。

1. 一位数值比较器

两个二进制数 A、B 的比较结果有三种可能性: $A > B$、$A = B$ 或者 $A < B$, 分别用 $Y_{(A>B)}$、$Y_{(A=B)}$ 和 $Y_{(A<B)}$ 表示。

当 A、B 为一位二进制数时, 其取值组合只有 00、01、10 和 11 四种可能性, 所以一位数值比较器的真值表如表 4-16 所示。

表 4-16 一位数值比较器真值表

A B	$Y_{(A>B)}$	$Y_{(A=B)}$	$Y_{(A<B)}$
0 0	0	1	0
0 1	0	0	1
1 0	1	0	0
1 1	0	1	0

由真值表写出逻辑函数表达式

$$\begin{cases} Y_{(A>B)} = AB' \\ Y_{(A=B)} = A'B' + AB \\ Y_{(A<B)} = A'B \end{cases}$$

根据上述逻辑函数表达式即可设计出一位数值比较器，如图 4 - 41 所示。

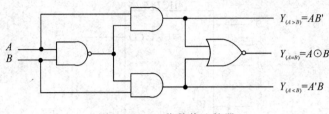

图 4 - 41 一位数值比较器

2. 多位数值比较器

多位二进制数处于不同数位的数码权值不同，并且高位数码的权值大于低位数码的权值之和，因此在进行比较时，必须从高位开始比较。只有高位相等时，才需要比较低位。

设 A、B 为两个四位二进制数，分别用 $A_3A_2A_1A_0$ 和 $B_3B_2B_1B_0$ 表示。由于 A_3 和 B_3 的权值最高，因此先比较 A_3 和 B_3。当 $A_3 > B_3$ 时，即可确认 $A > B$；当 $A_3 = B_3$ 时，就需要进一步比较 A_2 和 B_2，若 $A_2 > B_2$ 时，也可以确认 $A > B$。依次类推，故 $A > B$ 共有以下 4 种情况：

(1) $A_3 > B_3$ 时；

(2) $A_3 = B_3$，$A_2 > B_2$ 时；

(3) $A_3 = B_3$，$A_2 = B_2$，$A_1 > B_1$ 时；

(4) $A_3 = B_3$，$A_2 = B_2$，$A_1 = B_1$，$A_0 > B_0$ 时。

根据上述分析，参考一位数值比较器的设计结果，即可写出四位数值比较器 $Y_{(A>B)}$ 的逻辑表达式

$$Y_{(A>B)} = A_3B_3' + (A_3 \odot B_3)A_2B_2' + (A_3 \odot B_3)(A_2 \odot B_2)A_1B_1'$$
$$+ (A_3 \odot B_3)(A_2 \odot B_2)(A_1 \odot B_1)A_0B_0'$$

同理可推出 $Y_{(A<B)}$ 的逻辑表达式

$$Y_{(A<B)} = A_3'B_3 + (A_3 \odot B_3)A_2'B_2 + (A_3 \odot B_3)(A_2 \odot B_2)A_1'B_1$$
$$+ (A_3 \odot B_3)(A_2 \odot B_2)(A_1 \odot B_1)A_0'B_0$$

只有当 $A_3 = B_3$、$A_2 = B_2$、$A_1 = B_1$ 并且 $A_0 = B_0$ 时，A 和 B 才相等，故 $Y_{(A=B)}$ 的函数表达式为

$$Y_{(A=B)} = (A_3 \odot B_3)(A_2 \odot B_2)(A_1 \odot B_1)(A_0 \odot B_0)$$

按照上述逻辑函数表达式即可设计出基本的四位数值比较器。

74HC85 是四位数值比较器，内部逻辑如图 4 - 42 所示。考虑到功能扩展的需要，74HC85 除了提供两个四位二进制数输入端口 $A_3A_2A_1A_0$ 和 $B_3B_2B_1B_0$ 之外，又增加了三个输入端：$I_{(A>B)}$、$I_{(A=B)}$ 和 $I_{(A<B)}$，用于连接来自更低位的比较结果。

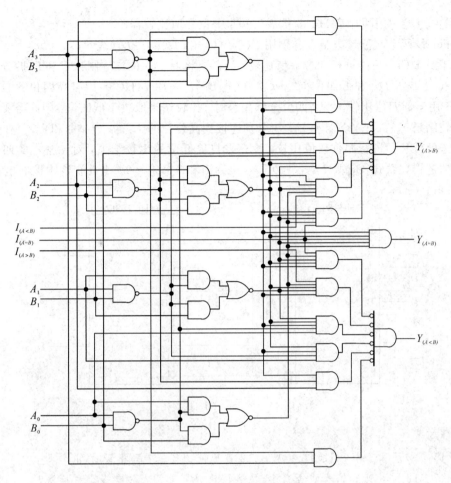

图 4-42　74HC85 内部逻辑图

在考虑来自更低位比较结果 $I_{(A>B)}$、$I_{(A=B)}$ 和 $I_{(A<B)}$ 的情况下，$A>B$ 除上述四种情况外又多了一种情况：当 A 和 B 相等并且 $I_{(A>B)}=1$ 时。因此，74HC85 中 $Y_{(A>B)}$ 的逻辑表达式为

$$Y_{(A>B)} = A_3 B_3' + (A_3 \odot B_3) A_2 B_2' + (A_3 \odot B_3)(A_2 \odot B_2) A_1 B_1'$$
$$+ (A_3 \odot B_3)(A_2 \odot B_2)(A_1 \odot B_1) A_0 B_0'$$
$$+ (A_3 \odot B_3)(A_2 \odot B_2)(A_1 \odot B_1)(A_0 \odot B_0) I_{(A>B)}$$

同理，$A<B$ 也多了一种情况：当 $A=B$ 并且 $I_{(A<B)}=1$ 时，所以 $Y_{(A<B)}$ 的逻辑表达式为

$$Y_{(A<B)} = A_3' B_3 + (A_3 \odot B_3) A_2' B_2 + (A_3 \odot B_3)(A_2 \odot B_2) A_1' B_1$$
$$+ (A_3 \odot B_3)(A_2 \odot B_2)(A_1 \odot B_1) A_0' B_0$$
$$+ (A_3 \odot B_3)(A_2 \odot B_2)(A_1 \odot B_1)(A_0 \odot B_0) I_{(A<B)}$$

只有当 A 和 B 相等并且同时满足 $I_{(A=B)}=1$ 时，A 和 B 才完全相等，故 $Y_{(A=B)}$ 的逻辑表达式为

$$Y_{(A=B)} = (A_3 \odot B_3)(A_2 \odot B_2)(A_1 \odot B_1)(A_0 \odot B_0) I_{(A=B)}$$

74HC85 内部逻辑是按照上述表达式设计的。

【例 4-13】 用两片 74HC85 扩展为一个 8 位数值比较器。

分析：设两个八位二进制数分别用 $C(C_7 \sim C_0)$ 和 $D(D_7 \sim D_0)$ 表示。

由于 74HC85 只能进行四位数值比较，故需要将两个八位二进制数 C 和 D 拆分成高四位($C_7 \sim C_4$、$D_7 \sim D_4$)和低四位($C_3 \sim C_0$、$D_3 \sim D_0$)。一片 74HC85 用于高四位比较，一片 74HC85 用于低四位比较。当高四位全都相等时，比较结果取决于低四位，因此需要将低位片的比较结果 $Y_{(A>B)}$、$Y_{(A=B)}$ 和 $Y_{(A<B)}$ 分别连接到高位片的 $I_{(A>B)}$、$I_{(A=B)}$ 和 $I_{(A<B)}$ 上。

由于低位片只进行四位数值比较，没有来自更低位的比较结果，对比基本的四位数值比较器的逻辑关系式，应取 $I_{(A>B)}=0$、$I_{(A=B)}=1$ 和 $I_{(A<B)}=0$。因此，整体扩展电路如图 4-43 所示。

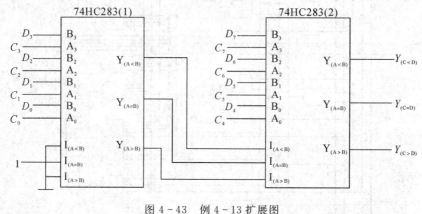

图 4-43　例 4-13 扩展图

思考与练习

4-16　能否用三片 74HC85 扩展成 12 位数值比较器？画出设计图。

4-17　12 位数值比较器能否当 10 位数值比较器使用？共有多少种接法？

4-18　异或门和同或门是否能够实现数据比较？试分析说明。

在集成数值比较器中，内部逻辑电路也有采用其他逻辑关系设计的。例如，在四位数值比较器 CC14585 中，内部 $Y_{(A>B)}$ 按以下逻辑关系设计：

$$Y_{(A>B)} = (Y_{(A<B)} + Y_{(A=B)} + I'_{(A>B)})'$$

由于内部电路形式不同，CC14585 和 74HC85 的用法也不同，使用时应特别注意。具体用法请参阅 CC14585 器件资料。

4.3.6　奇偶校验器

在数字通信中，信息在传输过程中可能会发生错误。为了检测这种错误，就需要对接收到的信息进行校验。最简单的方法是在发送端根据"n 位数据"产生"1 位校验码"，使发送的"n 位数据＋1 位校验码"中"1"的个数为奇/偶数，然后在接收端检查每个接收到的"$n+1$ 位数据中 1 的个数是否仍是奇/偶数，从而判断信息在传输过程中是否发生了错误。这种方法称为奇偶校验，"$n+1$ 位数据中 1 的个数为奇数的称为奇校验，为偶数的称为偶校验。相应地，产生奇偶校验码或进行奇偶检测的器件称为奇偶校验器。

三个开关控制一个灯的逻辑电路(见图 4-3)本身就是三位偶校验器，能够根据三位数据 A、B、C 产生偶校验码 Y。

一般地, n 位奇/偶校验器的逻辑函数表达式分别为

$$Y_{ODD} = (D_{n-1} \oplus D_{n-2} \oplus \cdots \oplus D_1 \oplus D_0)'$$
$$Y_{EVEN} = D_{n-1} \oplus D_{n-2} \oplus \cdots \oplus D_1 \oplus D_0$$

其中 D_{n-1}、D_{n-2}、$\cdots$、D_1、D_0 为 n 位数据,Y_{ODD} 和 Y_{EVEN} 分别为产生的奇/偶校验码。

奇偶校验不但能用于数字通信中的误码检测,还可以用于计算机存储器中存储数据的校验。

由于奇偶校验只能发现奇数个数码出现错误,不能发现偶数个数码发生错误,因此奇偶校验只是一种简单的校验方法,而且没有纠错的能力。由于两位及以上数码同时发生错误的概率很小,所以奇偶校验方法仍被广泛应用。

74LS280 是 9 位奇偶校验发生/校验器,能够根据输入的 9 位数据产生一位偶校验码($\sum$ODD)和奇校验码($\sum$EVEN),满足一个字节的应用要求,引脚排列如图 4-44 所示,功能表如表 4-17 所示。

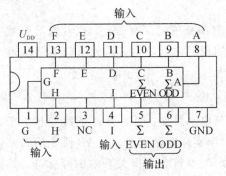

图 4-44　74LS280 引脚图

表 4-17　74LS280 功能表

9 位输入中 1 的个数	输　出	
	偶校验码	奇校验码
0, 2, 4, 6, 8	0	1
1, 3, 5, 7, 9	1	0

应用两片 74LS280 实现 8 位通信系统中数据校验的原理电路如图 4-45 所示。在发送端,用一片 74LS280 根据 8 位数据产生偶校验码。在接收端,用一片 74LS280 对接收到的 9 位数据进行偶校验,偶校验码为 0 表示数据传输正确,为 1 则表示数据传输过程中发生了错误。

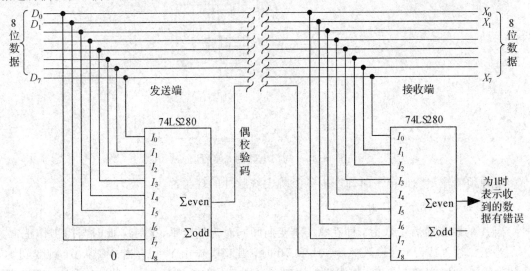

图 4-45　偶校验数据通信系统

4.4 组合电路中的竞争-冒险

组合逻辑的分析与设计都是以真值表为基础的，但真值表只反映了逻辑电路在稳定的情况下，输出与输入之间的关系。那么，在输入信号变化的瞬间，实际电路的性能与真值表反映的理想化特性是否一样呢？例如，对于二输入与门，在输入 $AB=01$ 和 10 时，其输出均为 0。但是，当 AB 从 01 跳变到 10 时，电路的输出是否保持低电平不变呢？

下面进一步进行分析，先考查基本门电路的瞬态特性，然后推广到系统。

4.4.1 竞争-冒险现象

首先，我们把门电路两个输入信号同时向相反的方向进行跳变这种现象称为竞争(Race)。相应地，由于竞争有可能在电路的输出端产生不符合逻辑关系的尖峰脉冲(Glith)，这种现象称为竞争-冒险(Race-Hazard)。

对于与门电路，当 A、B 发生竞争时，如果 A、B 跳变的时刻有时差，或者说虽然数字系统的输入信号同时发生变化，但因信号传输路径的延迟时间不同，达到与门电路的输入端时两个信号产生了时差，这时分两种情况进行分析。

1）A 的跳变超前于 B 时

由于 A 从低电平向高电平跳变，B 从高电平向低电平跳变，因此当 A 的跳变超前于 B 时，会在跳变的瞬间使 AB 同时为 1，因此 $Y=1$。对于实际电路来说，当 AB 跳变的时差达到与门电路传输延迟时间数量级时，就会在输出端产生不符合逻辑关系的尖峰脉冲，如图 4-46 所示。

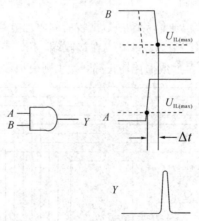

图 4-46 与门电路的 0 型冒险

这种预期输出为低电平时却产生了上跳尖峰脉冲的现象称为 0 型冒险。

2）A 的跳变滞后于 B 时

当 A 的跳变滞后于 B 时，即在 AB 跳变期间同时为低电平，$Y=0$，此时与门工作正常。

对于二输入或门，在输入 $AB=01$ 和 10 时，其稳态输出 $Y=1$。当 AB 从 01 跳变到 10 期间，若 A 的跳变超前于 B，则或门工作正常。若 A 的跳变滞后于 B，即 AB 在跳变瞬间同时为低电平，当时差达到或门电路传输延迟时间数量级时，同样会在或门的输出端产生不符合逻辑关系的尖峰脉冲，如图 4 - 47 所示。

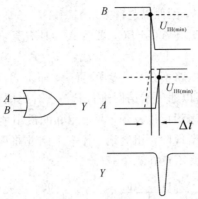

图 4 - 47　或门电路的 1 型冒险

这种预期输出为高电平时却产生了下跳尖峰脉冲的现象称为 1 型冒险。

综上分析，与门和或门都存在竞争-冒险现象。同理，与非门和或非门也存在竞争-冒险，只是冒险的类型相反而已。

竞争-冒险的概念可以由单个门电路推广到整个系统。例如，对于图 4 - 48 所示的 2 线-4 线译码器，当 A、B 竞争时会在输出 Y_3 和 Y_0 端产生竞争-冒险，当 A、B 向同一方向跳变时会在输出 Y_2 和 Y_1 端产生竞争-冒险。

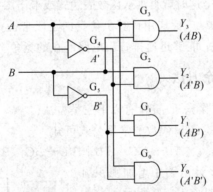

图 4 - 48　2 线-4 线译码器

由于竞争-冒险产生的尖峰脉冲持续的时间很短，包含的能量很小，所以大多数竞争-冒险并不会对电路造成危害。但是，如果负载是对尖峰脉冲敏感的存储电路时，竞争-冒险就有可能使存储电路发生误动作而产生错误，因此设计数字系统时应尽量避免竞争-冒险现象的发生。

4.4.2　竞争-冒险的检查方法

如何检查逻辑电路是否存在竞争-冒险现象呢？

单变量的竞争-冒险现象比较容易检查。如果函数表达式同时存在 A 和 A'，那么称 A 为具有竞争能力的变量。对于具有竞争能力的变量，若将其余变量任意取值，函数表达式能够转化成 $Y = A'A$ 或者 $Y = A' + A$ 形式之一的，就称变量 A 具有竞争能力，而且会发生竞争-冒险。

例如，对于逻辑函数 $Y_1 = AB + A'C$，A 是具有竞争能力的变量，在 B、C 同时取 1 时，逻辑函数能够转化为 $Y_1 = A' + A$，因此以逻辑关系 $Y_1 = AB + A'C$ 设计出的逻辑电路会产生 1 型冒险。而对于逻辑函数 $Y_2 = AB + A'C + BC$，虽然 A 为具有竞争能力的变量，但是在 B、C 任意取值时，函数表达式都不会转化成 $Y = A'A$ 或者 $Y = A' + A$ 形式之一，所以用逻辑函数 $Y_1 = AB + A'C + BC$ 设计出的电路不会产生竞争-冒险，而 Y_1 和 Y_2 实现的逻辑关系相同。

单变量的竞争-冒险也可以通过卡诺图进行检测。对比图 4-49 所示的 $Y_1 = AB + A'C$ 和 $Y_2 = AB + A'C + BC$ 的卡诺图可以发现，两个相邻的最小项 ABC 和 $A'BC$ 没有被同一个圈儿圈中的设计方案存在 1 型冒险。相应地，补一个圈儿将两个相邻的最小项圈起来，增加一个额外乘积项的设计方案不存在竞争-冒险。

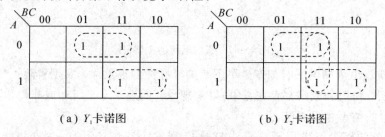

(a) Y_1 卡诺图　　　　　　(b) Y_2 卡诺图

图 4-49　用卡诺图检测竞争-冒险

上述检查方法虽然简单，但局限性很大，因为对于复杂的数字系统，往往会在两个或两个以上的变量之间产生竞争，这时就很难从函数表达式或卡诺图中发现所有的竞争-冒险了。

在现代数字系统设计中，广泛应用计算机仿真的手段来检查竞争-冒险。加入所有可能的输入组合，运行仿真软件，能够迅速排查出电路潜在的竞争-冒险现象。

4.4.3　竞争-冒险的消除方法

对于组合逻辑电路，消除竞争-冒险有以下三类方法。

(1) 修改逻辑设计。根据逻辑代数的常用公式可知

$$AB + A'C = AB + A'C + BC$$

因此，在 $Y = AB + A'C$ 的设计电路中增加乘积项 BC 就可以消除 1 型冒险，如图 4-50 所示。

由于对最简与或式来说，乘积项 BC 是多余的，称为冗余项，所以这种方法也称为增加冗余项的方法。

由于增加冗余项的方法只能消除单变量产生的竞争-冒险，所以适用的范围非常有限。例如，对于图 4-50 所示的逻辑电路，当 $C = 0$、A、B 竞争时，经过 G_1 和 G_4 门到输出同样会产生 0 型冒险。

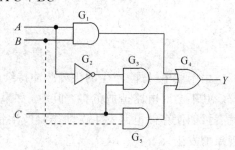

图 4-50　增加冗余项消除竞争-冒险

(2) 引入选通脉冲。由于竞争-冒险发生在信号变化的瞬间，所以消除竞争-冒险现象的第二种方法是引入选通脉冲 p，如图 4-51 所示，在 AB 变化期间使 $p = 0$ 将与门封锁，稳定后使 $p = 1$ 与门才能正常输出，从而能够消除竞争-冒险。

引入选通脉冲的方法比较简单，但需要找到一个与输入信号严格同步的选通脉冲。随着数字电路工作频率的提高，选通脉冲的起始时刻以及脉冲宽度都很难精准地把握。

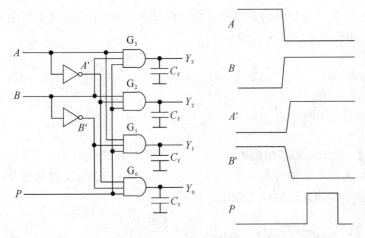

图 4-51　引入选通脉冲消除竞争-冒险

（3）接入滤波电容。由于尖峰脉冲持续的时间很短，同时包含的能量很小，所以在输出端到地接入滤波电容（如图 4-51 所示）吸收尖峰脉冲的能量，将尖峰脉冲的幅度消弱至门电路的阈值电压之内，从而使其不影响数字电路的正常工作。对于 TTL 门电路，滤波电容通常取几十到几百皮法。

接入滤波电容的优点是简单可行，缺点是会拉长正常输出信号的跳变时间，从而降低了数字电路的工作速度，所以只能用在对工作速度要求不高的场合。

对于数字系统，消除竞争-冒险的最好方法是采用不易产生竞争-冒险的同步电路结构。因为在设计良好的同步数字系统中，组合电路的所有输入是在特定时刻同时变化的，其输出只有达到稳态后才会被"看到"，因此多数同步电路并不需要做竞争-冒险分析。

思考与练习

4-19　异或门和同或门是否存在竞争-冒险？试分析说明。

4-20　组合电路产生竞争-冒险现象的本质原因是什么？试分析说明。

*4.5　逻辑功能的三种描述方法

功能描述是 Verilog 模块的核心。Verilog HDL 支持结构描述、数据流描述和行为描述三种方式描述模块的功能，并且支持分层次描述。

本节结合组合逻辑电路，讲述 Verilog 模块逻辑功能的三种描述方法。

4.5.1　结构描述

结构描述（Structural Coding）类似于原理图设计，将 Verilog 中的基元与基元、基元与模块之间的连接关系转换成文字表达。

在结构化描述中，调用基元或模块的语法格式为

　　　　调用基元或模块名 实例元件名（端口列表）；

其中实例元件名可省略，端口列表中端口的顺序与调用基元或模块的端口定义顺序相同。

【例 4-14】 半加器的结构描述。

根据图 4-34 所示半加器的逻辑图，可以利用 Verilog 中的基元进行结构化描述。

```
module Half_adder(A, B, S, CO);
    output S, CO;
    input A, B;
    xor (S, A, B);
    and (CO, A, B);
endmodule
```

【例 4-15】 全加器的结构描述。

全加器可以由两个半加器和一个或门实现，如图 4-52 所示，可利用 Verilog 基元和调用上例中设计的半加器进行结构化描述。

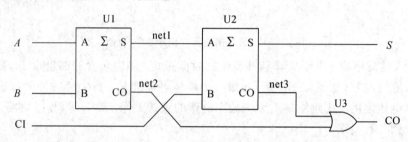

图 4-52 两个半加器和或门构成全加器

```
module Full_Adder(A, B, CI, S, CO);
    input A, B, CI;
    output S, CO;
    wire net1, net2, net3;
    Half_adder U1 (A, B, net1, net2);
    Half_adder U2 (net1, CI, S, net3);
    or U3(CO, net2, net3);
endmodule
```

4.5.2 数据流描述

数据流描述(Dataflow Coding)采用连续赋值语句 assign 描述模块的功能，用于描述组合逻辑电路。

连续赋值语句的语法格式为

assign [延迟控制] 信号 = 表达式;

连续赋值语句的赋值过程是，当右边表达式发生变化时直接反映到左边信号。延迟控制定义了右边表达式的值发生变化时到赋给左边信号之间的延迟时间，用于仿真，缺省时默认为 0。

【例 4-16】 2 选一数据选择器的描述。

根据 2 选一数据选择器的逻辑表达式，直接采用 assign 语句进行描述。

```
module mux2to1(Y, D0, D1, A0);
    input D0, D1, A0;
```

```
    output Y；
    assign Y＝(～A0 & D0)|(A0 & D1)；
endmodule
```

【例 4 - 17】　全加器的数据流描述。

根据全加器的逻辑表达式，直接采用 assign 语句进行描述。

```
module Full_Adder(A, B, CI, S, CO)；
    input A, B, CI；
    output S, CO；
    assign S = A ˆ B ˆ CI；
    assign CO = A&B | (A|B)&CI；
endmodule
```

4.5.3　行为描述

行为描述(Behavioral Coding)是用行为语句描述模块的逻辑功能。行为描述以 always 或 initial 过程语句为单位，由一个或多个过程语句组成。

1. initial 语句

initial 语句无触发条件，从 0 时刻开始只执行一次。其语法格式为

```
initial
    begin
        变量说明；
        时序控制 1 行为语句 1；
        ……
        时序控制 n 行为语句 n；
    end
```

initial 语句用于仿真，定义测试模块的初始波形。例如：

```
reg clk1, clk2；
initial
    begin clk1＝0；clk2＝0；end
```

其中，标识符 begin……end 定义的部分称为块语句，是将两条或两条以上的语句组合在一起，使其形式上成为一个整体(相当于 C 语言中的花括号)。

2. always 语句

always 语句是反复执行的，有两种过程状态：执行状态和等待状态。一旦满足敏感条件，always 语句即进入执行状态；执行完毕后自动返回，进入等待状态。always 语句的语法格式为

```
always @(敏感事件列表)
    begin[:块名]
        变量说明；
        [时序控制 1] 行为语句 1；
        ……
        [时序控制 n] 行为语句 n；
    end
```

其中,敏感事件列表表示触发 always 语句执行的条件,分为边沿触发事件和电平敏感事件两类。

电平敏感事件是指当敏感信号的电平发生变化时启动执行块语句,其语法格式为

@(电平敏感事件 1 or … or 电平敏感事件 n) 块语句;

例如:

```
always @ （a or b or c)
    begin
        ……
    end
```

表示只要 a、b、c 任意一个发生变化时,begin……end 中的语句就会被执行。敏感事件中的关键词 or 可以用",",代替,即 @ (a, b, c)与@ (a or b or c)描述等效。

always 语句也可以没有敏感事件列表,表示没有触发条件,永远反复执行,只能用于仿真中,用于产生周期性的信号。例如:

```
always  ♯10 clk1=~clk1;
always  ♯20 clk2=~clk2;
```

3. 高级程序语句

Verilog 中的高级程序语句与 C 语句一样,用于控制代码的流向,包括条件语句、分支语句和循环语句三类。

1) 条件语句

条件语句根据条件表达式的真假判断执行的操作。Verilog 提供了三种形式的条件语句:简单 if 语句、if-else 语句和 if-else if-else 语句。

简单 if 语句的语法格式为

if (条件表达式) 块语句;

如果条件表达式为真,则执行块语句,否则跳过块语句,继续执行后面的程序。

if-else 语句的语法格式为

if(条件表达式)块语句 1;
    else 块语句 2;

如果条件表达式为真时,执行块语句 1,否则执行块语句 2。例如,2 选一数据选择器也可采用条件语句进行描述:

```
always @(A0 or D0 or D1)
    begin
        if (!A0) Y=D0;
        else Y=D1;
    end
```

if-else if-else 语句常用于多路选择控制。其语法格式为

if(条件表达式 1)块语句 1;
    else if(条件表达式 2)块语句 2;
        ……
    else if(条件表达式 n)块语句 n;
        else 块语句 n+1;

对于 if-else if-else 语句，如果条件表达式 1 为真则执行块语句 1，否则依次判断条件表达式 2 至条件表达式 n，若为真则执行相应的块语句。当所有的条件均不满足时，才执行块语句 n+1。

if-else if-else 语句条件隐含着优先级的关系。

【例 4-18】　4 线-2 线优先编码器的描述。

```
module prioty_encoder(a, b, c, d, y);
    input a, b, c, d;
    output reg [1:0] y;
    always @ (a, b, c, d)
        begin
            if (d)        y<=2'b11;
            else if (c)   y<=2'b10;
            else if (b)   y<=2'b01;
            else          y<=2'b00;
        end
endmodule
```

2) 分支语句

case 语句用于多路分支，相当于 C 语言中的 switch 语句。其语法格式为

```
case(表达式)
    列出值 1：语句块 1；
    列出值 2：语句块 2；
    ……
    列出值 n：语句块 n；
    [default：语句块 n+1；]      // "[ ]"表示可选项
endcase
```

当表达式的值与某个列出值相等时则执行相应的语句块。若条件表达式的值与所有列出值都不相等时，才执行 default 后面的语句块 n+1。

【例 4-19】　用 case 语句描述 2 线-4 线译码器。

```
module decoder2_4(en, a, y);
    input en;
    input [1:0] a;
    output [3:0] y;
    reg [3:0] y;
    always @(a or en )
        if (en)
            case (a)
                2'b00：y=4'b0001;
                2'b01：y=4'b0010;
                2'b10：y=4'b0100;
                2'b11：y=4'b1000;
                default：y=4'b0000;
            endcase
```

```
        else
            y＝4′b0000；
    endmodule
```

除了 case 语句外，还有两种形式的分支语句：casez...endcase 和 casex...endcase。

casez 语句用来处理不考虑 z 的比较过程，出现在 case 条件表达式和列出值中的 z 被认为是无关位，在比较时被忽略（不进行比较）。

casex 语句用来处理不考虑 x 和 z 的比较过程，出现在条件表达式和取值中的 x 和 z 都被认为是无关位。

表 4-18 列出了 case、casez 和 casex 的真值表。

表 4-18 case/casez/casex 真值表

case	0	1	x	z
0	1	0	0	0
1	0	1	0	0
x	0	0	1	0
z	0	0	0	1

casez	0	1	x	z
0	1	0	0	1
1	0	1	0	1
x	0	0	1	1
z	1	1	1	1

casex	0	1	x	z
0	1	0	1	1
1	0	1	1	1
x	1	1	1	1
z	1	1	1	1

在 Verilog 中可用字符"？"来代替字符 x 和 z，表示无关位。

【**例 4-20**】 用 casez 语句描述 4 线-2 线优先编码器。

```
module prioty_encoder(a, b, c, d, y);
    input a, b, c, d;
    output [1:0] y;
    reg [1:0]y;
    always @ (a or b or c or d)
        begin
        casez({d, c, b, a})
            4′b1???：y=2b11；
            4′b01??：y=2b10；
            4′b001?：y=2b01；
            4′b0001：y=2b00；
        endcase
    endmodule
```

3）循环语句

循环语句有 for、while、repeat 和 forever 四种形式，其中 for、while 和 repeat 语句的作用和用法与 C 语言相同。

for 语句的语法格式为

    for(循环初值表达式 1；循环控制条件表达式 2；增量表达式 3)块语句；

【**例 4-21**】 用移位累加方法实现乘法器。

```
module multi(result, op_a, op_b);
    parameter size=8;                    // 参数定义语句，定义 size=8
    input [size:1] op_a, op_b;           // 被乘数与乘数
```

```
    output [2 * size:1] result;            // 乘法结果
    reg [2 * size:1] result;
    integer i;                             // 循环变量
    always @(op_a or op_b)
    begin
      result=0;
      for(i=1; i<=size; i=i+1)
        if(op_b[i]) result=result+(op_a<<(i-1));    // 移位累加
    end
    endmodule
```

while 语句在循环控制条件表达式为真时，反复执行块语句，直到条件为假为止。如果条件表达式在初次判断时就不为真(包括 0、x 或 z)，那么循环次数为 0。while 循环的语法格式为

```
    while(循环控制条件表达式) 块语句;
```

例如，用 while 语句也可以实现移位累加式乘法器：

```
    reg [2 * size:1] atmp;         // 定义内部变量
    reg [size:1] btmp, i;          // 定义内部变量和循环变量
    always @(op_a, op_b)
        begin
          result=0;
          atmp={(size{1'b0}}, op_a);     // 位扩展
          btmp=op_b;
          while (i>0)
            begin
              if (btmp[1]) result=result+atmp;    // 累加
              i=i-1;                              // 循环变量减 1
                atmp=atmp<<1;                     // 左移一位
                btmp=btmp>>1;                     // 右移一位
            end
        end
```

repeat 语句按照循环控制条件表达式指定的次数重复循环执行块语句，循环次数在执行语句前已经确定。如果循环控制条件表达式的值不确定(为 x 或 z)时，则执行次数为 0。repeat 语句的语法格式为

```
    repeat (循环控制条件表达式) 块语句;
```

同样，用 repeat 语句也可以实现移位累加式乘法器：

```
    reg [2 * size:1] atmp;
    reg [size:1] btmp;
    always @(op_a, op_b)
        begin
          result=0;
          atmp=op_a;
          btmp=op_b;
```

```
        repeat(size)      // 循环次数为 size
          begin
            if（btmp[1]）result＝result＋atmp;
            atmp＝atmp＜＜1;
            btmp＝btmp＞＞1;
          end
        end
```

forever 语句没有条件，永远反复执行。forever 语句不可综合，只用在 initial 过程语句中，用于产生周期性波形。forever 语句的语法格式为

```
    forever
      begin ……end
```

例如：

```
        initial
          begin      // 生成 3 位二进制进码
          a2＝0; a1＝0; a0＝0;
          forever #40 a2＝～a2;
          forever #20 a1＝～a1;
          forever #10 a0＝～a0;
        end
```

4.6　设　计　项　目

数字电路的基本实验之一就是门电路功能实验，用以测试和验证门电路的逻辑功能。能否设计一个数字系统，实现与、或、非、与非、或非、异或和同异门电路的逻辑功能，从而能够完成所有门电路的功能实验呢？

由于译码器可以实现多个逻辑函数，数据选择器可以实现功能选择，因此本设计基于译码器和数据选择器搭建门电路功能实验电路。

假设要实现的逻辑函数为

$$\begin{cases} Z_1 = AB \\ Z_2 = A+B \\ Z_3 = A' \\ Z_4 = (AB)' \\ Z_5 = (A+B)' \\ Z_6 = (AB+C)' \\ Z_7 = AB'+A'B \\ Z_8 = A'B'+AB \end{cases}$$

由于 $Z_1 \sim Z_8$ 最多为三变量逻辑函数，因此选择 3 线 - 8 线译码器 74HC138 附加必要的门电路实现即可。因为 74HC138 的每一个输出端对应一个最小项的非，所以需要对上述逻辑函数进行变换

$$
\begin{cases}
Z_1 = AB(C' + C) = m_6 + m_7 = (m'_6 m'_7)' \\
Z_2 = A + B = Y'_5 \\
Z_3 = A' = m_0 + m_1 + m_2 + m_3 = (m'_0 m'_1 m'_2 m'_3)' \\
Z_4 = (AB)' = Y'_1 \\
Z_5 = (A + B)' = m_0 + m_1 = (m'_0 m'_1)' \\
Z_6 = AB + C = m_1 + m_3 + m_5 + m_6 + m_7 = (m_0 + m_2 + m_4)' = m'_0 m'_2 m'_4 \\
Z_7 = AB' + A'B = m_2 + m_3 + m_4 + m_5 = (m'_2 m'_3 m'_4 m'_5)' \\
Z_8 = A'B' + AB = Y'_7
\end{cases}
$$

上述 8 个逻辑函数任何时候只验证其中一种,因此需要选择一个输出。74HC151 为 8 选一数据选择器,刚好用来实现功能选择。将逻辑函数 $Z_1 \sim Z_8$ 作为数据选择器的 8 个输入 $D_0 \sim D_7$,然后用地址码 $A_2 \sim A_0$ 来进行选择。当地址码 $A_2 A_1 A_0 = 000$ 时选择实现 Z_1 功能, $A_2 A_1 A_0 = 001$ 时选择实现 Z_2 功能,……, $A_2 A_1 A_0 = 111$ 时选择实现 Z_8 功能。总体设计电路如图 4-53 所示。

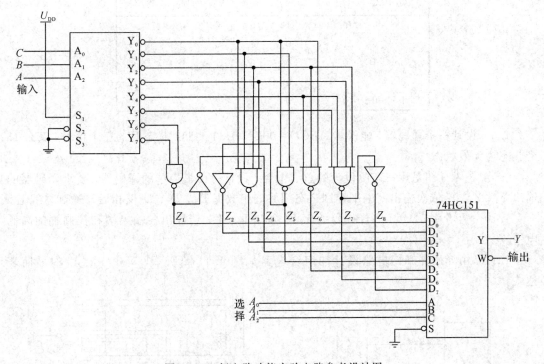

图 4-53　门电路功能实验电路参考设计图

习　　题

4.1　设计一个组合逻辑电路,对于输入的四位二进制数 $DCBA$,仅当 $4 < DCBA < 9$ 时输出 Y 为 1,其余输出为 0。画出设计图。

4.2　设计一个组合逻辑电路,对于输入的 8421 码 $DCBA$,仅当 $4 < DCBA < 9$ 时输出 Y 为 1,其余输出为 0。画出设计图。

4.3 用门电路设计四位奇校验器，仅当四位数据 $ABCD$ 中有奇数个 1 时输出为 1，否则输出为 0。画出设计图，要求电路尽量简单。

4.4 设计一个四输入、四输出的逻辑电路。当控制信号 $X=0$ 时输出与输入相同，当 $X=1$ 时输出与输入相反。画出设计图，要求电路尽量简单。

4.5 某电话机房需要对四种电话进行编码控制，优先级最高的是火警电话，第二是急救电话，第三是工作电话，第四是生活电话。设计该控制电路，要求电路尽量简单。

4.6 用译码器设计一个监视电路，用两个发光二极管指示三台设备工作情况。当一台设备有故障时黄灯亮；当两台设备同时有故障时红灯亮；当三台设备同时有故障时黄、红两灯都亮。设计该逻辑电路，可以附加必要的门电路。

4.7 设计表题 4.7 所示的译码器，输入为 $Q_3 Q_2 Q_1$，输出为 $W_0 \sim W_4$。画出设计图，要求电路尽量简单。

表题 4.7 真值表

输	入		输		出		
Q_3	Q_2	Q_1	W_0	W_1	W_2	W_3	W_4
0	0	0	1	0	0	0	0
0	0	1	0	1	0	0	0
0	1	0	0	0	1	0	0
0	1	1	0	0	0	1	0
1	0	0	0	0	0	0	1

4.8 设计一个译码器，能译出 $ABCD=0011$、0111、1111 状态时的三个信号，其余 13 个状态为无效状态。

4.9 题 4.9 图是用三态门设计的总线电路。设计一个最简单的译码器，要求译码器的输出 Y_1、Y_2、Y_3 依次输出高电平控制三态门将三组数据 D_1、D_2、D_3 反相后发送到总线上。

4.10 为了使 74HC138 译码器的 Y_5 端输出低电平，请标出各输入端和控制端的高低电平。

4.11 由译码器和门电路设计的组合电路如题 4.11 图所示，写出 Y_1、Y_2 的最简表达式。

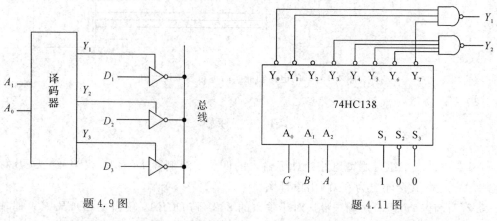

题 4.9 图   题 4.11 图

4.12 用译码器和门电路实现逻辑函数 $Y=A'B'C'+A'BC'+ABC'+ABC$。

4.13　用译码器和门电路实现下面多输出逻辑函数:

$$\begin{cases} Y_1 = AB \\ Y_2 = ABC + A'B' \\ Y_3 = B + C \end{cases}$$

4.14　用译码器和门电路实现下面多输出逻辑函数:

$$\begin{cases} Y_1 = \sum m(1, 2, 4, 7) \\ Y_2 = \sum m(3, 5, 6, 7) \end{cases}$$

4.15　用 5 片 74HC138 扩展出 5 线-32 线的译码系统。

4.16　用 4 选一数据选择器实现下列逻辑函数:

(1) $Y_1 = F(A, B) = \sum m(0, 1, 3)$;

(2) $Y_2 = F(A, B, C) = \sum m(0, 1, 5, 7)$;

(3) $Y_3 = AB + BC$;

(4) $Y_4 = ABC + A(B + C)$。

4.17　用 74HC151 实现下列逻辑函数:

(1) $Y_1 = F(A, B, C) = \sum m(0, 1, 4, 5, 7)$;

(2) $Y_2 = F(A, B, C, D) = \sum m(0, 3, 5, 8, 13, 15)$。

4.18　用 74HC151 设计四位奇偶校验器。要求当输入的四位二进制码中有奇数个 1 时,输出为 1,否则为 0。画出设计图,可以附加必要的门电路。

4.19　设计一个四位二进制数加/减运算电路,当控制信号 $M = 0$ 时实现加法运算,$M = 1$ 时实现减法运算。

4.20　已知 X 为 3 位二进制数($X_3 X_2 X_1$),用一片 74HC283 设计 $Y = 3X + 1$ 的运算电路。画出设计图。

4.21　用 74HC86 设计一个 4 位全等比较器。仅当两个 4 位二进制数 C、D 相等时输出 $Y = 1$,否则 $Y = 0$。可以附加必要的门电路。

4.22　画出用 3 片 74HC85 组成 10 位数值比较器的设计图。

4.23　分别用下列方法设计全加器:

(1) 用基本逻辑门;

(2) 用半加器和或门;

(3) 用 74HC138,可以附加必要的门电路;

(4) 用 74HC153,可以附加必要的门电路。

4.24　设计一个火灾报警系统。当烟雾传感器、温度传感器和红外传感器有 2 个或 2 个以上发出异常信号时,系统才发出火灾报警信号。具体要求如下:

(1) 写出真值表;

(2) 用门电路实现,要求电路尽量简单;

(3) 基于 74HC138 实现,可以附加必要的门电路;

(4) 基于 74HC151 实现。

4.25 设计一个用四个开关控制一个灯的逻辑电路。当控制开关 S 闭合时，改变 A、B、C 任何一个开关的状态都能控制灯由亮变灭或者由灭变亮；当控制开关 S 断开时，灯始终处于熄灭状态。具体要求如下：

（1）写出真值表；

（2）用门电路实现，要求电路尽量简单；

（3）基于 74HC138 实现，可以附加必要的门电路；

（4）基于 74HC151 实现。

第 5 章　锁存器与触发器

　　锁存器与触发器是数字系统中最基本的存储器件，两者共同的特点是能够存储一位二值信息。

　　按照逻辑功能进行划分，锁存器/触发器可分为 SR 锁存器/触发器、D 锁存器/触发器和 JK 触发器。根据动作特点进行划分，锁存器/触发器又可分为门控锁存器、脉冲触发器和边沿触发器三种类型。

　　锁存器是构成触发器的基础，而触发器是构成时序逻辑电路的基础。本章主要讲述锁存器和触发器的电路结构、逻辑功能以及动作特点。

5.1　基本锁存器及其描述方法

　　数字电路基于二值逻辑，变量和函数只有 0 和 1 两种取值。相应地，存储电路应该具有两个稳定的状态，一个状态表示 0，另一个状态表示 1。

　　最基本的存储电路为双稳（Bi-Stable）电路，如图 5-1(a)所示，由两个反相器交叉耦合构成。所谓交叉耦合，是指第一个门电路的输出作为第二个门电路的输入（正向链接），第二个门电路的输出又作为第一个门电路的输入（反馈链接）。

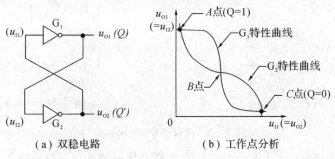

　　（a）双稳电路　　　　　　　　（b）工作点分析

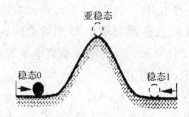

（c）亚稳态特性

图 5-1　双稳电路及其特性曲线

如果从数学角度分析双稳电路的特性，首先需要将双稳电路中两个反相器的电压传输特性曲线画在同一个坐标系上，如图 5-1(b)所示，其中 $u_{O1}=u_{I2}$，$u_{O2}=u_{I1}$。由于双稳电路的工作点必须同时满足两个反相器的电压传输特性，故用图解法找到双稳态电路的工作点：两个稳态点 $A(u_{O1}=1、u_{O2}=0)$、$C(u_{O1}=0、u_{O2}=1)$ 和一个亚稳态点 B。

对于 CMOS 反相器构成的双稳电路，处于亚稳态点时 $u_{O1}=u_{O2}\approx(1/2)U_{DD}$。由于非门的输出与输入为反相关系，并且交叉耦合为正反馈链接，因此当双稳电路处于亚稳态点时状态不能保持，由于内部噪声和外部干扰的影响，必然会转换到 A 点或 C 点。所以，亚稳态点不是稳定的工作点。双稳电路的亚稳态可以通过如图 5-1(c)所示的"球和山"模型进行说明，谷底是稳态点，山峰是亚稳态点。当球处于某个稳态点时，需要施加外力才能越过亚稳态点到达另一个稳态点；当球处于亚稳态点时，由于自身或外部因素的影响不能长期保持，必然会滚落到某个稳态点。

综上分析，双稳电路只有两个稳态工作点。若将反相器 G_1 的输出 u_{O1} 命名为 Q 时，则 G_2 的输出 u_{O2} 为 Q'，并且定义 $Q=0$、$Q'=1$ 时表示存储的数据为 0，$Q=1$、$Q'=0$ 时表示存储的数据为 1。因此，图 5-1(b)中的 A 点表示存储数据为 1(也称为 1 状态)，C 点表示存储数据为 0(也称为 0 状态)。

双稳电路的状态由链路构成瞬间门电路的状态决定，并且能够永久地保持下去。由于双稳电路没有输入端，所以无法改变或控制它的状态。

若将双稳电路中的反相器扩展为二输入与非门或者或非门，就可以构成两种基本的锁存器(Latch)，如图 5-2 所示。两个输入端，其中一个用于交叉耦合链接，另一个则作为锁存器的输入端。通过两个输入信号的共同作用就可以设置锁存器的状态。

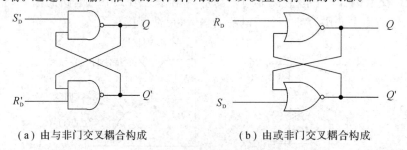

(a) 由与非门交叉耦合构成　　　　　(b) 由或非门交叉耦合构成

图 5-2　两种基本 SR 锁存器

为了便于分析与设计，将两个与非门交叉耦合构成的锁存器与输出 Q 相对应的输入端命名为 S'_D，与 Q' 对应的输入端命名为 R'_D，如图 5-2(a)所示，其中非号表示输入端低电平有效。将两个或非门交叉耦合构成的锁存器与输出 Q 相对应的输入端命名为 R_D，与 Q' 对应的输入端命名为 S_D，如图 5-2(b)所示，两个输入端高电平有效。下标 D 表示输入信号不受其他信号的控制，是直接(Directly)作用的。

为了便于用数学方法描述锁存器在输入信号作用下状态的变化关系，将输入信号作用前锁存器所处的状态定义为现态(Current State)，用 Q 表示，将输入信号作用后锁存器所处的状态定义为次态(Next State)，用 Q^* 表示。

下面对由与非门交叉耦合构成的锁存器进行分析。

(1) 当 $S'_D=1$、$R'_D=1$ 时，锁存器相当于双稳电路，由反馈回路维持原来的状态不变；

（2）当 $S'_\text{D}=0$、$R'_\text{D}=1$ 时，经分析可得 $Q^*=1$，即在输入信号 $S'_\text{D} R'_\text{D}=01$ 的作用下，锁存器的次态为 1；

（3）当 $S'_\text{D}=1$、$R'_\text{D}=0$ 时，经分析可得 $Q^*=0$，即在输入信号 $S'_\text{D} R'_\text{D}=10$ 的作用下，锁存器的次态为 0。

由于 S'_D 有效时将锁存器的状态置 1，R'_D 有效时将锁存器的状态置 0，所以称 S'_D 为置 1(Set)输入端，称 R'_D 为置 0(Reset)输入端。相应地，将这种锁存器称为 SR 锁存器(Set - Reset Latch)。

（4）当 $S'_\text{D}=0$、$R'_\text{D}=0$ 时，经分析可知，Q^* 和 $Q^{*'}$ 同时为 1。这个状态既不是我们定义的 0 状态也不是 1 状态，而是一种错误的状态！因此，由与非门构成的 SR 锁存器，在正常应用的情况下，不允许 S'_D 和 R'_D 同时有效！

同理，对由或非门交叉耦合构成的锁存器进行分析。

（1）当 $S_\text{D}=0$、$R_\text{D}=0$ 时，锁存器相当于双稳电路，$Q^*=Q$(保持功能)。

（2）当 $S_\text{D}=1$、$R_\text{D}=0$ 时，经分析可得 $Q^*=1$，即将锁存器的次态置为 1(置 1 功能)；

（3）当 $S_\text{D}=0$、$R_\text{D}=1$ 时，经分析可得 $Q^*=0$，即将锁存器的次态置为 0(置 0 功能)；

（4）当 $S_\text{D}=1$、$R_\text{D}=1$ 时，Q^* 和 $Q^{*'}$ 同时为 0，这个状态同样是错误的，所以由或非门构成的 SR 锁存器，在正常应用的情况下，不允许 S_D 和 R_D 同时有效！

两种基本 SR 锁存器的图形符号如图 5-3 所示，符号端口框外的"o"表示该端口为低电平有效。

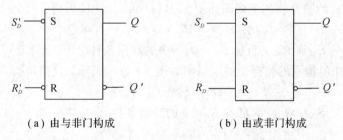

（a）由与非门构成　　　　　（b）由或非门构成

图 5-3　基本 SR 锁存器图形符号

从 SR 锁存器的分析过程可以看出，锁存器的次态不但和输入信号有关，而且和现态有关，所以锁存器的次态是输入信号和现态的逻辑函数，即

$$Q^*=F(S'_\text{D}, R'_\text{D}, Q) \quad (由与非门构成的锁存器)$$

或

$$Q^*=F(S_\text{D}, R_\text{D}, Q) \quad (由或非门构成的锁存器)$$

既然锁存器的次态是逻辑函数，那么就可以用逻辑函数的表示方法——真值表(特性表)、函数表达式(特性方程)、卡诺图和波形图表示。又因为锁存器只具有 0 和 1 两种状态，输入信号的变化可能会引起状态的变化，所以其功能还可以用状态转换图和激励表表示。

1）特性表

特性表即真值表，是以表格的形式描述存储单元的次态与输入信号和现态之间的关系。基本锁存器的特性表如表 5-1 所示。由于在正常应用的情况下，不允许两个输入信号同时有效，所以同时有效的输入取值组合作为无关项进行处理。

表 5 - 1　基本 SR 锁存器特性表

与非门构成的锁存器				或非门构成的锁存器			
S'_D	R'_D	Q	Q^*	S_D	R_D	Q	Q^*
1	1	0	0	0	0	0	0
1	1	1	1	0	0	1	1
0	1	0	1	1	0	0	1
0	1	1	1	1	0	1	1
1	0	0	0	0	1	0	0
1	0	1	0	0	1	1	0
0	0	0	$\times$	1	1	0	$\times$
0	0	1	$\times$	1	1	1	$\times$

2) 特性方程

由特性表画出锁存器的卡诺图,再进行化简即可得到锁存器的函数表达式,习惯称为特性方程。

由与非门构成的锁存器的卡诺图如图 5-4(a)所示,化简可得

$$Q^* = (S'_D)' + R'_D \cdot Q = S_D + R'_D \cdot Q$$

其中两个输入信号 S'_D 和 R'_D 应满足 $S'_D + R'_D = 1$ 的约束条件。

同理,由或非门构成的锁存器的卡诺图如图 5-4(b)所示,化简可得

$$Q^* = S_D + R'_D \cdot Q$$

其中两个输入信号 S_D 和 R_D 应满足 $S_D R_D = 0$ 的约束条件。

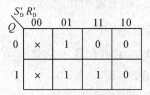

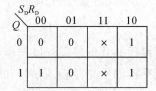

（a）表5-1(与非门)卡诺图　　　　（b）表5-1(或非门)卡诺图

图 5-4　基本 SR 锁存器卡诺图

从上面两个函数式可以看出,虽然由与非门构成的锁存器和由或非门构成的锁存器电路形式不同,但却具有相同的特性方程,而且其约束条件也是等价的。因此,今后不用再区分锁存器具体的电路形式,可以直接应用其特性方程进行分析和设计。

3) 状态转换图与激励表

将存储单元两个状态之间的转换及其所需要的输入条件用图形的方式表示称为状态转换图(简称状态图),用表格的形式表示则称为激励表。

锁存器有 0 和 1 两个状态,根据输入信号的不同组合既可以设置也能保持。图 5-5 为基本 SR 锁存器的状态图,表 5-2 为其激励表。

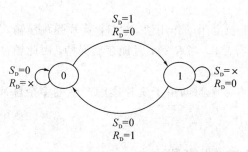

图 5 - 5　基本 SR 锁存器状态转换图

表 5 - 2　基本 SR 锁存器激励表

Q	Q*	S_D	R_D
0	0	0	×
0	1	1	0
1	0	0	1
1	1	×	0

思考与练习

5 - 1　基本 SR 锁存器有哪几种功能? 分别说明其输入条件。

5 - 2　若应用基本 SR 锁存器时不遵守 $S_D R_D = 0$ 的约束条件, 会出现什么问题?

74LS279 是四 SR 锁存器, 其内部逻辑及引脚如图 5 - 6 所示, 其中有两个锁存器提供了两个置 1 端 S_1' 和 S_2'。由于 S_1' 和 S_2' 同为与非门的输入端, 故置 1 信号 $S' = S_1' S_2'$。

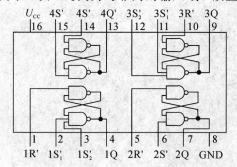

图 5 - 6　74LS279 内部逻辑及引脚

基本 SR 锁存器除了能够存储数据之外, 利用其保持功能还可以实现开关消抖。如图 5 - 7(a)所示的基本开关电路, 开关切换时在触点接触的瞬间由于簧片的震颤会产生若干个不规则的脉冲, 假设这些脉冲作用于时序电路则有可能会引发逻辑错误。

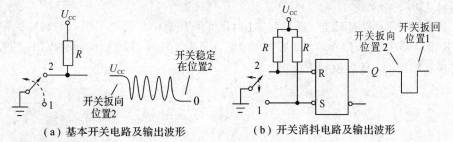

（a）基本开关电路及输出波形　　　　（b）开关消抖电路及输出波形

图 5 - 7　开关电路及消抖原理

应用锁存器的保持功能可以消除多余的脉冲, 应用电路如图 5 - 7(b)所示。具体的工作原理是:

（1）当开关由位置 1 切换到位置 2 时, 由于上拉电阻的作用使 $R' = 1$, 簧片弹跳使输入信号 S' 在切换瞬间随机变化。当 $S' = 0$ 时将锁存器置 1, 当 $S' = 1$ 时锁存器保持, 因此锁存器的输出保持高电平不变。

（2）当开关由位置 2 切换回 1 时，由于上拉电阻的作用使 $S'=1$，簧片弹跳使输入信号 R' 在切换瞬间随机变化。当 $R'=0$ 时将锁存器置 0，当 $R'=1$ 时锁存器保持，因此锁存器的输出保持低电平不变。

综上分析，应用锁存器能够消除开关触点接触瞬间由于簧片震颤产生的多余脉冲，从而提高开关电路工作的可靠性。

5.2　门控锁存器

基本锁存器的输入信号不受其他信号的控制，是直接作用的，因此输入信号的任何变化都可能引起锁存器状态的变化。但是，当数字系统中有多个存储单元时，我们希望能够协调这些存储单元的动作，使它们能够同步工作，就像阅兵（如图 5-8 所示）一样，这就需要给存储单元引入控制信号。

图 5-8　阅兵

协调存储单元工作的控制信号称为时钟（Clock）或时钟脉冲（Clock Pulse），用 CLK 或 CP 表示。为了便于描述，将时钟信号的一个周期划分为低电平、上升沿、高电平和下降沿四个阶段，如图 5-9 所示。

在基本 SR 锁存器基础上，通过与非门 G_1 和 G_2 组成的门控电路引入时钟的锁存器称为门控 SR 锁存器（Gated Latch），如图 5-10 所示。由于输入 S 和 R 受时钟 CLK 的控制，不再是直接起作用的，所以没有下标 D。

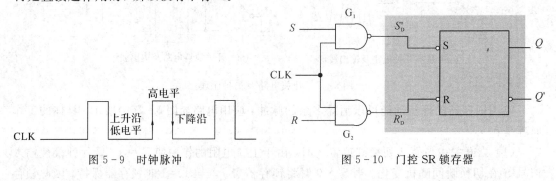

图 5-9　时钟脉冲　　　　　　　　图 5-10　门控 SR 锁存器

下面对门控 SR 锁存器的工作原理进行分析。

(1) CLK 为低电平时。

由于 $S'_D=(S \cdot CLK)'=1$、$R'_D=(R \cdot CLK)'=1$，因此锁存器的状态不受输入信号 S、R 的控制，保持原来的状态(可理解为锁存器在低电平期间不工作)。

(2) CLK 为高电平时。

由于 $S'_D=(S \cdot CLK)'=S'$、$R'_D=(R \cdot CLK)'=R'$，因此输入信号 S 和 R 的变化会引起 S'_D 和 R'_D 的变化，门控锁存器将根据输入信号 S 和 R 实现其相应的功能。

门控 SR 锁存器的特性方程可以从基本锁存器的特性方程中推出。因为 $S'_D=(S \cdot CLK)'$、$R'_D=(R \cdot CLK)'$，所以当时钟 CLK 为高电平时，$S'_D=S'$，$R'_D=R'$，代入到基本锁存器的特性方程即可得到门控锁存器的特性方程为

$$Q^*=S+R' \cdot Q$$

上式在 CLK＝1 时成立。

门控锁存器的状态转换图和图形符号如图 5-11 所示，其中 C1 为时钟输入端。时钟 C1 框外无"○"表示锁存器在高电平期间工作，有"○"表示锁存器在低电平期间工作，同时称时钟工作期间的电平为有效电平。

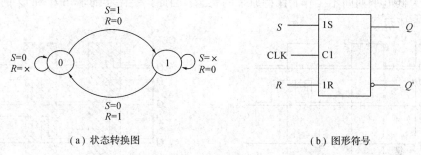

（a）状态转换图　　　　　　　　　　　　　（b）图形符号

图 5-11　门控 SR 锁存器状态转换图及图形符号

门控 SR 锁存器和基本锁存器一样，具有置 0、置 1 和保持三种功能。由于门控 SR 锁存器在时钟脉冲有效电平期间，两个输入信号同时有效时仍然会导致锁存器状态错误。因此，门控 SR 锁存器同样需要遵守 $SR=0$ 的约束条件。

为了消除约束，需要对门控 SR 锁存器进行改进。第一种改进思路是让两个输入信号 R 和 S 互为相反，即取 $R=S'$，如图 5-12 所示，这样门控 SR 锁存器的输入信号 S 和 R 始终满足 $SR=0$ 的约束条件。但是，这种改进方法虽然消除了约束，却改变了锁存器的功能，因此这种锁存器不再是 SR 锁存器，而称为 D 锁存器。

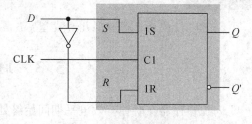

图 5-12　门控 D 锁存器

由于 $S=D$、$R=D'$，将 S 和 R 代入门控 SR 锁存器的特性方程即可得到 D 锁存器的特性方程

$$Q^*=S+RQ'=D+(D')' \cdot Q=D+D \cdot Q=D$$

上式在 CLK＝1 时成立。

由 D 锁存器的特性方程可以推出：当 CLK 为高电平时，若 $D=0$，则 $Q^*=0$；若 $D=$

1，则 $Q^* = 1$，因此门控 D 锁存器只具有置 0 和置 1 两种功能，其状态转换图和图形符号如图 5 - 13 所示。

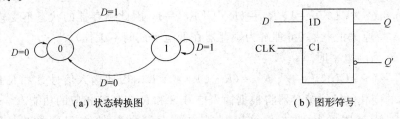

（a）状态转换图　　　　　　　（b）图形符号

图 5 - 13　D 锁存器

由于门控 D 锁存器在时钟有效电平期间的输出始终跟随输入信号发生变化，因此称为"透明的"D 锁存器。

【例 5 - 1】　对于图 5 - 12 所示的门控 D 锁存器，时钟 CLK 和输入信号 D 的电压波形如图 5 - 14 所示。画出在时钟 CLK 和输入信号 D 的作用下锁存器的输出 Q 和 Q' 的电压波形。假设锁存器的初始状态为 0。

分析：图 5 - 12 所示的门控 D 锁存器在 CLK 为高电平期间工作，而且输出是透明的，但在时钟为低电平期间不工作，保持原来的状态。因此，锁存器的输出 Q 和 Q' 的电压波形如图 5 - 15 所示。

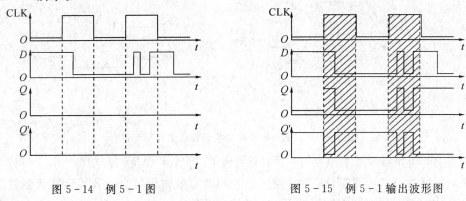

图 5 - 14　例 5 - 1 图　　　　　　图 5 - 15　例 5 - 1 输出波形图

思考与练习

5 - 3　门控锁存器有哪几种类型？各具有什么功能？

5.3　脉冲触发器

门控锁存器在时钟有效电平期间始终处于工作状态，输入信号的任何变化随时可能会引起锁存器输出状态的改变，因此门控锁存器因受干扰而产生误动作的概率比较大。另外，由于门控锁存器的工作时间长，所以无法构成移位寄存器和计数器这两类基本的时序逻辑器件，因此在应用上有很大的局限性。

为了提高可靠性，我们希望存储电路在一个时钟周期内只在脉冲的边沿进行一次状态更新，以避免像门控锁存器那样因干扰可能多次改变状态的情况。

只在时钟边沿瞬间工作的存储电路称为触发器（Filo - Flop）。相应地，将在时钟有效电平期间工作的存储电路称为锁存器。

触发器的实现方法之一是采用主从式结构，SR 触发器的电路结构如图 5-16 所示。具体的做法是将两级门控 SR 锁存器级联，第一级称为主(Master)锁存器，时钟 $CLK_1 =$ CLK；第二级称为从(Slave)锁存器，时钟 $CLK_2 = CLK'$。

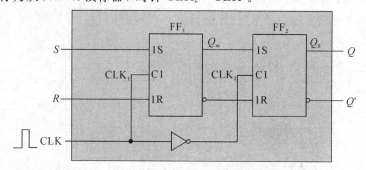

图 5-16 主从式 SR 触发器

下面对主从式 SR 触发器的工作原理进行分析。

(1) 时钟脉冲在低电平期间。

由于 CLK＝0，所以 $CLK_1 = 0$、$CLK_2 = 1$，因此主锁存器保持，从锁存器处于工作状态。

当主锁存器的状态 $Q_m = 1$ 时，分析可知从锁存器的状态 $Q_S = 1$，当 $Q_m = 0$ 时分析可知 $Q_S = 0$，因此在 CLK＝0 期间，从锁存器的状态与主锁存器状态相同，即 $Q = Q_m$。

(2) 时钟脉冲上升沿到来时。

当 CLK 上升沿到来时，主锁存器开始工作，接收输入 S 和 R 信号，根据逻辑功能更新 Q_m 的状态。从锁存器从工作转为保持，触发器保持 CLK 为低电平期间的状态不变。

(3) 时钟脉冲在高电平期间。

由于 CLK＝1，所以 $CLK_1 = 1$、$CLK_2 = 0$，主锁存器处于工作状态，从锁存器依然保持，所以触发器的状态保持不变。

(4) 时钟脉冲下降沿到来时。

当 CLK 下降沿到来时，主锁存器将由工作转为保持，保持时钟脉冲 CLK 下降到来瞬间主锁存器的状态。从锁存器开始工作，将主锁存器的状态 Q_m 传递给 Q_S，因此触发器的状态是在时钟下降沿到来瞬间更新，而且状态 Q 是由时钟 CLK 下降沿到来瞬间的输入信号 S 和 R 决定的。

经过上述分析可知，当时钟脉冲 CLK 上升沿到来时，SR 触发器已经开始工作，但必须等到脉冲下降沿到来时才能进行状态更新，所以触发器完成一次状态更新需要经过一个完整的时钟脉冲，因此将主从式触发器称为脉冲触发器。同时，我们把这种上升沿触发器已经开始工作，下降沿才能进行状态更新的动作特点称为延迟输出，用"┐"表示。

图 5-17 是脉冲 SR 触发器的图形符号。由于脉冲 SR 触发器中的主锁存器在时钟脉冲为高电平期间始终处于工作状态，所以脉冲 SR 触发器的抗干扰能力还没有得到有效的改善。另外，脉冲 SR 触发器对输入信号 S 和 R 仍然有约束。

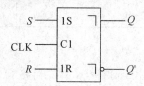

图 5-17 脉冲 SR 触发器图形符号

为了消除约束,第二种改进思路是利用触发器的输出 Q 和 Q' 互为相反的特点来满足约束条件。具体的做法是将脉冲 SR 触发器的输出 Q 反馈到 R 端与 K 信号相与,将 Q' 反馈到 S 端与 J 信号相与,如图 5-18 所示。这种改进方法同样改变了触发器的逻辑功能,因此这种触发器不再是 SR 触发器,而称为 JK 触发器。

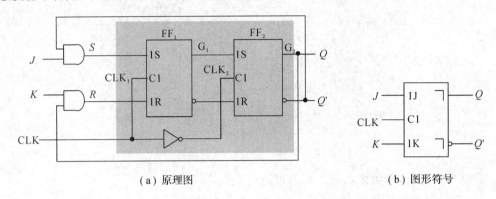

(a) 原理图 　　　　　　　　　　　　(b) 图形符号

图 5-18　脉冲 JK 触发器

对于图 5-18 所示的 JK 触发器,由于 $S=J \cdot Q'$、$R=K \cdot Q$,因此 $S \cdot R=J \cdot Q' \cdot K \cdot Q=0$,所以 JK 触发器对输入信号 J、K 没有限制。

将 $S=J \cdot Q'$ 和 $R=K \cdot Q$ 代入 SR 触发器的特性方程即可推出 JK 触发器的特性方程:

$$Q^* = S+R' \cdot Q$$
$$= J \cdot Q'+(K \cdot Q)' \cdot Q$$
$$= J \cdot Q'+(K'+Q') \cdot Q$$
$$= J \cdot Q'+K' \cdot Q$$

将 J、K 的四种取值组合代入到上述特性方程中即可得到表 5-3 所示 JK 触发器的特性表。

从特性表可以看出,JK 触发器除了具有置 0、置 1 和保持三种功能外,还增加了一种翻转(Toggle)功能,即当时钟脉冲下降沿到来时,触发器的次态与现态相反。因此,JK 触发器的状态转换图如图 5-19 所示。

表 5-3　JK 触发器特性表

J	K	Q^*	功能说明
0	0	Q	保持
0	1	0	置 0
1	0	1	置 1
1	1	Q'	翻转

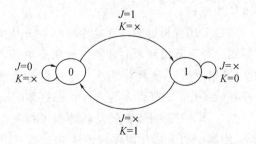

图 5-19　JK 触发器状态转换图

由于脉冲 JK 触发器将 Q 反馈到 K 端、将 Q' 反馈到 J 端,所以当 $Q=0$ 时输入信号 K 不能正常发挥作用(相当于 $K=0$),在 J 信号的作用下只能将触发器置 1 或者保持,所以触发器一旦被置 1 后不可能再返回到 0 状态。同理,当 $Q=1$ 时,J 信号不能正常发挥作用

（相当于 $J=0$），在 K 信号的作用下只能将触发器置 0 或者保持，所以触发器被置 0 后也不可能再返回到 1 状态。因此，脉冲 JK 触发器存在一次翻转现象，即触发器在每个脉冲周期内只能翻转一次，当触发器受到干扰发生误翻后就不可能再返回原来的状态。

【例 5-2】　对于图 5-18 所示的脉冲 JK 触发器，已知时钟脉冲 CLK、输入信号 JK 的波形如图 5-20 所示。分析触发器的工作过程，画出输出 Q 和 Q' 的波形。假设触发器的初始状态为 0。

分析：

（1）在第一个时钟高电平期间，$JK=10$，所以内部主锁存器被置 1，因此在 CLK 的下降沿到来时触发器的状态更新为 1。

（2）在第二个时钟脉冲高电平期间，K 信号因干扰而变化。起初 $JK=00$，主锁存器保持 1 状态，后 K 信号因干扰而跳变为 1，瞬间使 $JK=01$，因此主锁存器被置为 0。由于 JK 触发器存在一次翻转现象，所以主锁存器置 0 后不可能再翻回 1 状态，所以当时钟脉冲下降沿到来时，触发器状态更新为 0。

（3）在第三个时钟高电平期间，J 信号有一次变化。起初 $JK=11$，主锁存器翻转为 1。由于存在一次翻转现象，所以主锁存器在高电平期间不可能再次发生翻转，因此当时钟脉冲下降沿到来时，触发器状态更新为 1。

（4）在第四个时钟高电平期间，因 $JK=00$，故主锁存器的状态保持不变，所以时钟脉冲下降沿到来时，触发器状态保持为 1。

由上述分析可画出输出 Q 和 Q' 的波形，如图 5-21 所示。

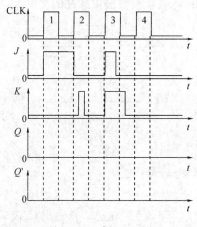

图 5-20　例 5-2 图

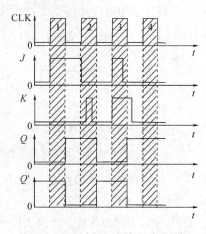

图 5-21　例 5-2 输出波形图

由于脉冲 JK 触发器存在一次翻转现象，所以要求输入信号在 CLK 为高电平期间保持稳定，否则因干扰可能会产生错误的结果。目前，脉冲触发器已经淘汰，被性能更优的边沿触发器所取代。但在进行触发器原理分析时，脉冲触发器有着承上启下的作用。

思考与练习

5-4　脉冲 SR 触发器是否存在一次翻转现象？试分析说明。

5-5　为什么脉冲 JK 触发器存在一次翻转现象？试分析说明。

5.4 边沿触发器

边沿触发器只在时钟脉冲的边沿工作，其余时间均处于保持状态。由于边沿触发器工作时间极短，所以受到干扰的概率很小，因此具有很强的抗干扰能力。

边沿 D 触发器由两级门控 D 锁存器和边沿检测电路两部分构成，如图 5-22 所示。边沿检测电路用于产生一个与时钟脉冲 CLK 有效沿一致的窄脉冲信号，再经过两级反相器分配给门控 D 锁存器作为时钟信号。

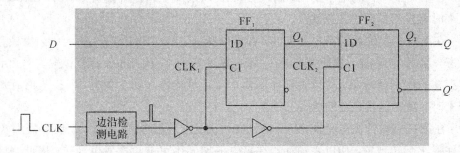

图 5-22 边沿 D 触发器内部原理图

脉冲上升沿检测的原理电路和工作波形如图 5-23 所示。当外部时钟 CLK 由低电平跳变至高电平时，CLK′由高电平跳变至低电平，由于反相器存在传输延迟时间，所以 CLK′的跳变时刻比 CLK 延迟一个 t_{PD}，因此经过与门后产生与 CLK 跳变方向相同的窄脉冲 CLK*，脉冲宽度为 t_{PD}。若需要增加输出脉冲宽度，可用多个反相器级联调整输出脉冲的宽度。

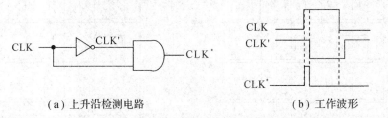

（a）上升沿检测电路 　　　　（b）工作波形

图 5-23 脉冲上升沿检测原理电路和工作波形

下面对双 D 锁存器构成边沿触发器的工作原理进行分析。

（1）时钟脉冲在低电平期间。

由于 CLK=0，因此 $CLK_1=1$、$CLK_2=0$，所以锁存器 FF_1 工作，其输出 Q_1 随输入信号 D 变化（$Q_1=D$），锁存器 FF_2 保持原来的状态（上次时钟作用后的状态）不变。

（2）时钟脉冲上升沿到来时。

由于 CLK_1 由高电平跳变为低电平，所以锁存器 FF_1 由工作状态转为保持，Q_1 锁定了上升沿到来瞬间输入 D 的值。与此同时，CLK_2 由低电平跳变为高电平，锁存器 FF_2 开始工作，其输出 Q 跟随 Q_1 变化，这时 $Q=Q_1=D$（D 为时钟 CLK 上升沿到来瞬间的值）。

（3）时钟脉冲在高电平期间。

由于 CLK=1，因此 $CLK_1=0$、$CLK_2=1$，所以 FF_1 保持、FF_2 跟随，因此 $Q=Q_1=D$ 保持不变。

（4）时钟脉冲下降沿到来时。

由于 CLK$_1$ 由低电平跳变为高电平，锁存器 FF$_1$ 开始工作，接收下一个周期输入 D 的数据。CLK$_2$ 由高电平跳变为低电平，锁存器 FF$_2$ 由工作状态转为保持，保持时钟脉冲上升沿到来时输入 D 的值不变。

由上述分析可知，图 5-22 所示的 D 触发器的状态仅仅取决于时钟脉冲上升沿到达时刻输入信号 D 的值，其余时间均保持不变，上升沿之前和之后输入信号 D 的变化对触发器的状态都没有影响。边沿触发器这一特点有效地提高了触发器的抗干扰能力，提高了触发器工作的可靠性。

图 5-22 所示的边沿 D 触发器的图形符号如图 5-24 所示，符号中时钟 C1 框内的"＞"表示边沿触发，框外无"o"时表示上升沿触发，有"o"时表示下降沿触发。

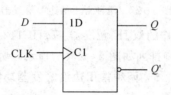

图 5-24　边沿 D 触发器图形符号

在特性表的时钟脉冲栏，通常用"↑"表示上升沿触发，用"↓"表示下降沿触发。边沿 D 触发器的特性表如表 5-4 所示。

表 5-4　边沿 D 触发器特性表

CLK	D	Q^*
↑	0	0
↑	1	1
其他	×	Q

【例 5-3】　对于图 5-22 所示的边沿 D 触发器，当输入 D 和时钟 CLK 的波形如图 5-25 所示时，画出输出 Q 的波形。假设触发器的初始状态为 0。

分析：边沿触发器只在时钟脉冲的边沿工作。图 5-22 所示的 D 触发器，其次态仅仅取决于时钟上升沿到来时刻输入 D 的值：$D=0$ 时则 $Q^*=0$，$D=1$ 时则 $Q^*=1$。因此，输出 Q 的波形如图 5-26 所示。

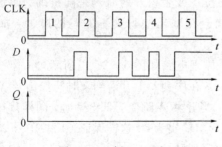

图 5-25　例 5-3 图

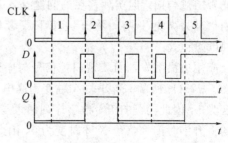

图 5-26　例 5-3 输出波形图

74HC74 是脉冲上升沿工作的双 D 触发器。除了时钟脉冲 CLK、输入 D 和输出 Q 与 Q' 外，74HC74 还附加有异步清零端 R' 和异步置 1 端 S'，其内部结构和管脚排列如图 5-27(a) 所示，功能表如表 5-5(a) 所示。

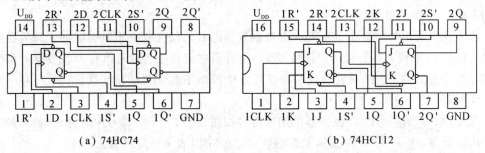

(a) 74HC74　　　　　　　　　　(b) 74HC112

图 5-27　两种常用的边沿触发器

74HC112 是脉冲下降沿工作的双 JK 触发器。74HC112 同样附加有异步清零端 R' 和异步置 1 端 S'，其内部结构和管脚排列如图 5-27(b) 所示，功能表如表 5-5(b) 所示。

表 5-5　两种常用边沿触发器功能表

(a) 74HC74 功能表

输入				输出		功能说明
S'	R'	CLK	D	Q	Q'	
0	1	×	×	1	0	异步置 1
1	0	×	×	0	1	异步清 0
0	0	×	×	1*	1*	错误状态
1	1	↑	0	0	1	置 0
1	1	↑	1	1	0	置 1
1	1	0	×	Q_0	Q_0'	保持

注：(1) * 表示不稳态状态，是错误的。

　　(2) Q_0 表示原来的状态。

(b) 74HC112 功能表

输入					输出		功能说明
S'	R'	CLK	J	K	Q	Q'	
0	1	×	×	×	1	0	异步置 1
1	0	×	×	×	0	1	异步清 0
0	0	×	×	×	0*	0*	错误状态
1	1	↓	0	0	Q_0	Q_0'	保持
1	1	↓	0	1	0	1	置 0
1	1	↓	1	0	1	0	置 1
1	1	↓	1	1	Q_0'	Q_0	翻转
1	1	0	×	×	Q_0	Q_0'	保持

边沿触发器除了具有存储功能之外，利用其边沿触发特性，在信号同步、相位检测等方面也有着特殊的应用。例如，对于第 2 章图 2-4(a) 所示的门控电路，开关控制着数字序列能否通过与门。但实际存在的问题是，由于开关按下或者松开的时刻是随机的，如果在序列信号为高电平期间将开关按下或者松开，就会在输出端得到不完整的脉冲，如图 2-4(b) 所示。

应用边沿触发器可实现门控信号与序列同步，原理电路如图 5-28(a) 所示，工作波形如图 5-28(b) 所示。当开关 A 跳变为高电平时，只有在序列的上升沿到来时门控信号 X 才跳变为 1，因此与门打开，数字序列通过与门输出；当开关 A 跳变为低电平时，同样只在序列的上升沿时门控信号 X 才跳变为 0，因此与门关闭，输出为 0。这样保证了门控信号 X 与序列同步，从而在门控与门的输出端 Y 得到完整的序列脉冲。

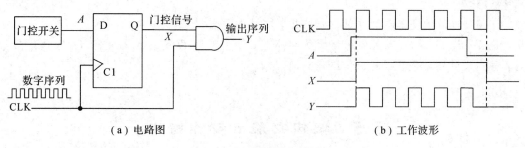

（a）电路图	（b）工作波形

图 5-28 应用边沿触发器实现门控信号与序列同步

另外，应用边沿触发器还可以实现相差检测，原理电路如图 5-29 所示，其中 u_1 和 u_R 为两路同频的模拟信号，设 $u_1 = \sin(100\pi t)$，$u_R = \sin(100\pi t - \Phi)$，即两路模拟信号的相差为 Φ。通过双比较器 LM393 构成的同相过零比较器将模拟信号转换成相应的数字序列 D_1 和 D_R。将序列 D_1 作为边沿 D 触发器 FF_1 的时钟，将序列 D_R 作为边沿 D 触发器 FF_2 的时钟。

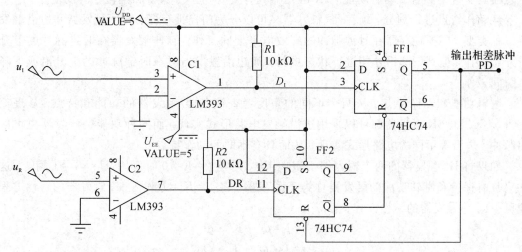

图 5-29 相差检测电路

相差检测电路具体的工作原理是：在序列 D_1 的上升沿到来时将 FF_1 输出的相差脉冲 PD 置为高电平，在序列 D_R 的上升沿到来时用 Q_2' 将 FF_1 输出的相差脉冲 PD 复位为低电平，同时用 PD 将 FF_2 复位，因此输出相差脉冲的宽度与相差 Φ 相关。Φ 越大，PD 的宽度就越宽。通过对相差脉冲宽度的测量可以实现 $0 \sim 360°$ 相位检测。相差检测电路输出与输入的波形关系如图 5-30 所示。

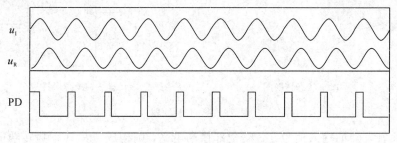

图 5-30 相差检测电路工作波形

思考与练习

5-6 边沿触发器与脉冲触发器相比，有什么优点？

5-7 设 D_I 和 D_R 为两路同频的数字序列，如何检测 D_I 的相位超前于 D_R 还是落后于 D_R？画出设计图，并说明其工作原理。

5.5 逻辑功能和动作特点

本章讲述了基本锁存器、门控锁存器、脉冲触发器和边沿触发器的电路结构和工作原理。

根据逻辑功能的不同特点进行划分，锁存器/触发器可分为 SR 锁存器/触发器、D 锁存器/触发器、JK 触发器三种。SR 锁存器/触发器具有置 0、置 1 和保持三种功能，D 锁存器/触发器具有置 0 和置 1 两种功能，JK 触发器具有置 0、置 1、保持和翻转四种功能。

从动作特点进行划分，锁存器/触发器又可以分为门控锁存器、脉冲触发器和边沿触发器三种类型。门控锁存器在时钟脉冲的有效电平期间工作，脉冲触发器在时钟脉冲的上升沿开始工作，但到下降沿才能进行状态更新，而边沿触发器只在时钟脉冲的上升沿或下降沿瞬间工作。

逻辑功能和动作特点是从两个不同的角度考查锁存器/触发器的功能和特点。从理论上讲，SR、D、JK 触发器都可以采用边沿触发电路形式实现，而同种功能的触发器也可以用脉冲、边沿等不同的电路形式实现，从而具有不同的动作特点。

如果将 JK 触发器的两个输入端 J、K 相连，则当 $J=K=0$ 时保持，$J=K=1$ 翻转。这种只具有保持和翻转功能的触发器称为 T 触发器。将 $J=K=T$ 代入 JK 触发器的特性方程即可得到 T 触发器的特性方程：

$$Q^* = J \cdot Q' + K' \cdot Q$$
$$= T \cdot Q' + T' \cdot Q$$
$$= T \oplus Q$$

T 触发器的状态转换图如图 5-31(a)所示，下降沿工作的边沿 T 触发器的图形符号如图 5-31(b)所示。

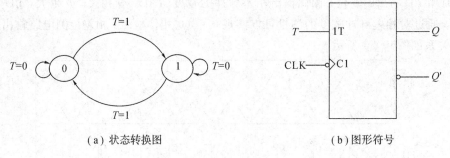

(a) 状态转换图　　　　　　　　　(b) 图形符号

图 5-31　T 触发器

若将 JK 触发器的输入信号 J、K 全部接高电平，则构成了只具有翻转功能的 T' 触发器，其特性方程为

$$Q^* = J \cdot Q' + K' \cdot Q = 1 \cdot Q' + 1' \cdot Q = Q'$$

T 触发器和 T′ 触发器为 JK 触发器两种不同的应用方式。另外，将 D 触发器的 Q' 反馈到 D 端，也可以构成 T′ 触发器。

D 触发器和 JK 触发器是两种常用的触发器。D 触发器虽然只具有置 0 和置 1 两种功能，但使用很方便。JK 触发器功能强大，合理应用可以简化电路设计，同时 JK 触发器还可以作为 SR 触发器、T 触发器和 T′ 触发器使用。

思考与练习

5-8　SR、D、JK、T 和 T′ 触发器各有什么功能？写出其各自的特性方程。

5-9　门控锁存器、脉冲触发器和边沿触发器各有什么动作特点？

＊5.6　锁存器与触发器的描述

always 语句把发生事件作为语句的执行条件，事件分为电平敏感事件和边沿触发事件两类。锁存器可以用电平敏感事件来描述，例如：

```
module d_latch (clk, d, q)
    input clk, d;
    output reg q;
    always @(clk, d)
        if  (clk)  q<=d;
endmodule
```

表示 clk 或 d 任意一个发生变化时，如果 clk 为高电平，就把 d 赋给 q。由于 clk 为低电平时没有定义操作，因此隐含为保持功能。

边沿触发事件指在敏感信号发生边沿跳变时执行块语句，分为上升沿触发（关键字 posedge 描述）和下降沿触发（关键字 negedge 描述）两种。

边沿触发事件的语法格式为

@（边沿触发事件 1 or ⋯ or 边沿触发事件 n）块语句；

例如：

```
module d_ff (clk, d, q)
    input clk, d;
    output reg q;
    always @(posedge clk)
        q<=d;
endmodule
```

为了使用方便，商品化的锁存器/触发器一般都提供有附加的复位端和置位端，分为异步和同步两类。

异步置位/复位用 always 语句实现时，需要将复位/置位信号列入 always 语句的敏感事件列表中，当复位/置位有效时就能立即执行指定的操作。

【例 5-4】　1/2 74HC74 功能描述。

```
module HC74(clk, rd_n, sd_n, d, q);
    input clk, rd_n, sd_n, d;
    output reg q;
    always @(posedge clk or negedge rd_n or negedge sd_n)
        if (!rd_n)
            q<=1'b0;
        else if (!sd_n)
            q<=1'b1;
        else
            q<=d;
    endmodule
```

【例 5-5】 1/2 74HC112 功能描述。

```
module HC112(clk, rd_n, sd_n, j, k, q);
    input clk, rd_n, sd_n, j, k;
    output reg q;
    always @(posedge clk or negedge rd_n or negedge sd_n)
        if (!rd_n)
        q<=1'b0;
        else if (!sd_n)
        q<=1'b1;
        else
        case ({j, k})
            2'b00: q<=q;          // 保持
            2'b01: q<=1'b0;       // 置 0
            2'b10: q<=1'b1;       // 置 1
            2'b11: q<=~q;         // 翻转
        endcase
    endmodule
```

同步复位/置位只有当时钟脉冲的有效沿到来时才能使触发器复位或置位。同步复位/置位用 always 语句实现时，always 语句只对时钟有效沿敏感，然后在 always 内部语句块中检测置位/复位是否有效。例如，同步复位 D 触发器的功能描述如下：

```
module dff_sync_reset(clk, rst_n, d, q);
    input clk, rst_n, d;
    output reg q;
    always @(posedge clk)
        if (!rst_n)
            q<=1'b0;
        else
            q<=d;
    endmodule
```

5.7　设　计　项　目

抢答器通常用于专项知识竞赛，以测试选手对知识掌握的熟练程度和反应速度。

抢答器的基本原理是：主持人掌握一个复位开关，用来将抢答器复位和启动抢答计时。抢答开始后，若有选手按下抢答按钮，立即锁存并驱动指示电路显示选手的状态或编号，同时封锁时钟禁止电路工作，并将第一个抢中选手的状态或编号一直保持到主持人将抢答器复位为止。

抢答器的主要功能有两个：一是分辨出选手抢答的先后顺序，锁定首先抢中选手的状态；二是封锁时钟，使抢答器对其他选手无效的抢答不响应。这两个功能都可以通过锁存器或触发器来实现。

四人抢答器的原理电路如图 5-32 所示，其中 74HC175 内部有 4 个 D 触发器，MR' 为复位端，低电平有效。主持人掌握 S_0 开关，四位选手分别掌握 S_1、S_2、S_3 和 S_4 按钮，VD_1、VD_2、VD_3 和 VD_4 分别为其状态指示灯。

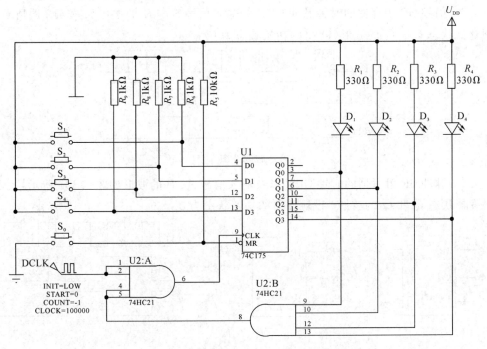

图 5-32　四人抢答器参考设计图

当主持人按下 S_0 后将 4 个 D 触发器清零，这时 $Q'_0 \sim Q'_3$ 为高电平，因此 4 个发光二极管 $VD_1 \sim VD_4$ 均不亮，同时与门 U2：B 输出为高电平，因此时钟脉冲 DCLK 可以通过与门 U2：A 为 74HC175 提供时钟。

当有选手按下抢答按钮，例如 1 号选手按下 S_1 时，在时钟脉冲作用下将 Q_0 置 1，这时 Q'_0 为低电平驱动发光二极管 VD_1 亮，同时与门 U2：B 输出为低电平使与门 U2：A 输出为低电平，从而将 74HC175 的时钟脉冲封锁。由于 74HC175 没有时钟脉冲而停止工作，所以对其他选手的按键没有响应。直到主持人将抢答电路复位，$Q'_0 \sim Q'_3$ 恢复高电平，与门

U2：B 输出为高电平，74HC175 的时钟恢复后，才能进行下一轮抢答。

取时钟脉冲 DCLK 为 100 kHz 时，可识别选手抢答的最小时差为 10 μs。图中限流电阻 $R_1 \sim R_4$ 的阻值按驱动 $\Phi 5$ 发光二极管参数设计。

习　　题

5.1　基本 SR 锁存器的输入信号 S 和 R 的波形如题 5.1 图所示，画出锁存器状态 Q 和 Q' 的波形。

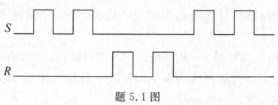

题 5.1 图

5.2　门控 SR 锁存器的时钟脉冲 CLK 和输入信号 S 与 R 的波形如题 5.2 图所示，画出锁存器状态 Q 和 Q' 的波形（设 Q 的初始状态为 0）。

题 5.2 图

5.3　脉冲 SR 触发器的时钟 CLK 以及输入信号 A、B 的波形如题 5.3 图所示，分别画出触发器状态 Q_1 和 Q_2 的波形。设触发器的初始状态为 0。

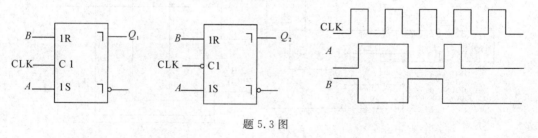

题 5.3 图

5.4　设脉冲 JK 触发器的时钟 CLK 以及输入 J、K 的波形如题 5.4 图所示，画出触发器状态 Q 的波形。设触发器的初始状态为 0。

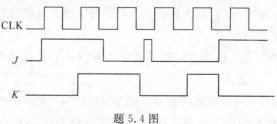

题 5.4 图

5.5   设边沿 D 触发器在时钟脉冲的上升沿工作,时钟 CLK 以及输入 D 的波形如题 5.5 图所示,画出触发器状态 Q 的波形。设触发器的初始状态为 0。

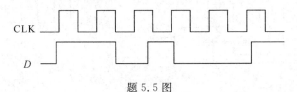

题 5.5 图

5.6   设边沿 D 触发器在时钟脉冲的下降沿工作,时钟 CLK 以及输入 D 的波形如题 5.5 图所示,画出触发器状态 Q 的波形。设触发器的初始状态为 0。

5.7   触发器应用电路如题 5.7 图所示。画出在时钟序列 CLK 的作用下各触发器状态 Q 的波形。设触发器的初始状态均为 0。

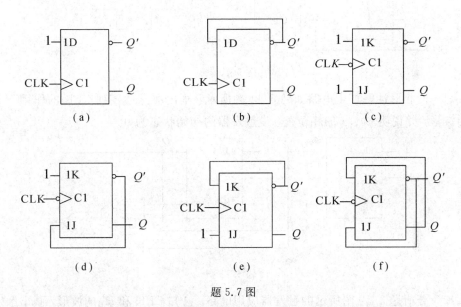

题 5.7 图

5.8   分析题 5.8 图所示的触发器应用电路。画出在时钟脉冲 CLK 和输入 A、B 的作用下 Q_1 和 Q_2 的波形。设触发器的初始状态为 0。

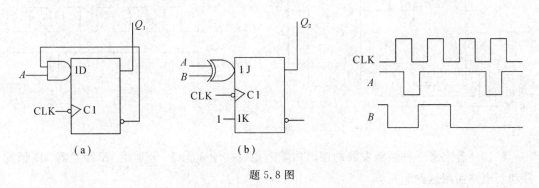

题 5.8 图

5.9   两相脉冲源产生电路如题 5.9 图所示。画出在时钟脉冲 CLK 的作用下触发器的状态 Q、Q' 以及输出 u_{O1}、u_{O2} 的波形。设触发器的初始状态为 0。

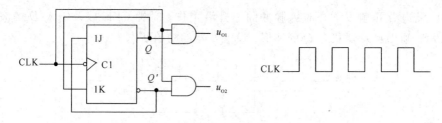

题 5.9 图

5.10 分析题 5.10 图所示的触发器应用电路。已知 CLK 和 D 的波形，画出 Q_0 和 Q_1 的波形。设触发器的初始状态均为 0。

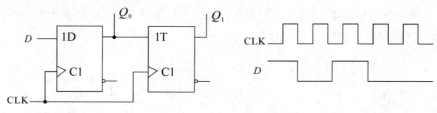

题 5.10 图

5.11 两相脉冲源产生电路如题 5.11 图所示。画出在脉冲序列 CLK 的作用下 φ_1、φ_2 的输出波形，并说明 φ_1、φ_2 的相位差。设触发器的初始状态为 0。

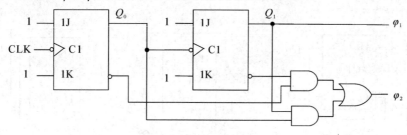

题 5.11 图

5.12 分析题 5.12 图所示的触发器应用电路。已知 CLK 和 R'_D 的波形，画出触发器状态 Q_0、Q_1 的波形。设触发器的初始状态为 0。

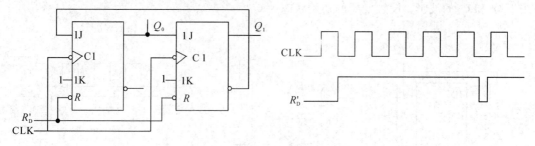

题 5.12 图

5.13 若定义一种新触发器的逻辑功能为 $Q^* = X \oplus Y \oplus Q$，分别用 JK 触发器、D 触发器和门电路实现这种触发器。

5.14 分析题 5.14 图所示的触发器应用电路。已知 CLK 和 D 的波形，画出触发器状态 Q_0、Q_1 及输出 u_O 的波形。设触发器的初始状态均为 0。

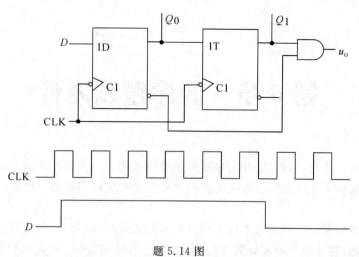

题 5.14 图

5.15 分析题 5.15(a)图所示的触发器应用电路,画出在图 5.15(b)所示的时钟脉冲 CLK 和输入信号 DATA 作用下 D 触发器状态 Q_1 和 D 锁存器状态 Q_2 的波形。设 Q_1 和 Q_2 的初始状态均为 0。

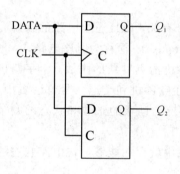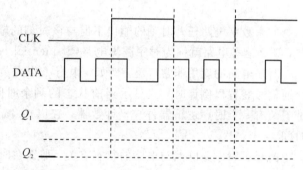

题 5.15 图

第6章　时序逻辑器件

数字电路分为组合逻辑电路和时序逻辑电路两大类。组合逻辑电路是构成数字系统的基础，时序逻辑电路是构成数字系统的核心。离开了时序逻辑电路，很难有效地构成数字系统。

本章讲述时序逻辑电路的基本概念以及分析与设计方法，然后深入讲解两类时序逻辑器件——寄存器/移位寄存器和计数器的设计原理、功能与应用，最后介绍两种典型的时序单元电路——顺序脉冲发生器和序列信号发生器。

6.1　时序逻辑电路概述

如果数字电路任一时刻的输出不但与该时刻的输入信号有关，而且还与电路的状态有关，那么这种电路就称为时序逻辑电路(Sequential Logic Circuits)，简称为时序电路。

时序电路的应用非常广泛。例如，银行工作人员用点钞机清点钞票的张数，十字路口交通信号装置以倒计时方式显示当前状态的剩余时间等。在点钞机和交通信号灯装置中，都安装有一类时序逻辑器件——计数器，它以加/减的方式统计钞票的张数和状态的剩余时间。

时序逻辑电路既然与电路的状态有关，那么在时序电路中就存在能够记忆电路状态的存储器件，而最基本的存储器件就是锁存器/触发器。

从电路组成上来看，时序逻辑电路由组合电路和存储电路两部分构成，如图 6-1 所示。而且，存储电路的输出必须反馈到组合电路的输入端，与组合电路的输入一起决定时序逻辑电路的输出。

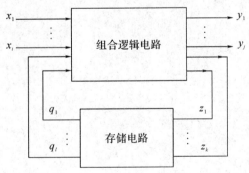

图 6-1　时序逻辑电路结构框图

为了便于用数学方法描述时序电路的逻辑功能，我们定义四种信号：

x_1、x_2、$\cdots$、x_i表示时序电路外部输入信号；

y_1、y_2、$\cdots$、y_j表示时序电路外部输出信号；

q_1、q_2、$\cdots$、q_l表示时序电路内部输入信号；

z_1、z_2、$\cdots$、z_k表示时序电路内部输出信号。

其中 i、j、l、k 均为非负整数。

这四种信号之间的关系通常用三组方程来描述。

1）输出方程组

输出方程组用于描述时序逻辑电路外部输出信号与外部输入信号和状态之间的关系。从组合逻辑电路的角度看，外部输出信号 $y_1\cdots y_j$ 不但与输入 $x_1\cdots x_i$ 有关，而且与现态 $q_1\cdots q_l$ 有关，因此外部输出信号是外部输入信号和现态的函数，即

$$\begin{cases} y_1 = f_1(x_1, x_2, \cdots, x_i, q_1, q_2, \cdots, q_l) \\ y_2 = f_2(x_1, x_2, \cdots, x_i, q_1, q_2, \cdots, q_l) \\ \vdots \\ y_j = f_j(x_1, x_2, \cdots, x_i, q_1, q_2, \cdots, q_l) \end{cases}$$

上式称为时序电路的输出方程组。

2）驱动方程组

驱动方程组用于描述时序电路内部输出信号（存储电路的驱动信号）与输入信号之间的关系。从组合逻辑电路的角度看，内部输出信号 $z_1\cdots z_k$ 同样是外部输入信号 $x_1\cdots x_i$ 和内部输入信号 $q_1\cdots q_l$ 的函数，即：

$$\begin{cases} z_1 = g_1(x_1, x_2, \cdots, x_i, q_1, q_2, \cdots, q_l) \\ z_2 = g_2(x_1, x_2, \cdots, x_i, q_1, q_2, \cdots, q_l) \\ \vdots \\ z_k = g_k(x_1, x_2, \cdots, x_i, q_1, q_2, \cdots, q_l) \end{cases}$$

上式称为时序电路的驱动方程组。

3）状态方程组

状态方程组用于描述时序电路中存储电路的次态与输入及现态之间的关系。存储电路的输出为时序逻辑电路内部输入信号 $q_1\cdots q_l$，存储电路的输入为时序逻辑电路内部的输出信号 $z_1\cdots z_k$。根据锁存器/触发器的原理可知，存储电路的次态 $q_1^*\cdots q_l^*$ 是其输入信号 $z_1\cdots z_k$ 与现态的函数，即：

$$\begin{cases} q_1^* = h_1(z_1, z_2, \cdots, z_k, q_1, q_2, \cdots, q_l) \\ q_2^* = h_2(z_1, z_2, \cdots, z_k, q_1, q_2, \cdots, q_l) \\ \vdots \\ q_l^* = h_l(z_1, z_2, \cdots, z_k, q_1, q_2, \cdots, q_l) \end{cases}$$

上式称为时序电路的状态方程组。

为了方便起见，上述三组方程也可以表示成如下向量形式：

$$Y = F[X, Q]$$
$$Z = G[X, Q]$$
$$Q^* = H[Z, Q]$$

其中，$X = (x_1, x_2, \cdots, x_i)$、$Y = (y_1, y_2, \cdots, y_j)$、$Z = (z_1, z_2, \cdots, z_k)$、$Q = (q_1, q_2, \cdots, q_l)$。

根据时序电路内部存储单元状态更新的特点，将时序逻辑电路分为两大类：同步

(Synchronous)时序电路和异步(Asynchronous)时序电路。在同步时序电路中,所有存储单元受同一时钟脉冲控制,状态更新是同时进行的。异步时序电路中的存储单元不完全受同一时钟脉冲控制,因而状态更新不是同时进行的。

另外,根据时序电路输出信号的特点,将时序电路分为 Mealy 和 Moore 两种类型。Mealy 型电路的输出 $Y=F[X, Q]$,而 Moore 型电路的输出 $Y=F[Q]$。

Moore 型电路可分为两种情况:(1)时序电路本身没有外部输入信号,因此输出只与状态有关。这种情况可以看作是 Mealy 型电路的特例;(2)时序电路有外部输入信号,但外部输入信号不直接决定其输出。也就是说,外部输入信号的变化先引起状态的变化,而状态的变化再决定输出信号。

6.2 时序电路的功能描述

时序电路与组合电路不同,时序电路的状态与时间有关,并且有现态和次态的概念,因此与组合电路的功能描述方法也不同。

虽然输出方程组、驱动方程组和状态方程组能够系统地描述时序电路的功能,但并不直观,所以还需要借助一些直观、形象的图、表来描述时序电路的逻辑功能。常用的有状态转换表、状态转换图和时序图。

6.2.1 状态转换表

状态转换表简称状态表,以表格的形式描述时序电路的次态 Q^*、外部输出信号 Y 与外部输入信号 X 以及现态 Q 之间的关系。

状态转换表有一维状态表和二维状态表两大类,其中一维状态表又有表6-1和表6-2所示的两种常用的形式。一维状态表分为三栏,状态表 6-1 左栏为现态、中间栏为次态、右侧栏为输出;状态表 6-2 左栏为时钟序号、中间栏为状态,右侧栏为输出。两种状态表等价,相比来说,表6-2所示的状态转换表更能清晰地反映在时钟脉冲作用下状态的变化关系。

表 6-1 状态转换表形式 1

现态 $Q_2Q_1Q_0$	次态 $Q_2^*Q_1^*Q_0^*$		输出 Y	
	$X=0$ 时	$X=1$ 时	$X=0$ 时	$X=1$ 时
0 0 0	0 0 1	1 1 1	0	1
0 0 1	0 1 0	0 0 0	0	0
0 1 0	0 1 1	0 0 1	0	0
0 1 1	1 0 0	0 1 0	0	0
1 0 0	1 0 1	0 1 1	0	0
1 0 1	1 1 0	1 0 0	0	0
1 1 0	1 1 1	1 0 1	0	0
1 1 1	0 0 0	1 1 0	1	0

表 6-2　状态转换表形式 2

时钟 CLK	状态 $Q_2 Q_1 Q_0$		输出 Y	
	$X=0$ 时	$X=1$ 时	$X=0$ 时	$X=1$ 时
0	0　0　0	0　0　0	0	1
1	0　0　1	1　1　1	0	0
2	0　1　0	1　1　0	0	0
3	0　1　1	1　0　1	0	0
4	1　0　0	1　0　0	0	0
5	1　0　1	0　1　1	0	0
6	1　1　0	0　1　0	0	0
7	1　1　1	0　0　1	1	0
8	0　0　0	0　0　0	0	1

6.2.2　状态转换图

状态转换图简称状态图，以图形的方式描述时序电路的逻辑功能。

表 6-1、表 6-2 所示的状态转换表对应的状态转换图如图 6-2 所示。每个状态用一个圆圈儿表示，圈儿内的数字表示状态编码，圈儿外的箭头线表示状态的转换方向，并在线旁标明状态转换的输入条件和输出结果。通常将输入条件写在斜线的上方，将输出结果写在斜线的下方。

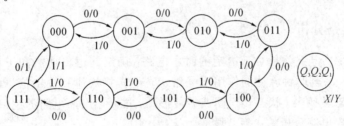

图 6-2　状态转换图

6.2.3　时序图

时序图又称为波形图，用随时间变化的波形来描述时钟脉冲、输入信号、输出信号以及电路状态的对应关系。

在数字系统仿真或数字电路实验中，经常利用波形图来验证或检查时序电路的逻辑功能。图 6-2 所示时序电路在 $X=0$ 时的波形如图 6-3 所示。

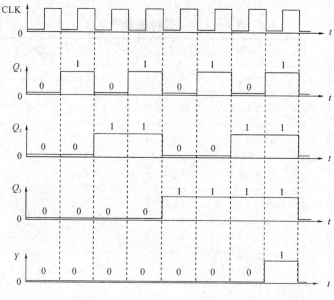

图 6 - 3　图 6 - 2 时序电路的波形图

6.3　时序电路的分析与设计

　　输出方程组、驱动方程组和状态方程组是时序逻辑电路分析与设计的理论基础。

　　同步时序逻辑电路内部存储单元状态的更新是同时进行的，因而工作速度快，但电路结构比异步时序电路要复杂一些。异步时序逻辑电路内部存储单元的状态不要求同时更新，因此可以根据需要来选择每个存储单元的时钟，因而电路结构比同步时序电路简单，但工作速度较慢，而且容易产生竞争-冒险，可靠性没有同步时序电路高。

　　由于同步时序电路具有更高的可靠性和更快的工作速度，因此在设计数字系统时，应尽量设计成同步时序电路。因此，本节主要讲述同步电路的分析与设计，对于异步时序电路，只进行简单分析。

6.3.1　时序电路分析

　　所谓时序电路分析，就是对于给定的时序电路，确定其逻辑功能和工作特点。具体的方法是，分析在一系列时钟脉冲的作用下电路状态的转换规律和输出信号的变化规律，然后根据得到的状态转换表、状态转换图或者波形图，推断出时序电路的逻辑功能。

　　同步时序逻辑电路分析的一般步骤是：

　　(1) 写出输出方程组和驱动方程组。明确时序电路所用触发器的类型和触发方式，写出各触发器的驱动方程，以及外部输出信号的表达式。

　　(2) 求出状态方程组。将驱动方程代入相应触发器的特性方程中，得到各触发器次态的函数表达式——状态方程。需要注意的是，状态方程组只有在时钟信号的有效沿到来时才成立。

　　(3) 列出状态转换表，画出状态转换图(或时序图)。设定时序电路的初始状态，根据输入和现态分析在一系列时钟脉冲的作用下时序电路的次态和相应的输出，列出状态转换表或画出状态转换图。需要注意的是，在分析过程中不要漏掉任何可能出现的现态和输入的取值组合，并计算出相应的次态和输出。

（4）确定逻辑功能。根据状态转换表、状态转换图或波形图，推断出时序电路的逻辑功能和工作特点。

【例 6-1】 写出图 6-4 所示时序电路的三组方程，并分析电路的逻辑功能。

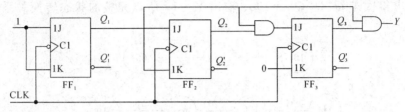

图 6-4 例 6-1 图

分析：该时序电路内部有 3 个 JK 触发器，同时受外部时钟信号 CLK 的控制，为同步时序电路。另外，该时序电路没有外部输入信号，因而输出 Y 只与状态有关，故为 Moore 型电路。

（1）写出输出方程和驱动方程组。电路只有一个输出信号 Y，其函数表达式为

$$Y = Q_1 Q_3$$

电路内部有三个 JK 触发器，所以共有如下六个驱动方程：

$$\begin{cases} J_1 = 1 \\ K_1 = 1 \end{cases} \quad \begin{cases} J_2 = Q_1 \\ K_2 = Q_1 \end{cases} \quad \begin{cases} J_3 = Q_1 Q_2 \\ K_3 = 0 \end{cases}$$

（2）求出状态方程组。将驱动方程组代入 JK 触发器的特性方程 $Q^* = JQ' + K'Q$ 中，得到电路的状态方程组为

$$\begin{cases} Q_1^* = J_1 Q_1' + K_1' Q_1 = Q_1' \\ Q_2^* = J_2 Q_2' + K_2' Q_2 = Q_1 Q_2' + Q_1' Q_2 \\ Q_3^* = J_3 Q_3' + K_3' Q_3 = Q_1 Q_2 Q_3' + Q_3 \end{cases}$$

（3）列出状态转换表，画出状态转换图

状态方程组和输出方程是通过数学形式描述时序电路的逻辑功能，并不直观，因此需要分析在一系列时钟脉冲的作用下，电路状态的具体转换规律和输出的变化规律，画出状态转换图或列出状态转换表。

设电路的初始状态 $Q_3 Q_2 Q_1 = 000$。将 $Q_3 Q_2 Q_1 = 000$ 代入到状态方程组和输出方程中，得到在第一个时钟脉冲作用下时序电路的次态和输出。再将这组状态作为现态，分析在第二个时钟脉冲作用下电路的次态和输出。依次类推，得到表 6-3 所示的状态转换表。

表 6-3 图 6-4 电路状态表

CLK	Q_3 Q_2 Q_1	Y
0	0 0 0	0
1 ↓	0 0 1	0
2 ↓	0 1 0	0
3 ↓	0 1 1	0
4 ↓	1 0 0	0
5 ↓	1 0 1	1
6 ↓	0 0 0	0

由于 3 个触发器共有 8 种状态，而表 6-3 所示的状态表只用到了 6 个状态，还有两个状态"110"和"111"没有用到。将 $Q_3 Q_2 Q_1 = 110$ 为初始状态代入到状态方程和输出方程中，求得次态 $Q_3^* Q_2^* Q_1^* = 111$、输出 $Y = 0$，将 $Q_3 Q_2 Q_1 = 111$ 为初始状态代入到状态方程和输出方程中，求得次态 $Q_3^* Q_2^* Q_1^* = 100$、输出 $Y = 1$，所以完整的状态转换关系如图 6-5 所示。

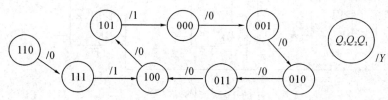

图 6-5 例 6-1 电路状态转换图

（4）确定逻辑功能。从表 6-3 可以看出，状态从"000"开始到达"101"后，在下次时钟的上升沿到来时又回到了初始状态 000，因此在后续时钟序列作用下，电路的状态必然按表 6-3 所示的转换关系反复循环，每当状态到达"101"时，输出 $Y = 1$。因此，该时序电路用于统计时钟脉冲的个数，每六个脉冲输出一个信号，因此称为六进制计数器，Y 为进位信号。

该六进制计数器只用了"000～101"六个状态，其中状态"111"和"110"没有用到，称为无效状态。从图 6-5 可以看出，无效状态经过有限个时钟脉冲都能回到有效循环状态中，因此称该电路具有"自启动"功能。

【例 6-2】 分析图 6-6 所示时序电路的逻辑功能。

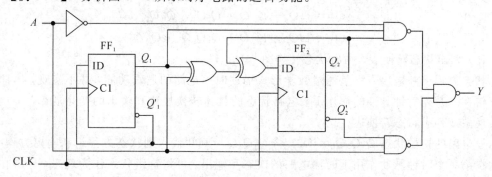

图 6-6 例 6-2 图

分析：该电路内部有两个 D 触发器，同时受外部时钟 CLK 的控制，所以为同步时序逻辑电路。由于输出 Y 与输入 A 有关，故为 Mealy 型电路。

（1）写出输出方程和驱动方程组。该时序电路只有一个输出信号，表达式为

$$Y = ((A'Q_1 Q_2)'(A Q_1' Q_2'))' = A'Q_1 Q_2 + A Q_1' Q_2'$$

该电路内部有两个 D 触发器，故驱动方程组为

$$\begin{cases} D_1 = Q_1' \\ D_2 = A \oplus Q_1 \oplus Q_2 \end{cases}$$

（2）求出状态方程组。将驱动方程组代入 D 触发器的特性方程，得到该时序电路的状态方程组

$$\begin{cases} Q_1^* = Q_0' \\ Q_2^* = A \oplus Q_1 \oplus Q_2 \end{cases}$$

（3）列出状态转换表，画出状态转换图。设电路的初始状态 $Q_2 Q_1 = 00$。外部输入信号 $A = 0$ 和 $A = 1$ 时，状态转换表如表 6-4 所示，由状态转换表可画出图 6-7 所示的状态转换图。

表 6-4　例 6-2 电路状态转换表

CLK	$A = 0$			$A = 1$		
	Q_2	Q_1	Y	Q_2	Q_1	Y
0	0	0	0	0	0	1
1↑	0	1	0	1	1	0
2↑	1	0	0	1	0	0
3↑	1	1	1	0	1	0
4↑	0	0	0	0	0	0

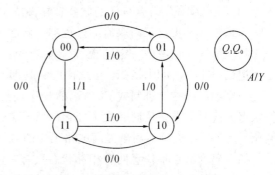

图 6-7　例 6-2 电路状态转换图

（4）确定逻辑功能。当外部输入信号 $A = 0$ 时，电路状态转移按照 $00 \to 01 \to 10 \to 11 \to 00 \to \cdots\cdots$ 规律循环，在状态 11 时输出 $Y = 1$；当外部输入信号 $A = 1$ 时，电路状态转移按 $00 \to 11 \to 10 \to 01 \to 00 \to \cdots\cdots$ 的规律循环，在状态 00 时输出 $Y = 1$，所以该电路为同步四进制加/减计数器：当 $A = 0$ 时为四进制加法计数器，Y 为进位信号；$A = 1$ 时为四进制减法计数器，Y 为借位信号。

由于两个触发器的 4 个状态均为有效状态，所以该电路具有自启动功能。

6.3.2　时序电路设计

所谓时序电路设计，就是对于给定的时序逻辑问题，画出能够满足逻辑功能要求的时序电路。

从时序电路的分析过程可以看出，只要得到驱动方程组和输出方程组，结合所选用的触发器，就能画出时序电路图，所以时序电路设计的关键是求出驱动方程组和输出方程组。

对于同步时序逻辑电路，由于内部触发器的时钟相同，而且时钟只起同步控制作用，所以设计过程相对简单一些，具体设计步骤如图 6-8 所示。

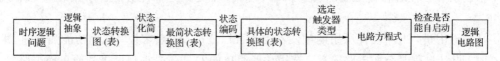

图 6-8　时序逻辑电路的设计步骤

（1）逻辑抽象，画出原始的状态转换图或列出状态转换表。

逻辑抽象就是对给定的逻辑问题进行全面分析，确定输入变量、输出变量和电路的状态数，并且定义每个输入变量、输出变量和状态的确切含义，画出能够表述电路逻辑功能的状态转换图或列出状态转换表。

（2）状态化简，获得最简的状态转换图或状态转换表。

在逻辑抽象过程中，为了确保电路逻辑功能的正确性，在设定的状态中有可能包含多余的状态。如果状态数越多，则设计出的电路就越复杂。在满足功能要求的前提下，我们希望设计出的电路越简单越好，因此需要进行状态化简，去掉多余的状态。

状态化简的基本方法是寻找等价状态。若两个状态在相同的输入条件下，转换到相同的次态中去，并且具有相同的输出，那么称这两个状态为等价状态。等价状态是重复的，可以合并为一个状态。

（3）状态编码，得到具体的状态转换图或状态转换表。

为每个状态指定不同取值的过程称为状态编码，或称为状态分配。

状态编码应该遵循一定的规律，既要考虑到时序电路工作的可靠性，又要易于识别，方便记忆。目前，常用的编码方式有三种：顺序编码、循环编码和一位热码编码方式。

顺序编码即按二进制或 BCD 码的顺序进行编码。顺序编码的优点是简单、容易记忆，但状态转换时会有多位同时发生变化的情况。例如，从"011"转换到"100"时三位同时发生变化，因此顺序编码不利于提高电路工作的可靠性。

循环码的特点是任意两个相邻状态只有一位不同，所以用于编码二进制计数器这种转换关系简单的时序电路时不会产生竞争-冒险，因而可靠性很高。但对于复杂的时序电路设计，由于状态不一定在相邻状态之间转换，因而效果与顺序编码方式相同。

采用顺序编码或循环编码时，所用触发器的个数 M 根据化简后的状态数 n 确定。M 和 n 应满足：

$$2^{n-1} < M \leqslant 2^n$$

一位热码（One-hot）是指任意一组状态编码中只有一位为 1，其余均为 0。采用一位热码编码方式时，n 个状态就需要用 n 个触发器，即 $M=n$。由于一位热码在任意状态间转换时只有两位发生变化，因而可靠性比顺序编码方式高，而且状态译码电路简单。

状态编码直接关系到设计电路的经济性和可靠性等问题，因此需要根据具体的设计要求合理选用。

状态编码完成后，经过逻辑抽象和状态化简得到的抽象的状态转换图或状态转换表就具体化了，反映出在时钟脉冲和输入信号的作用下，时序电路内部存储单元的状态变化关系以及输出关系。

（4）求出状态方程组、驱动方程组和输出方程组，选定触发器类型。

用卡诺图表示每个存储单元的次态、外部输出信号与现态以及输入信号之间的关系，从中推出状态方程组和输出方程组，再结合所选触发器的特性方程，求出相应的驱动方程组。

从理论上讲，电路设计所用的触发器类型可以任选。一般来说，选用功能强大的 JK 触发器时，设计过程复杂而电路简单，选用功能简单的 D 触发器时，设过程简单而电路复杂。

（5）检查电路能否自启动。

自启动功能是指时序电路处于无效状态时，经过有限个时钟脉冲能够回到有效状态中去。自启动的实际意义是当电路在加电过程中或因干扰脱离正常状态时，能够自动返回到有效循环中。若状态编码时存在无效状态，则需要检查所设计的电路是否具有自启动功能。

当电路不具有自启动功能时，可合理指定状态编码或修改化简过程，使无效状态能够回到有效循环中去，从而使电路具有自启动功能。也可以在加电时应用触发器的复位与置位功能将电路的初始状态强制设置为某个有效状态。

（6）画出电路图。

设计完成后，根据所选用触发器的类型以及求出的驱动方程组和输出方程组，画出时序电路图。

【例 6 - 3】　设计一个带有进位输出的同步六进制计数器。

设计过程：

（1）逻辑抽象，画出原始的状态图或列出转换表。

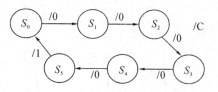

图 6 - 9　六进制计数器状态转换图

六进制计数器应该有 6 个状态，分别用 S_0、S_1、S_2、S_3、S_4 和 S_5 表示。用 C 表示计数器的进位信号。在时钟脉冲作用下，六进制计数器的状态转换关系以及进位信号如图 6 - 9 所示。

（2）状态化简，获得最简的状态图或转换表。

计数器的状态转换关系比较简单，没有两个状态具有相同的次态，所以没有等价状态，不需要进行化简。

（3）状态编码，得到具体的状态图或转换表。

采用顺序编码或循环编码时，六进制计数器需要用 3 个触发器来实现，状态依次用 $Q_3Q_2Q_1$ 表示。

由于 3 个触发器共有 8 种取值组合，可以从 8 种取值中任选一个来代表 S_0，从剩余的 7 种取值中任选一个来代表 S_1，依次类推，最后从剩余的 3 种状态中任选一个来代表 S_5，共有 A_8^6 种编码方案，但绝大部分编码方案没有特点因而没有实用价值。

本例采用常规的顺序编码方式，即将 S_0 编码为 000，S_1 编码为 001，……，S_5 编码为 101。

状态编码完成后，图 6 - 9 所示抽象的状态转换图可转化成图 6 - 10 所示的具体的状态转换图。从图中可以清楚地看出，在时钟脉冲作用下，时序电路内部各触发器状态 $Q_3Q_2Q_1$ 的转换关系。

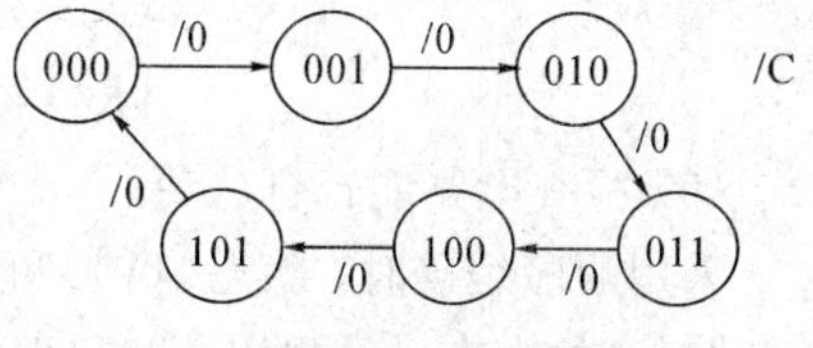

图 6 - 10　编码后的状态转换图

（4）求状态方程、驱动方程和输出方程。

触发器的次态 $Q_3^* Q_2^* Q_1^*$ 和进位信号 C 都是现态 $Q_3Q_2Q_1$ 的逻辑函数，用卡诺图表示这组函数关系，如图 6 - 11 所示，以方便逻辑函数的化简。

Q_3 ＼ Q_2Q_1	00	01	11	10
0	001/0	010/0	100/0	011/0
1	101/0	000/1	×××/×	×××/×

图 6 - 11　$Q_3^* Q_2^* Q_1^* /C$ 的卡诺图

将图 6 - 11 的卡诺图拆分成 4 张卡诺图，分别表示逻辑函数 Q_3^*、Q_2^*、Q_1^* 和 C 与状态变量 $Q_3Q_2Q_1$ 的关系，如图 6 - 12 所示。

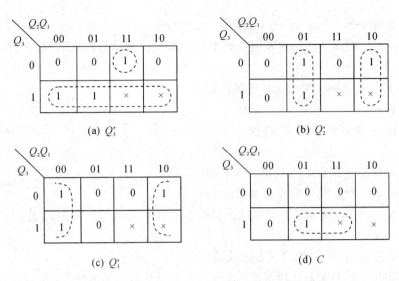

(a) Q_3^* 　　　　　　　　　　　　(b) Q_2^*

(c) Q_1^* 　　　　　　　　　　　　(d) C

图 6-12　图 6-11 卡诺图的分解

化简上述卡诺图得到时序电路的状态方程,为

$$\begin{cases} Q_3^* = Q_3 + Q_3' Q_2 Q_1 \\ Q_2^* = Q_2' Q_1 + Q_2 Q_1' \\ Q_1^* = Q_1' \end{cases}$$

和输出方程

$$Y = Q_3 Q_1$$

选用 JK 触发器设计时,将状态方程与触发器的特性方程 $Q^* = JQ' + K'Q$ 进行对比,得出驱动方程

$$\begin{cases} J_3 = Q_2 Q_1 \\ K_3 = 0 \end{cases} \quad \begin{cases} J_2 = Q_1 \\ K_2 = Q_1 \end{cases} \quad \begin{cases} J_1 = 1 \\ K_1 = 1 \end{cases}$$

(5)检查电路能否自启动。

采用顺序编码时,状态"110"和"111"为无效状态。从卡诺图的化简过程中可以看出,状态"110"的次态已经规定为"111",状态"111"的次态已经规定为"100",即电路处于"110"状态时经过两个时钟脉冲能够进入有效循环状态,处于"111"状态时经过一个时钟脉冲就能够进入有效循环状态,故设计出的电路具有自启动功能。

(6)画出电路图。

根据得到的驱动方程和输出方程即可画出与图 6-4 完全相同的电路图(略)。

【例 6-4】　设计一个串行数据检测器,要求连续输入四个或四个以上的 1 时输出为 1,否则输出为 0。

设计过程:

(1)逻辑抽象,画出原始的状态转换图或列出状态转换表。

首先确定输入变量和输出变量。串行数据检测器应该具有一个串行数据输入口和一个检测结果输出端,分别用 X 和 Z 表示。串行数据检测器的框图如图 6-13 所示。

图 6-13　串行数据检测器框图

然后确定电路的状态数。由于检测器用于检测"1111"序列，所以电路需要识别和记忆连续输入 1 的个数，因此预设电路内部有 S_0、S_1、S_2、S_3 和 S_4 五个状态。其中，S_0 表示还没有接收到一个 1，S_1 表示已经接收到一个 1，S_2 表示已经接收到两个 1，S_3 表示已经接收到三个 1，S_4 表示已经接收到四个 1。

根据设计要求，假设串行输入序列 X 为"010110111101111101111101"时，检测器的输出 Z 和内部状态的转换关系如表 6-5 所示。

表 6-5 输入、输出与状态转换关系表

输入 X	0	1	0	1	1	0	1	1	1	1	0	1	1	1	1	1	0	1	1	1	1	1	0	1
输出 Z	0	0	0	0	0	0	0	0	0	0	0	0	0	0	0	0	0	1	0	0	0	0	1	1	0	0
内部状态	S_0	S_1	S_0	S_1	S_2	S_0	S_1	S_2	S_3	S_0	S_1	S_2	S_3	S_4	S_0	S_1	S_2	S_3	S_4	S_4	S_0	S_1		

根据表 6-5 所示的关系即可画出图 6-14 所示的状态转换图。

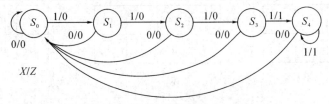

图 6-14 例 6-4 状态转换图

（2）状态化简，获得最简的状态图或转换表。

为了便于寻找等价状态，将图 6-14 所示的状态转换图转换为表 6-6 所示的状态转换表。

从状态转换表中可以看出，状态 S_3 和 S_4 在相同的输入条件下不但具有相同的次态，而且输出也相同，所以 S_3 和 S_4 为等价状态，可以合并为一个状态。这从原理也不难理解，当检测器处于 S_3 时表示已经接收到了三个 1，若下一个输入数据为 0 则肯定不是 1111 序列，退回 S_0 为下一次检测做准备；如果下一个输入数据为 1 则检测到了一个"1111"序列，输出为 1 的同时保持 S_3 等待接收下一个数据，而不需要另设一个状态。若合并后的状态用 S_3 表示，则化简后的状态转换表如表 6-7 所示。

表 6-6 串行检测器状态转换表

状态/输出 X S	0	1
S_0	$S_0/0$	$S_1/0$
S_1	$S_0/0$	$S_2/0$
S_2	$S_0/0$	$S_3/0$
S_3	$S_0/0$	$S_4/1$
S_4	$S_0/0$	$S_4/1$

表 6-7 化简后的状态转换表

状态/输出 X S	0	1
S_0	$S_0/0$	$S_1/0$
S_1	$S_0/0$	$S_2/0$
S_2	$S_0/0$	$S_3/0$
S_3	$S_0/0$	$S_3/1$

（3）状态编码，得到具体的状态转换图或状态转换表。

串行数据检测器对状态编码没有特殊要求，因此选用常规的顺序编码方式。因检测器有四个有效状态，所以选用两个触发器设计，状态分别用 Q_1Q_0 表示，并且用 00、01、10、

11 分别编码 S_0、S_1、S_2 和 S_3。

(4) 求状态方程、驱动方程和输出方程。

根据表 6-6 所示的状态表可画出触发器的次态 $Q_1^*Q_0^*$ 和输出 Z 的卡诺图，如图 6-15 所示。

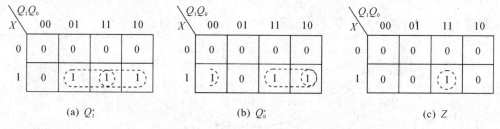

$X \backslash Q_1Q_0$	00	01	11	10
0	00/0	00/0	00/0	00/0
1	01/0	10/0	11/1	11/0

图 6-15　$Q_1^*Q_0^*/Z$ 卡诺图

将图 6-15 所示的综合卡诺图分解为图 6-16 所示的三个卡诺图，分别表示次态 Q_1^*、Q_0^* 和输出 Z 三个逻辑函数。

$X \backslash Q_1Q_0$	00	01	11	10
0	0	0	0	0
1	0	1	1	1

(a) Q_1^*

$X \backslash Q_1Q_0$	00	01	11	10
0	0	0	0	0
1	1	0	1	1

(b) Q_0^*

$X \backslash Q_1Q_0$	00	01	11	10
0	0	0	0	0
1	0	0	1	0

(c) Z

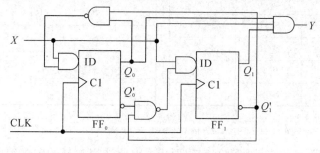

图 6-16　图 6-15 卡诺图的分解

经卡诺图化简后得到检测器的状态方程

$$\begin{cases} Q_1^* = XQ_1 + XQ_0 = X(Q_1'Q_0')' \\ Q_0^* = X(Q_1'Q_0)' \end{cases}$$

和输出方程

$$Z = XQ_2Q_1$$

选用 D 触发器设计时，将状态方程与 D 触发器的特性方程 $Q^* = D$ 进行对比，得出驱动方程

$$\begin{cases} D_1 = X(Q_1'Q_0')' \\ D_0 = X(Q_1'Q_0)' \end{cases}$$

(5) 检查能否自启动。

由于电路没有无效状态，所以能够自启动。

(6) 画出逻辑电路图。

根据驱动方程和输出方程，画出串行数据检测器的设计电路，如图 6-17 所示。

图 6-17　串行数据检测器设计图

【例 6-5】 设计一个自动售饮料机的逻辑电路。要求投币口每次只能投入一枚五角或一元的硬币。累计投入一元五角硬币后机器自动给一杯饮料；投入两元硬币后，在给饮料的同时找一枚五角的硬币。

设计过程：

(1) 逻辑抽象。首先确定输入变量和输出变量。投币是输入，给饮料和找钱是输出。

是否投入一元或五角的硬币是两种不同的输入事件，分别用两个逻辑变量 A 和 B 表示。设用 $A=1$ 表示投入一枚一元硬币，则 $A=0$ 表示没有投入一元硬币；设用 $B=1$ 表示投入一枚五角硬币，则 $B=0$ 表示没有投入五角硬币。

给饮料和找钱是两种不同的输出事件，分别用 Y 和 Z 表示。设用 $Y=1$ 表示给一杯饮料，$Y=0$ 表示不给饮料；设用 $Z=1$ 表示找回五角钱，$Z=0$ 表示不找钱。

然后确定电路的状态数。投够一元五角时应立即给饮料，所以自动售货机内部只需要设三个状态 S_0、S_1 和 S_2。S_0 表示售货机里没有钱，S_1 表示已经有五角钱，S_2 表示已经有一元钱。

由于投币口一次只能投入一枚硬币，所以 AB 只能有 00、01 和 10 三种取值。由于 $AB=11$ 不可能出现，因此作为无关项处理。根据功能要求，画出图 6-18 所示的状态转换图。

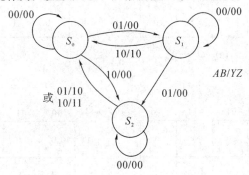

图 6-18 例 6-5 状态转换图

(2) 状态化简。本例没有等价状态，不需要进行化简。

(3) 状态编码。由于电路只有三个状态变量，采用顺序编码时只需要用 2 个触发器，状态分别用 Q_1Q_0 表示，并且取 $S_0=00$、$S_1=01$ 和 $S_2=10$。

(4) 求状态方程、驱动方程和输出方程。列出电路的次态 $Q_1^* Q_0^*$ 和输出 Y、Z 的卡诺图，如图 6-19 所示。由于正常工作时 $Q_1Q_0=11$ 不会出现，所以按无关项处理。

将图 6-19 所示的综合卡诺图进行分解，分别画出次态 Q_1^*、Q_0^* 和输出 Y、Z 的卡诺图，如图 6-20 所示。

Q_1Q_0 \ AB	00	01	11	10
00	00/00	01/00	××/××	10/00
01	01/00	10/00	××/××	00/10
11	××/××	××/××	××/××	××/××
10	10/00	00/10	××/××	00/11

图 6-19 次态 $Q_1^* Q_0^*$ 和输出 Y、Z 的卡诺图

根据图 6 - 20 所示的卡诺图求出电路的状态方程

$$\begin{cases} Q_1^* = Q_1 A' B' + Q_1' Q_0' A + Q_0' B \\ Q_0^* = Q_1' Q_0' B + Q_0 A' B' \end{cases}$$

和输出方程

$$\begin{cases} Y = Q_1 B + Q_1 A + Q_0 A \\ Z = Q_1 A \end{cases}$$

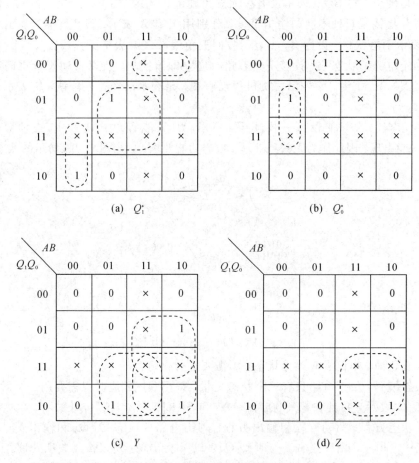

图 6 - 20 图 6 - 19 卡诺图的分解

选用 D 触发器设计时，将状态方程与 D 触发器的特性方程 $Q^* = D$ 进行对比，得出驱动方程

$$\begin{cases} D_1 = Q_1 A' B' + Q_1' Q_0' A + Q_0 B \\ D_0 = Q_1' Q_0' B + Q_0 A' B' \end{cases}$$

(5) 画出逻辑电路图。根据得到的驱动方程和输出方程即可画出如图 6 - 21 所示的设计图。当电路进入无效状态"11"后，在 $AB = 00$（无输入信号）时次态仍为"11"，在 $AB = 01$ 或 10 的情况下虽然能够返回到有效循环状态，但收费结果是错误的，所以要求电路在开始工作时，首先用复位功能将电路的初始状态设置为 00。

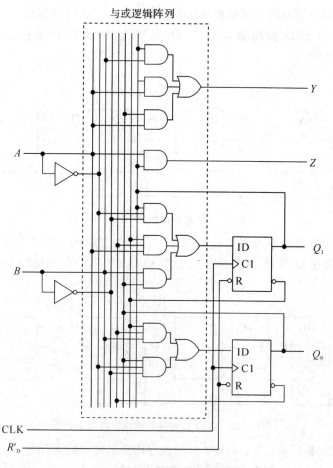

图 6-21 自动售货机设计图

思考与练习

6-1 设计一个"111"序列检测器,要求连续输入三个或三个以上的 1 时输出为 1,否则输出为 0。按例 6-4 的过程进行设计,画出设计图。

6-2 设计一个自动售车票的逻辑电路。要求投币口每次只能投入一元的硬币。投入三元硬币后机器自动给一张车票。按例 6-5 的过程进行设计,画出设计图。

6.4 寄存器与移位寄存器

寄存器是常用的存储电路,移位寄存器除具有存储功能之外,还具有三种附加功能,增加了应用的灵活性。

6.4.1 寄存器

寄存器(Register)用于存储一组二值信息。由于一个锁存器/触发器只能存储 1 位数据,所以存储 n 位信息就需要使用 n 个锁存器/触发器。

D 锁存器/触发器、SR 锁存器/触发器和 JK 触发器都可以构成寄存器,其中使用 D 锁存器/触发器最为方便。

图 6-22 是用 D 锁存器构成的四位寄存器的逻辑图。在时钟脉冲 CLK 为高电平期间，寄存器的输出 $Q_0Q_1Q_2Q_3$ 跟随输入 $D_0D_1D_2D_3$ 变化；在时钟脉冲 CLK 为低电平期间，$Q_0Q_1Q_2Q_3$ 状态保持不变。

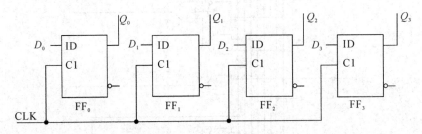

图 6-22　D 锁存器构成的四位寄存器

图 6-23 是用边沿 D 触发器构成的四位寄存器的逻辑图。当时钟脉冲 CLK 的上升沿到来时，将四位数据 $D_0D_1D_2D_3$ 分别存入 $Q_0Q_1Q_2Q_3$ 中，其余时间保持不变。

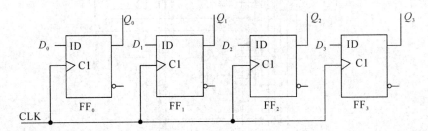

图 6-23　边沿 D 触发器构成的四位寄存器

扩展图 6-22 或 6-23 所示电路，可构成存储任意位数的寄存器。

74HC373/573 是八位三态寄存器，内部逻辑如图 6-24 所示，由门控 D 锁存器组成。当锁存允许端 LE(Latch Enable) 为高电平时，74HC373/573 中存储的数据跟随输入数据 $D_0 \sim D_7$ 变化而变化，是"透明"的；当 LE 为低电平时，寄存器所存数据锁定并保持不变。当输出控制端 OE'(Output Enable) 为低电平时允许数据输出，否则输出 $Q_0 \sim Q_7$ 为高阻状态。74HC373/573 的功能表如表 6-8 所示。

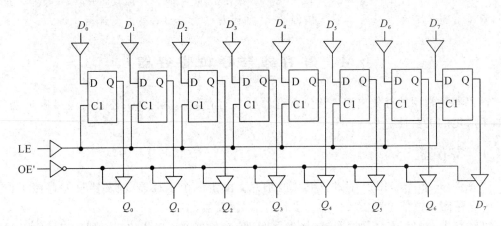

图 6-24　74HC373/573 逻辑图

表 6 - 8　74HC373/573 功能表

OE$'$	LE	数据 D	输出
L	H	H	H
L	H	L	L
L	L	$\times$	Q_0
H	$\times$	$\times$	高阻

74HC374/574 是八位三态寄存器，内部逻辑如图 6 - 25 所示，由边沿 D 触发器组成。在时钟脉冲 CLK 的上升沿将八位数据 $D_0 \sim D_7$ 存入寄存器中，其余时间保持不变。当输出允许 OE$'$ 为低电平时允许数据输出，否则输出为高阻状态。74HC374/574 的功能表如表 6 - 9 所示。

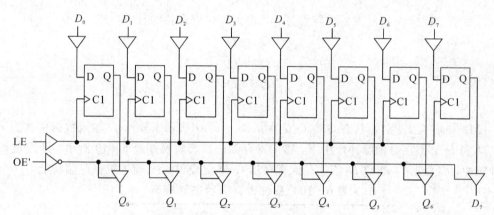

图 6 - 25　74HC374/574 逻辑图

表 6 - 9　74HC374/574 功能表

OE$'$	CLK	数据 D	输出
L	↑	H	H
L	↑	L	L
L	L	$\times$	Q_0
H	$\times$	$\times$	Z

6.4.2　移位寄存器

移位寄存器（Shift Register）是在寄存器的基础上改进而来的，不但具有数据存储功能，而且还可以在时钟脉冲的作用下实现数据的移动。图 6 - 26 是由边沿 D 触发器组成的四位移位寄存器。

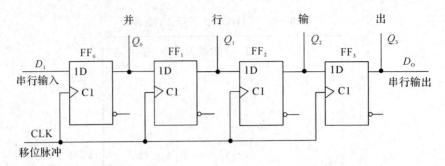

图 6-26　边沿 D 触发器组成的四位移位寄存器

四位移位寄存器的驱动方程为

$$\begin{cases} D_0 = D_1 \\ D_1 = Q_0 \\ D_2 = Q_1 \\ D_3 = Q_2 \end{cases}$$

将驱动方程代入 D 触发器的特性方程,得到移位寄存器的状态方程

$$\begin{cases} Q_0^* = D_1 \\ Q_1^* = Q_0 \\ Q_2^* = Q_1 \\ Q_3^* = Q_2 \end{cases}$$

设移位寄存器的初始状态 $Q_0Q_1Q_2Q_3 = x_0x_1x_2x_3$($x$ 表示未知),D_1 输入数据依次为 D_3、D_2、D_1 和 D_0,则在时钟脉冲作用下,移位寄存器的状态转换如表 6-10 所示,即经过四个时钟脉冲,将数据 $D_0D_1D_3D_3$ 依次存入寄存器 $Q_0Q_1Q_2Q_3$ 中,实现了数据存储功能。

表 6-10　移位寄存器状态转换表

CLK	D_1	Q_0	Q_1	Q_2	Q_3
0	D_3	x_0	x_1	x_2	x_3
1 ↑	D_2	D_3	x_0	x_1	x_2
2 ↑	D_1	D_2	D_3	x_0	x_1
3 ↑	D_0	D_1	D_2	D_3	x_0
4 ↑	x	D_0	D_1	D_2	D_3

除具有存储功能之外,移位寄存器还增加了以下三个附加功能:

(1) 作为 FIFO(First-In First-Out)缓存器。数据从 D_1 输入,延迟四个时钟周期从 D_0 输出;

(2) 实现串行数据—并行数据的转换。数据 $D_0D_1D_3D_3$ 经过四个时钟脉冲存入寄存器后,从 $Q_0Q_1Q_2Q_3$ 同时取出即可实现串行数据到并行数据的转换;

(3) 若规定 Q_0 为低位,Q_3 为高位,在没有发生溢出的情况下,每向右移动一位,数据就扩大了一倍(默认移入的数据为 0)。例如,当 $Q_0Q_1Q_2Q_3 = 1100$ 时,向右移一位变为 0110。

图 6-27 是用 JK 触发器组成的四位移位寄存器,在时钟脉冲下降沿工作。从图中可以

看出，JK 触发器在构成移寄存器时已经改接为 D 触发器使用了。

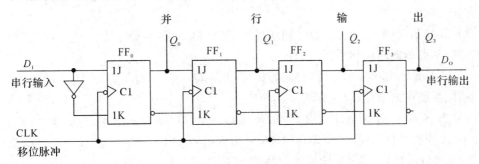

图 6-27　用 JK 触发器构成的四位移位寄存器

74HC164 是八位串入/并出移位寄存器，具有异步清零和右移功能，满足单字节转换需要。内部逻辑图和功能表请查阅器件手册。

思考与练习

6-3　能否用门控 D 锁存器代替图 6-26 中的边沿 D 触发器？试分析原因。

6-4　能否用脉冲 D 触发器代替图 6-26 中的边沿 D 触发器？试分析原因。

74HC194 是四位双向移位寄存器，在时钟脉冲作用下能够实现数据的并行输入、左移、右移和保持四种功能，内部逻辑如图 6-28 所示。其中 D_{IR} 为右移串行数据输入端，D_{IL} 为左移串行数据输入端，$D_0 D_1 D_2 D_3$ 为并行数据输入端，$Q_0 Q_1 Q_2 Q_3$ 为状态输出端，R'_D 为异步复位端。S_1 和 S_0 用于控制移位寄存器的工作状态。CLK 为时钟脉冲输入端，上升沿有效。

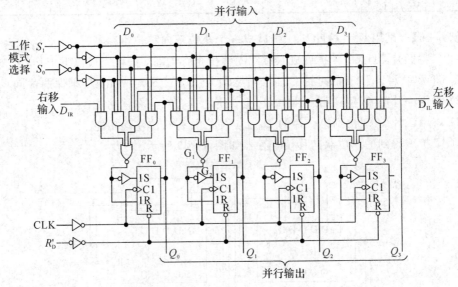

6-28　74HC194 内部逻辑图

74HC194 内部由四个 SR 触发器（改接为 D 触发器）和控制逻辑电路组成，各触发器的驱动电路形式类似。下面以触发器 FF_1 为例，分析 74HC194 的逻辑功能。

由图 6-28 可以推出 FF_1 的状态方程为

$$Q_1^* = Q_0 S'_1 S_0 + D_1 S_1 S_{0+} Q_2 S_1 S'_0 + Q_1 S'_1 S'_0$$

(1) 当 $S_1S_0=00$ 时，$Q_1^*=Q_1$。同理推得 $Q_0^*=Q_0$、$Q_2^*=Q_2$、$Q_3^*=Q_3$，因此 74HC194 工作在保持状态。

(2) 当 $S_1S_0=01$ 时，$Q_1^*=Q_0$。同理推得 $Q_0^*=D_{IR}$、$Q_2^*=Q_1$、$Q_3^*=Q_2$，因此 74HC194 处于右移(从低位向高位移)工作状态。

(3) 当 $S_1S_0=10$ 时，$Q_1^*=Q_2$。同理推得 $Q_0^*=Q_1$、$Q_2^*=Q_3$、$Q_3^*=D_{IL}$，因此 74HC194 处于左移(从高位向低位移)工作状态。

(4) 当 $S_1S_0=11$ 时，$Q_1^*=D_1$。同理可以推得 $Q_0^*=D_0$，$Q_2^*=D_2$，$Q_3^*=D_3$，因此 74HC194 工作在并行输入状态，即在时钟脉冲上升沿到来时，将 $D_0D_1D_2D_3$ 存入 $Q_0Q_1Q_2Q_3$ 中。

此外，74HC194 的 R'_D 为异步复位信号，当 R'_D 有效时，$Q_0Q_1Q_2Q_3=0000$。综上分析，可得 74HC194 的功能表，如表 6-11 所示。

表 6-11　74HC194 功能表

输　入			功　能	
CLK	R'_D	$S_1\ S_0$	说　明	解　释
×	0	×　×	复位	$Q_3Q_2Q_1Q_0=0000$
↑	1	0　0	保持	$Q_3^*Q_2^*Q_1^*Q_0^*=Q_3Q_2Q_1Q_0$
↑	1	0　1	右移	$Q_3^*Q_2^*Q_1^*Q_0^*=Q_2Q_1Q_0D_{IR}$
↑	1	1　0	左移	$Q_3^*Q_2^*Q_1^*Q_0^*=D_{IL}Q_2Q_1Q_0$
↑	1	1　1	并行输入	$Q_3^*Q_2^*Q_1^*Q_0^*=D_3D_2D_1D_0$

【例 6-6】　试用两片 74HC194 扩展成一个八位双向移位寄存器。

分析：将两片 74HC194 扩展成八位双向移位寄存器时，需要完成以下工作：

(1) 将两片 74HC194 的时钟 CLK、功能端 R'_D、S_1、S_0 对应相接，确保两片同步工作；

(2) 将第一片的 Q_3 接到第二片的 D_{IR} 上，使之具有八位右移功能；

(3) 将第二片的 Q_0 接到第一片的 D_{IL} 上，使之具有八位左移功能。

因此，扩展得到的八位双向移位寄存器如图 6-29 所示。

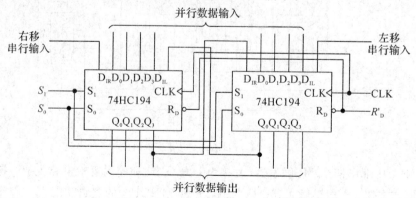

图 6-29　用 74HC194 扩展为八位双向移位寄存器

74HC299 是单片集成八位双向移位寄存器，和 74HC194 一样，具有异步清零、左移、右移、保持和并行输入功能，满足单字节应用的需要。不同的是，74HC299 为三态输出，内部逻辑图和功能表可查阅器件手册。

思考与练习

6－5　能否用三片 74HC194 扩展成一个十二位双向移位寄存器？试画出设计图。

6－6　能否用四片 74HC194 扩展成一个十六位双向移位寄存器？试画出设计图。

【例 6－7】　分析图 6－30 所示时序电路的功能。

分析：因 $R'_D=1$，$S_1S_0=01$，所以 74HC194 工作在右移状态。

设 74HC194 的初始状态 $Q_0Q_1Q_2Q_3=0000$，在时钟脉冲作用下，分析可得电路的状态转换表如表 6－12 所示。从状态表可以看出，该电路由八个状态形成一个循环关系，故为八进制计数器。

表 6－12　例 6－7 电路的状态转换表

CLK	Q_0	Q_1	Q_2	Q_3
0	0	0	0	0
1 ↑	1	0	0	0
2 ↑	1	1	0	0
3 ↑	1	1	1	0
4 ↑	1	1	1	1
5 ↑	0	1	1	1
6 ↑	0	0	1	1
7 ↑	0	0	0	1
8 ↑	0	0	0	0

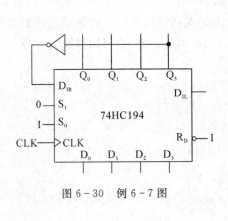

图 6－30　例 6－7 图

【例 6－8】　用 74HC194 设计"1111"序列检测器。

设计过程：

利用 74HC194 的左移或右移功能，串行数据从 D_{IL} 或 D_{IR} 输入，当状态 $Q_0Q_1Q_2Q_3$ 同时为 1 时，输出检测结果为 1。

取 $S_1S_0=01$ 时，74HC194 处于右移工作状态，串行数据序列 X 从 D_{IR} 输入，Z 为检测输出，设计电路如图 6－31 所示。

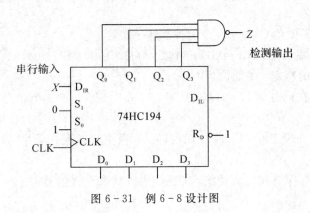

图 6－31　例 6－8 设计图

6.5 计 数 器

计数器(Counter)用于统计输入时钟脉冲的个数。根据计数器内部触发器状态更新的特点，将计数器分为同步计数器和异步计数器两大类。

在时钟脉冲作用下，同步计数器内部触发器状态的更新是同时进行的，而异步计数器由于其内部触发器的时钟不完全相同，所以状态更新不是同时进行的。由于同步计数器内部触发器的状态同时进行，所以工作速度快。而异步计数器时钟不需要完全相同，所以时钟的选取比较灵活，因而电路结构比同步计数器简单。

若根据计数容量(也称为进制、模)进行划分，计数器可分为二进制(Binary)计数器、十进制(Decade)计数器和其他(Arbitrary)进制计数器三类。二进制计数器的计数容量为 2^n，十进制计数器的计数容量为 10，除二进制和十进制之外的计数器统称为其他进制计数器。

若根据计数方式进行划分，计数器可分为加法(Up)计数器、减法(Down)计数器和加/减(Up-Down)计数器三种。加法计数器输出状态的编码递增，减法计数器输出状态的编码递减。加/减法计数器又称为可逆计数器，既可以做加法计数，也可以做减法计数。

6.5.1 同步计数器设计

常用的计数器主要有二进制计数器和十进制计数器两种。

本节首先讲述同步二进制(包括加法、减法和加/减)计数器的设计原理，然后再讲述十进制计数器的设计，同时介绍常用的同步集成计数器。

1. 同步二进制计数器

二进制计数器的状态转换非常具有规律性。四位二进制加法计数器的状态转换如图 6-32 所示。

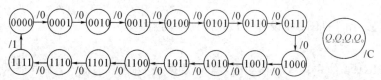

图 6-32 四位二进制加法计数器状态图

计数器传统的设计方法是按例 6-3 所示的一般时序电路的设计过程进行的。若基于 T 触发器设计，则可以根据内部触发器状态转换的规律直接推出其驱动方程。

从状态图可以看出：

(1) 计数器的最低位 Q_0 每来一个时钟翻转一次；

(2) 次低位 Q_1 在现态 0001、0011、0101、0111、1001、1011、1101、1111 时翻转。这八个状态有一个共同的特点：最低位为 1；

(3) 次高位 Q_2 在现态 0011、0111、1011、1111 时翻转。这四个状态有一个共同的特点：最低两位同时为 1；

(4) 最高位 Q_3 在现态 0111、1111 时翻转。这两个状态有一个共同的特点：低三位同时为 1。

T 触发器只具有保持和翻转功能，考虑到引入计数允许信号 EN 时，驱动方程分别为

$$\begin{cases} T_0 = 1 \cdot EN \\ T_1 = Q_0 \cdot EN \\ T_2 = Q_1 Q_0 \cdot EN \\ T_3 = Q_2 Q_1 Q_0 \cdot EN \end{cases}$$

四位二进制加法计数器在循环的最后一个状态"1111"输出进位信号，故输出方程

$$C = Q_3 Q_2 Q_1 Q_0$$

按上述驱动方程和输出方程即可设计出如图 6-33 所示的同步四位二进制加法计数器。

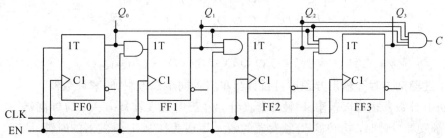

图 6-33　四位二进制加法计数器逻辑图

四位二进制减法计数器的状态图如图 6-34 所示。

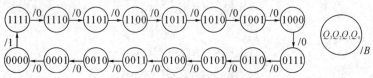

图 6-34　四位二进制减法计数器状态图

基于 T 触发器设计时，根据四位二进制减法计数器 $Q_3 Q_2 Q_1 Q_0$ 的状态转换规律也可以直接推出其驱动方程

$$\begin{cases} T_0 = 1 \cdot EN \\ T_1 = Q_0' \cdot EN \\ T_2 = Q_1' Q_0' \cdot EN \\ T_3 = Q_2' Q_1' Q_0' \cdot EN \end{cases}$$

四位二进制减法计数器应该在状态"0000"输出借位信号，故输出方程

$$B = Q_3' Q_2' Q_1' Q_0'$$

根据上述驱动方程和输出方程即可设计出如图 6-35 所示的同步四位二进制减法计数器。

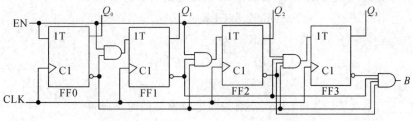

图 6-35　四位二进制减法计数器逻辑图

加/减计数器在时钟脉冲的作用下既可以实现加法计数也可以实现减法计数，可分为单时钟加/减计数器和双时钟加/减计数器两类。

单时钟加/减计数器无论做加法计数还是减法计数都使用同一个时钟，用 U'/D 控制计数方式：当 $U'/D=0$ 时实现加法计数，$U'/D=1$ 时实现减法计数。将加法计数器的设计结果和减法计数器的设计结果进行综合，可以推出单时钟加/减计数器的驱动方程

$$\begin{cases} T_0=1 \\ T_1=(U'/D)' \cdot Q_0+(U'/D) \cdot Q_0' \\ T_2=(U'/D)' \cdot Q_0Q_1+(U'/D) \cdot Q_0'Q_1' \\ T_3=(U'/D)' \cdot Q_0Q_1Q_2+(U'/D) \cdot Q_0'Q_1'Q_2' \end{cases}$$

和输出方程

$$Y=(U'/D)' \cdot Q_0Q_1Q_2Q_3+(U'/D) \cdot Q_0'Q_1'Q_2'Q_3'$$

按上述驱动方程和输出方程即可设计出单时钟同步二进制加/减计数器。

二进制计数器也可以基于 T' 触发器设计。由于 T' 触发器每来一个时钟翻转一次，因此基于 T' 触发器设计时，由控制 T 触发器的输入 T 改为控制 T' 触发器的时钟。

设四位二进制加法计数器的时钟为 CLK_U，参考基于 T 触发器的结果，T' 触发器的时钟方程为

$$\begin{cases} CLK_0=CLK_U \\ CLK_1=Q_0 \cdot CLK_U \\ CLK_2=Q_1Q_0 \cdot CLK_U \\ CLK_3=Q_2Q_1Q_0 \cdot CLK_U \end{cases}$$

其中，CLK_0、CLK_1、CLK_2 和 CLK_3 分别为四个 T' 触发器的时钟脉冲。设计电路如图 6-36 所示。

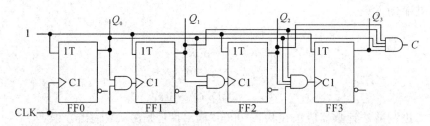

图 6-36　四位二进制加法计数器逻辑图（基于 T' 触发器）

按类似思路，同样可以设计出基于 T' 触发器的二进制减法计数器。设减法计数器的时钟为 CLK_D，则四位二进制减法计数器中 T' 触发器的时钟方程为

$$\begin{cases} CLK_0=CLK_D \\ CLK_1=Q_0' \cdot CLK_D \\ CLK_2=Q_1'Q_0' \cdot CLK_D \\ CLK_3=Q_2'Q_1'Q_0' \cdot CLK_D \end{cases}$$

其中，CLK_0、CLK_1、CLK_2 和 CLK_3 分别为四个触发器的时钟脉冲。

双时钟加/减计数器采用不同时钟源来控制加/减计数：做加法计数时，时钟脉冲从 CLK_U 加入，$CLK_D=0$；做减法计数时，时钟脉冲从 CLK_D 加入，$CLK_U=0$。综合加法计数

器和减法计数器的设计结果,可以推出双时钟四位加/减计数器的时钟方程为

$$
\begin{cases}
\mathrm{CLK}_0 = 1 \\
\mathrm{CLK}_1 = Q_0 \cdot \mathrm{CLK_U} + Q_0' \cdot \mathrm{CLK_D} \\
\mathrm{CLK}_2 = Q_1 Q_0 \cdot \mathrm{CLK_U} + Q_1' Q_0' \cdot \mathrm{CLK_D} \\
\mathrm{CLK}_3 = Q_2 Q_1 Q_0 \cdot \mathrm{CLK_U} + Q_2' Q_1' Q_0' \cdot \mathrm{CLK_D}
\end{cases}
$$

输出方程为

$$
Y = Q_3 Q_2 Q_1 Q_0 \cdot \mathrm{CLK_U} + Q_3' Q_2' Q_1' Q_0' \cdot \mathrm{CLK_D}
$$

思考与练习

6-7　基于 T 触发器,设计三位二进制计数器。写出其驱动方程和输出方程。

6-8　基于 T 触发器,设计五位二进制计数器。写出其驱动方程和输出方程。

6-9　总结基于 T 触发器设计 n 位二进制同步计数器的规律。

74HC161 是集成同步四位二进制计数器,具有异步复位、同步置数、保持和计数功能,内部逻辑如图 6-37 所示。

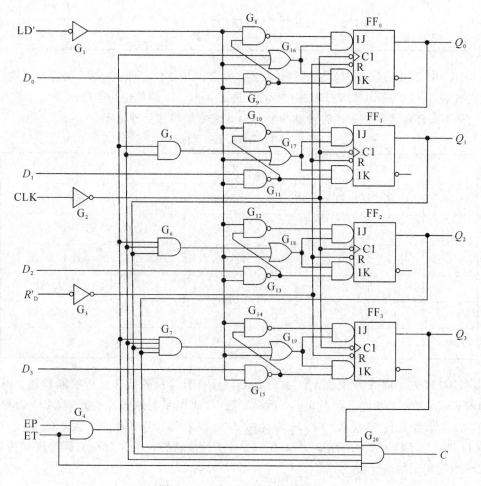

图 6-37　74HC161 内部逻辑图

图 6-37 中，CLK 是时钟脉冲输入端，计数器在时钟脉冲的上升沿工作。R'_D 为异步复位端，当 R'_D 有效时将计数器的状态清零。LD$'$ 为同步置数控制端，当 $R'_D = 1$、LD$' = 0$ 时，在时钟脉冲上升沿到来时将 $D_3 D_2 D_1 D_0$ 置入 $Q_3 Q_2 Q_1 Q_0$ 中。EP 为计数允许控制端；ET 为进位链接端，在计数器容量扩展时用于进位链接。当 $R'_D = 1$、LD$' = 1$ 时，若 EP·ET = 1，则 74HC161 处于计数状态，若 EP·ET = 0，则处于保持状态。74HC161 的功能表如表 6-13 所示。

表 6-13 74HC161 功能表

输 入				功 能	
CLK	R'_D	LD$'$	EP ET	说明	解 释
×	0	×	× ×	异步复位	$Q_3 Q_2 Q_1 Q_0 = 0000$
↑	1	0	× ×	同步置数	$Q_3^* Q_2^* Q_1^* Q_0^* = D_3 D_2 D_1 D_0$
×	1	1	0 1	保持	$Q^* = Q$
×	1	1	× 0			$C = 0$
↑	1	1	1 1	计数	$Q^* <= Q+1$

74HC163 是集成同步四位二进制计数器，具有同步复位、同步置数、保持和计数功能，功能表如表 6-14 所示。与 74HC161 不同的是，74HC163 的复位功能是同步的，即当复位信号有效时，还需要等到下次时钟脉冲上升沿到来才能将计数器清零。

表 6-14 74HC163 功能表

输 入				功 能	
CLK	CLR$'$	LD$'$	EP ET	说明	解 释
↑	0	×	× ×	同步复位	$Q_3^* Q_2^* Q_1^* Q_0^* = 0000$
↑	1	0	× ×	同步置数	$Q_3^* Q_2^* Q_1^* Q_0^* = D_3 D_2 D_1 D_0$
×	1	1	0 1	保持	$Q^* = Q$
×	1	1	× 0			$C = 0$
↑	1	1	1 1	计数	$Q^* <= Q+1$

74HC191 是单时钟十六进制加/减计数器，具有异步预置数和计数控制功能，内部逻辑如图 6-38 所示，功能表如表 6-15 所示。图中 CLK$_1$ 是时钟脉冲输入端，LD$'$ 为异步置数端，S' 为计数允许控制端，U'/D 为计数方向控制端。当 LD$' = 0$ 时，$Q_3 Q_2 Q_1 Q_0 = D_3 D_2 D_1 D_0$。当 LD$' = 1$、$S' = 0$ 时，74HC191 处于计数状态，若 $U'/D = 0$ 则实现加法计数，$U'/D = 1$ 则实现减法计数。

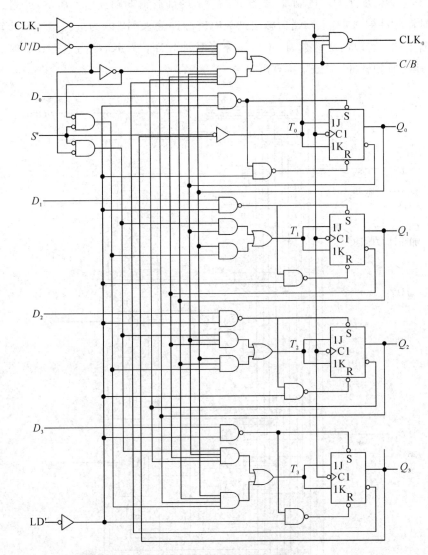

图 6 - 38　74HC191 内部逻辑图

表 6 - 15　74HC191 功能表

输　入				功　能	
CLK_1	S'	LD'	U'/D	说　明	解　释
×	×	0	×	异步置数	$Q_3 Q_2 Q_1 Q_0 = D_3 D_2 D_1 D_0$
×	1	1	×	保持	$Q^* = Q$
↑	0	1	0	加法计数	$Q^* <= Q+1$
↑	0	1	1	减法计数	$Q^* <= Q-1$

74HC193 是双时钟十六进制加/减法计数器，内部逻辑如图 6-39 所示，其中 CLK_U 是加法计数时钟脉冲输入端，CLK_D 为减法计数时钟脉冲输入端。C' 为进位信号输出端，B' 为借位信号输出端。实现加法计数时，CLK_U 外接时钟脉冲，CLK_D 接高电平；实现减法计数时，CLK_D 外接时钟脉冲，CLK_U 接高电平。

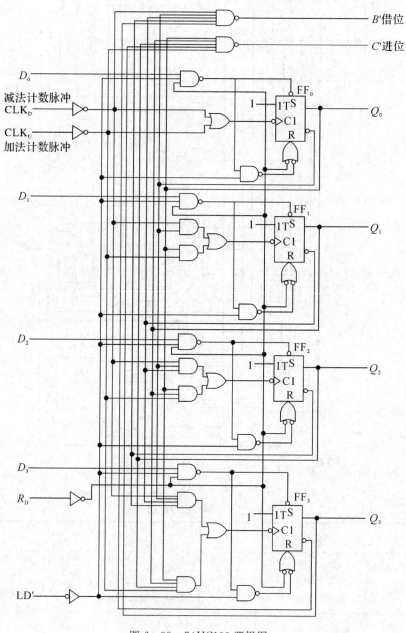

图 6-39　74HC193 逻辑图

74HC193 具有异步复位和异步预置数功能，功能表如表 6-16 所示。当 $R_D=1$ 时，将计数器状态清零。当 $R_D=0$、$LD'=0$ 时，将 $D_3D_2D_1D_0$ 置入 $Q_3Q_2Q_1Q_0$ 中。

表 6 - 16　74HC193 功能表

输　入				功　能	
CLK_U	CLK_D	R_D	LD'	说　明	解　释
×	×	1	×	异步复位	$Q_3Q_2Q_1Q_0 = 0000$
×	×	0	0	异步置数	$Q_3Q_2Q_1Q_0 = D_3D_2D_1D_0$
↑	1	0	1	加法计数	$Q^* <= Q+1$
1	↑	0	1	减法计数	$Q^* <= Q-1$

除上述常用二进制计数器外，还有许多二进制计数器器件，其功能和使用方法参考相关器件手册。

2. 同步十进制计数器

同步十进制计数器既可以按一般时序电路的设计方法进行设计，同样也可以采用 T 触发器设计，根据计数器内部触发器状态的转换规律直接推出其驱动方程。

同步十进制加法计数器的状态图如图 6 - 40 所示。

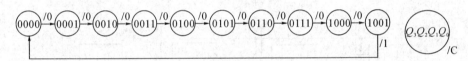

图 6 - 40　十进制加法计数器状态图

从状态图可以看出：

（1）最低位 Q_0 每来一个时钟时翻转一次；

（2）次低位 Q_1 在现态 0001、0011、0101、0111 时翻转；

（3）次高位 Q_2 在现态 0011、0111 时翻转；

（4）最高位 Q_3 在现态 0111、1001 时翻转。

采用 T 触发器设计，并引入计数允许信号 EN 时，根据计数器状态 $Q_3Q_2Q_1Q_0$ 的转换规律可直接推出驱动方程

$$\begin{cases} T_0 = 1 \cdot EN \\ T_1 = Q_3' Q_0 \cdot EN \\ T_2 = Q_1 Q_0 \cdot EN \\ T_3 = (Q_2 Q_1 Q_0 + Q_3 Q_0) \cdot EN \end{cases}$$

十进制加法计数器应在最后一个状态"1001"时输出进位信号，故输出方程

$$C = Q_3 Q_0$$

按上述驱动方程和输出方程即可设计出如图 6 - 41 所示的同步十进制加法计数器。

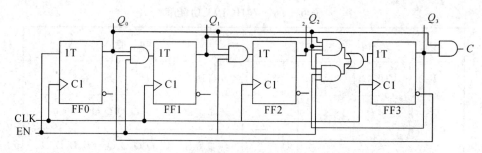

图 6-41 同步十进制加法计数器逻辑图

采用 T 触发器设计十进制减法计数器时，同样根据状态转换规律可以推出其驱动方程

$$\begin{cases} T_0 = 1 \cdot \mathrm{EN} \\ T_1 = Q'_0 (Q'_3 Q'_2 Q'_1)' \cdot \mathrm{EN} \\ T_2 = Q'_1 Q'_0 (Q'_3 Q'_2 Q'_1)' \cdot \mathrm{EN} \\ T_3 = Q'_2 Q'_1 Q'_0 \cdot \mathrm{EN} \end{cases}$$

其中 EN 为计数允许信号。

减法计数器在状态"0000"时输出借位信号，故输出方程

$$B = Q'_3 Q'_2 Q'_1 Q'_0$$

按照上述驱动方程和输出方程即可设计出如图 6-42 所示的同步十进制减法计数器。

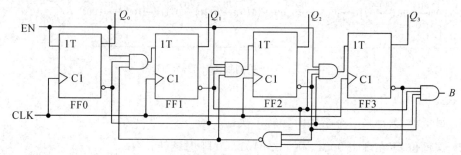

图 6-42 同步十进制减法计数器逻辑图

单时钟十进制加/减计数器仍然采用同一时钟，由控制端 U'/D 控制加/减计数。综合十进制加法计数器和减法计数器的设计结果，可以推出单时钟十进制加/减计数器的驱动方程

$$\begin{cases} T_0 = 1 \\ T_1 = (U'/D)' \cdot Q'_3 Q_0 + (U'/D) \cdot Q'_0 (Q'_3 Q'_2 Q'_1)' \\ T_2 = (U'/D)' \cdot Q_1 Q_0 + (U'/D) \cdot Q'_1 Q'_0 (Q'_3 Q'_2 Q'_1)' \\ T_3 = (U'/D)' \cdot (Q_2 Q_1 Q_0 + Q_3 Q_0) + (U'/D) \cdot Q'_2 Q'_1 Q'_0 \end{cases}$$

和输出方程

$$Y = (U'/D)' Q_3 Q_0 + (U'/D) Q'_3 Q'_2 Q'_1 Q'_0$$

按上述驱动方程和输出方程即可构成单时钟同步十进制加/减计数器。

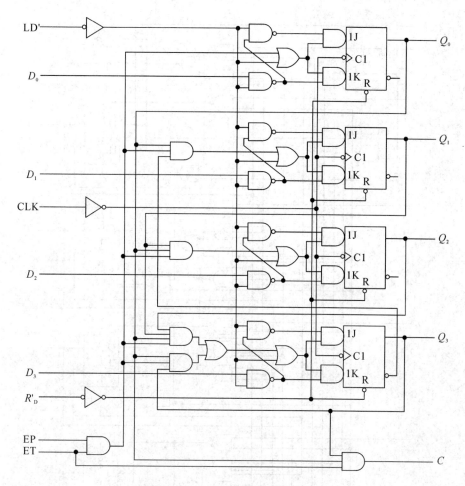

图 6 - 43　74HC160 内部逻辑图

74HC160 是集成同步十进制计数器，具有异步清零、同步置数、保持和计数功能，内部逻辑如图 6 - 43 所示。74HC160 的管脚排列和使用方法与 74HC161 完全相同，不同的是 74HC160 内部为十进制计数逻辑，而 74HC161 为十六进制计数逻辑。

74HC162 是集成同步十进制计数器，具有同步清零、同步置数、保持和计数功能。74HC162 的管脚排列和使用方法与 74HC163 完全相同，不同的是 74HC162 内部为十进制计数逻辑，而 74HC163 为十六进制计数逻辑。

74HC190 是单时钟同步十进制加/减计数器，具有异步清零和异步置数功能，内部逻辑如图 6 - 44 所示。其中 CLK 是计数时钟脉冲输入端，U'/D 是计数方式控制端。74HC190 的管脚排列和使用方法与 74HC191 完全相同，不同的是 74HC190 内部为十进制加/减计数逻辑，而 74HC191 为十六进制加/减计数逻辑。

74HC192 是双时钟十进制加/减法计数器，具有异步清零和异步预置数功能。74HC192 的管脚排列和使用方法与 74HC193 完全相同，不同的是 74HC192 为十进制计数逻辑，而 74HC193 为十六进制计数逻辑。

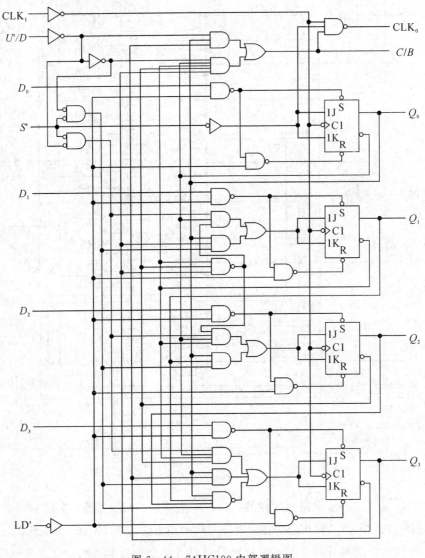

图 6 - 44 74HC190 内部逻辑图

思考与练习

6 - 10 74HC161 和 74HC163 有什么共同点和不同点? 74HC160 和 74HC162 有什么共同点和不同点?

6 - 11 74HC191 和 74HC193 有什么共同点和不同点? 74HC190 和 74HC192 有什么共同点和不同点?

6.5.2 异步计数器分析

异步二进制计数器的电路结构非常具有规律性,计数时内部触发器的状态翻转从低位到高位逐位进行。

三位二进制异步加法计数器如图 6 - 45 所示,外部时钟从 CLK_0 接入,然后从左向右用低位触发器的状态 Q 依次作为高位触发器的时钟。

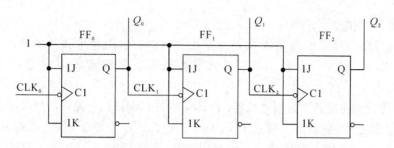

图 6-45 下降沿工作的异步二进制加法计数器

设计数器的初始状态 $Q_2 Q_1 Q_0 = 000$。由于每个 JK 触发器接成了 T' 触发器,下降沿翻转,所以在外部时钟 CLK_0 的作用下,计数器状态变化的波形图如图 6-46 所示。

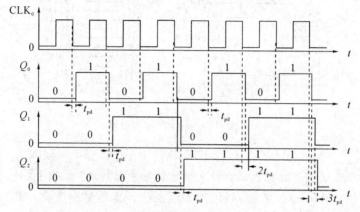

图 6-46 异步二进制加法计数器波形图

从波形图可以看出,触发器的状态更新要比时钟脉冲的下降沿滞后一个触发器的传输延迟时间 t_{pd},所以计数器从状态"111"返回到状态"000"的过程中,其状态变化是按"111→(110)→(100)→000"的路线进行的,中间短暂经过了状态"110"和"100",经历了 $3t_{pd}$ 才稳定到状态"000"。

若将图 6-45 中低位触发器的状态 Q' 依次作为高位触发器的时钟,即可构成异步二进制减法计数器。

异步二进制计数器也可以用上升沿工作的触发器构成。图 6-47 是用 D 触发器构成的三位二进制异步加法计数器,其状态更新是在时钟脉冲的上升沿进行的。

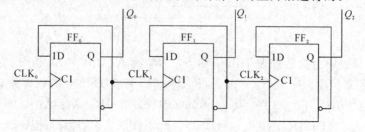

图 6-47 上升沿工作的异步二进制加法计数器

若将图 6-47 中低位触发器的状态 Q 依次作为高位触发器的时钟,即可构成异步二进制减法计数器。

异步计数器结构简单,但由于内部触发器的状态更新不是同步进行的,因此工作速度较慢，而且容易产生竞争-冒险。

在数字系统中，异步二进制计数器通常用作分频器。设时钟脉冲的频率为 f_0，由图 6-46的波形图可以看出，三位二进制计数器状态 Q_0、Q_1 和 Q_2 的频率依次为 $(1/2)f_0$、$(1/4)f_0$ 和 $(1/8)f_0$。

CD4060 为十四位异步二进制计数器，内部集成的 CMOS 门电路可与外接的 R、C 或石英晶体构成多谐振荡器，输出信号送至 14 级异步二进制计数器进行分频，可输出多种频率信号。CD4060 的典型应用电路如图 6-48 所示，外接 32 768 Hz 晶振时，可输出 2048 Hz、1024 Hz、512 Hz、256 Hz、128 Hz、64 Hz、32 Hz、8 Hz、4 Hz 和 2 Hz 十种方波信号。

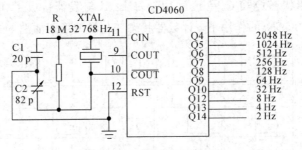

图 6-48　CD4060 应用电路

思考与练习

6-12　异步二进制计数器内部由什么功能的触发器构成？结构上有什么规律？

6-13　试用两片双 D 触发器 74HC74 设计异步十六进制计数器。画出设计图。

6-14　试用两片双 JK 触发器 74HC112 设计异步十六进制计数器。画出设计图。

74HC290 是异步二-五-十进制计数器，内部逻辑框图如图 6-49 所示，由两个独立的计数器构成：一是一位二进制计数器，时钟脉冲为 CLK_0，状态输出为 Q_0；二是异步五进制计数器，时钟脉冲为 CLK_1，状态输出为 $Q_3Q_2Q_1$。

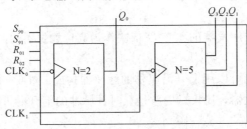

图 6-49　74HC290 逻辑框图

74HC290 提供两组功能控制端：S_{91} 和 S_{92}、R_{01} 和 R_{02}，其中 S_{91} 和 S_{92} 为异步置 9 端，R_{01} 和 R_{02} 为异步复位端。当 $S_{91}S_{92}=1$，$R_{01}R_{02}=0$ 时，将 74HC290 的状态置 9($Q_3Q_2Q_1Q_0=$ 1001)。当 $S_{91}S_{92}=0$、$R_{01}R_{02}=1$ 时，将 74HC290 的状态清零($Q_3Q_2Q_1Q_0=0000$)。

当 $S_{91}S_{92}=0$ 并且 $R_{01}R_{02}=0$ 时，74HC290 处于计数状态。当时钟从 CLK_0 输入，Q_0 端输出 2 分频信号，实现一位二进制计数。当时钟脉冲从 CLK_1 输入，从 $Q_3Q_2Q_1$ 输出时实现五进制计数。

将 74HC290 内部的二进制计数器和五进制计数器级联即可扩展为十进制计数器，有两种扩展方案。一是外部时钟从 CLK_0 加入，CLK_1 接 Q_0，如图 6-50(a)所示，即先进行二进制计数，再进行五进制计数，由 $Q_3Q_2Q_1Q_0$ 输出 8421BCD 码；二是外部时钟从 CLK_1 加入，CLK_0 接 Q_3，如图 6-50(b)所示，即先进行五进制计数，再进行二进制计数，由 $Q_0Q_3Q_2Q_1$ 输出 5421 码。两种扩展方案的状态转换表如表 6-17 所示。

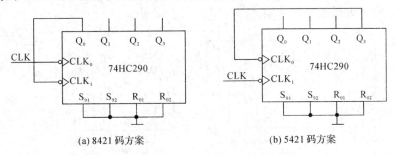

(a) 8421 码方案　　　　(b) 5421 码方案

图 6-50　74HC290 扩展为十进制计数器的两种方案

表 6-17　两种扩展方案的状态转换表

CLK	扩展方案 1		扩展方案 2	
	连接方法	状态输出 $Q_3Q_2Q_1Q_0$	连接方法	状态输出 $Q_0Q_3Q_2Q_1$
0		0000		0000
1↓		0001		0001
2↓		0010		0010
3↓		0011		0011
4↓	$CLK_0=CLK$	0100	$CLK_0=Q_3$	0100
5↓	$CLK_1=Q_0$	0101	$CLK_1=CLK$	1000
6↓		0110		1001
7↓		0111		1010
8↓		1000		1011
9↓		1001		1100
状态说明	8421 码		5421 码	

6.5.3　其他进制计数器的改接

二进制计数器和十进制计数器是常用的计数器，市场有商品化的器件出售。若需要其他进制计数器，一般需要用二进制或十进制计数器改接得到。

本节首先讨论计数器的容量扩展，然后讲述其他进制计数器的改接方法。

1. 计数器容量的扩展

当单片计数器的容量不能满足设计要求时，就需要将多片计数器级联以扩展计数容量。例如，用两片十进制计数器级联可以扩展成一百(10×10)进制计数器，用两片十六进制计数器级联可以扩展成二百五十六(16×16)进制计数器。一般地，N 进制计数器和 M 进制计数器级联可以扩展成 $N\times M$ 进制计数器。

计数器容量的扩展有并行进位和串行进位两种方式。

采用并行进位方式，将两片十进制计数器扩展成一百进制计数器的连接方法如图 6-51 所示，用第一片计数器的进位信号 C_1 控制第二片计数器的进位链接 ET。两片计数器的时钟相同，整体为同步时序电路。

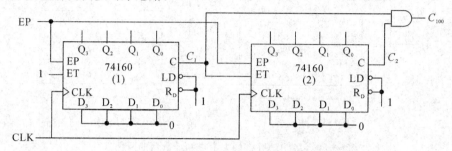

图 6-51　一百进制计数器的并行进位方式

下面对并行进位方式的工作过程进行分析。

设 EP=1，两片计数器的初始状态为 00。由于第一片计数器的进位链接 EF=1，所以在时钟脉冲 CLK 的作用下，第一片计数器从 0 到 9 循环计数。每当状态到 9 时进位信号 $C_1=1$，使得第二片计数器的 ET=1，所以在下一次时钟脉冲的上升沿到来时，第一片计数器从 9 回到 0 的同时，第二片计数器才能计数一次。因此，整体计数状态从 00 到 99，为 100 进制。当计数器的状态到达 99 时，一百进制计数器应输出进位信号，因此 $C_{100}=C_1 C_2$。

采用串行进位方式，用两片十进制计数器扩展成一百进制计数器的连接方法如图 6-52 所示。将第一片计数器的进位信号 C_1 取反后作为第二片计数器的时钟，两片计数器的进位链接端 ET 均接高电平。由于两片计数器的时钟不同，因此整体为异步时序电路。

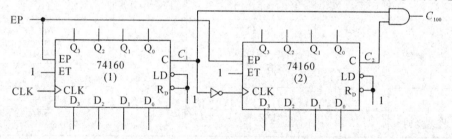

图 6-52　一百进制计数器的串行进位方式

下面对串行进位方式的工作过程进行分析。

设 EP=1，两片计数器的初始状态为 00。每当第一片计数器从 0 计到 9 后，进位信号 C_1 由低电平跳变为高电平。这时对第二片计数器来说，反相后为时钟脉冲的下降沿，所以第二片计数器还不计数。当第一片计数器的状态从 9 返回 0 后，进位信号 C_1 返回低电平，反相后第二片计数器的时钟脉冲才出现了上升沿，所以第二片计数器才计数一次。因此，整体计数状态从 00 计到 99，为一百进制。串行进位方式进位信号的接法与并行进位方式相同。

思考与练习

6-15　并行进位和串行进位两种方式，你推荐使用哪一种？为什么？

6-16　在串行进位方式中，若直接将 C_1 作为第二片计数器的时钟，会出现什么情况？是否还是一百进制。试分析说明。

6-17　用三片十进制扩展成一千进制计数器。画出设计图。

2. 其他进制计数器的改接方法

假设已经有 N 进制计数器，需要 M 进制计数器时，分两种情况讨论。

1）$N > M$ 时

在 N 进制的计数循环中，设法跳过多余的 $N - M$ 个状态而得到 M 进制计数器。例如，需要七进制计数器时，若用十进制计数器改接，需要跳过 3 个多余的状态；若用十六进制计数器改接，则需要跳过 9 个多余的状态。

集成计数器通常都附加有复位和置数功能，因此跳过 $N - M$ 个状态有两种方法：复位法和置数法。复位法是利用计数器的复位功能，当计数达到某个状态时强制计数器复位而跳过多余的状态。置数法是利用计数器的置数功能，当计数达到某个状态时强制置为另一个状态以跳过多余的状态。

（1）复位法。

设 N 进制计数器的 N 个状态分别为 S_0、S_1、$\cdots$、S_{N-1}。复位法的思路是：从全 0 状态 S_0 开始计数，计满 M 个状态后，利用复位功能使计数器返回到 S_0 实现 M 进制，如图 6-53 (a)所示。

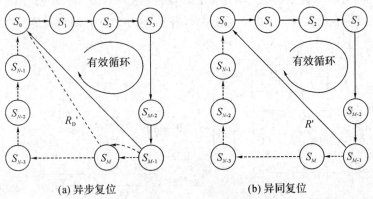

(a) 异步复位　　　　　　　　　(b) 异同复位

6-53　利用复位法改接计数器

复位法有异步复位和同步复位两种方法，异步复位与时钟无关，同步复位受时钟控制。

对于具有异步复位功能的计数器（如 74HC160 或 74HC161），当计数器从全 0 状态 S_0 开始计数到 S_{M-1} 后，下次时钟到来计数器进入状态 S_M 时立即产生复位信号使计数器复位到 S_0。由于计数器在进入 S_M 后被立即复位到 S_0，所以在状态 S_M 维持的时间极短，因此 S_M 不属于有效状态，而称为"过渡状态"。

对于具有同步复位功能的计数器（如 74HC162 或 74HC163），当计数器从全 0 状态 S_0 开始计数到 S_{M-1} 后，在状态 S_{M-1} 产生复位信号，在下次时钟脉冲到来时实现复位。

（2）置数法。

置数法是通过计数器的置数功能进行改接，有置 0、置最小值和置最大值三种方法。

置 0 法改接的原理与复位法类似。计数器从全 0 状态 S_0 开始计数，计满 M 个状态后：

① 对于具有异步置数功能的计数器(如74HC190/191),在状态到达 S_M 时使置数功能有效,将预先设置好数据"全0"立即置入计数器,使状态返回 S_0;② 对于具有同步置数功能的计数器(如74HC160~163),在状态到达 S_{M-1} 时使置数功能有效,当下次时钟脉冲有效沿到来时将预先设置好的数据"全0"置入计数器,使状态返回 S_0。

通过置数法进行改接时,也可以从任一状态 S_i 开始,计满 M 个状态后触发置数功能有效使状态返回 S_i,然后循环上述过程。

置最小值方法的思路是:选取 M 个有效状态为 S_{N-M}~S_{N-1},当计数器到达最后一个状态 S_{N-1} 时触发同步置数功能有效,在下次时钟脉冲到来时将状态置为 S_{N-M}。

置最大值方法的思路是:选取 M 个循环状态为 S_0~S_{M-2} 和 S_{N-1},当计数器状态到达 S_{M-2} 时触发同步置数功能有效,在下次时钟脉冲到来时将状态置为 S_{N-1}。

【例6-9】 将十进制计数器74HC160接成六进制计数器。

分析:74HC160具有异步复位和同步置数功能。

用复位法改接时,选取有效循环为"0000~0101"。由于74HC160为异步复位,因此过渡状态应选为"0110"状态,改接方法如图6-54(a)所示。每当计数器的状态到达"0110"时,立即复位返回状态"0000"。由于异步复位信号随着计数器复位而迅速消失,所以复位信号持续时间短,可靠性不高。

74HC160具有同步置数功能,用置0法改接时,应在状态"0101"使置数功能 LD' 有效,并预先将 $D_3 D_2 D_1 D_0$ 设置为"0000",当下次时钟脉冲的上升沿到来时返回状态"0000"。改接方法如图6-54(b)所示。

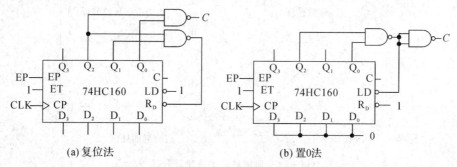

(a)复位法　　　　　　　　　　(b)置0法

图6-54　用十进制计数器接成六进制计数器

上述两种改接方法选取的有效循环状态均为"0000~0101"。由于新计数器的状态循环不经过原来计数器的最后一个状态"1001",所以原计数器的进位输出 C 恒为0。若新计数器需要有进位信号,则应在新循环的最后一个状态"0101"时产生,如图6-54所示。

用置最小值法改接时,有效状态选为"0100~1001"。每当计数器的状态到达"1001"时使置数功能 LD' 有效,并预先设置 $D_3 D_2 D_1 D_0 = 0100$,在下次时钟脉冲上升沿到来时将状态置为"0100",如图6-55(a)所示。

用置最大值法改接时,有效状态选为"0000~0100"和"1001"。每当计数器的状态到达"0100"时使置数功能 LD' 有效,并预先设置 $D_3 D_2 D_1 D_0 = 1001$,在下一次时钟脉冲的上升沿到来时将状态置为"1001",如图6-55(b)所示。

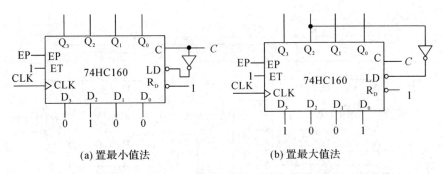

(a) 置最小值法　　　　　　　　(b) 置最大值法

图 6-55　用十进制计数器接成六进制计数器

无论是置最大值法还是置最小值法，新计数器的循环都经过了原计数器循环的最后一个状态"1001"，所以原计数器的进位信号可以直接作为新计数器的进位信号，不需要专门改接。

思考与练习

6-18　若用十进制计数器 74HC162 接成六进制计数器，例 6-9 中的四种改接电路哪种需要调整？画出调整后的改接图。

6-19　若用十六进制计数器 74HC161 接成六进制计数器，例 6-9 中的四种改接电路哪种需要调整？画出调整后的改接图。

6-20　若已有十六进制计数器 74HC161/163 而需要八进制或四进制计数器时，是否需要按例 6-9 所示的方法进行改接？试总结规律。

2）$N < M$ 时

先将计数器的容量进行扩展，然后再改接成 M 进制。通常是先将 i 片 N 进制计数器级联扩展为 N^i 进制计数器，使 $N^{i-1} < M < N^i$，然后再在 N^i 进制计数器的计数循环中，跳过 $N^i - M$ 个多余的状态改接成 M 进制，这种方法称为整体置数法。例如需要三百六十五进制计数器时，先用 3 片十进制计数器扩展成一千进制计数器，然后再将一千进制改接为三百六十五进制。

另外，还可以采用分解方法：将 M 分解成为若干个小于或等于 N 因数的乘积，即 $M = N_1 \times \cdots \times N_j$（$j$ 为正整数），然后分别设计出 N_1、$\cdots$、N_j 进制计数器，最后通过串行进位或并行进位方式级联实现 M 进制。例如需要一个二十四进制计数器时，既可以用四进制计数器和六进制计数器级联实现，也可以用三进制和八进制计数器级联实现，还可以用二进制和十二进制计数器级联实现。

【例 6-10】　用两片 74HC160 计数器接成六十进制计数器。

分析：用两片 74HC160 计数器接成六十进制计数器时，既可以采用整体置数法，也可以采用分解方法实现。

采用整体置数法时，先将两片 74HC160 扩展成一百进制计数器，然后再将一百进制改接成六十进制。若选取一百进制计数器的状态循环为"00~59"，具体的实现方法是：每当状态到达"59"时触发置数功能 LD′ 有效，下次时钟到来时将状态置为"00"，设计方案如图 6-56 所示。

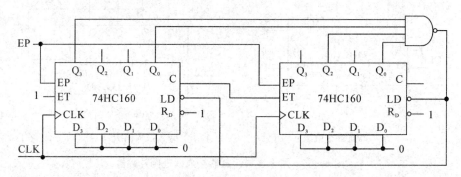

图 6-56 用整体置数法接成六十进制计数器

由于 60 可分解成 10×6，所以六十进制计数器可以用一个十进制计数器和一个六进制计数器级联构成。图 6-57 为按照此分解思路用并行进位方式接成的六十进制计数器，图 6-58 为用串行进位方式接成的六十进制计数器。

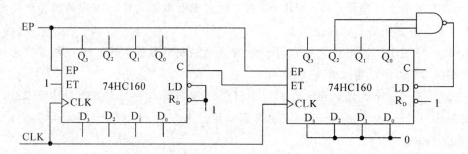

图 6-57 用分解法接成六十进制计数器（并行进位）

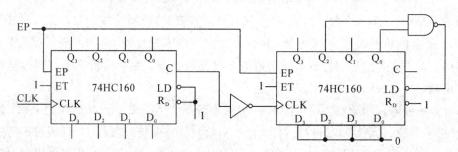

图 6-58 用分解法接成六十进制计数器（串行进位）

思考与练习

6-21 采用分解方法接成六十进制计数器时，低位片用六进制、高位片用十进制和低位片用十进制、高位片用六进制的状态循环是否相同？分别写出两种方案的状态编码并进行比较。

6-22 用两片 74HC160 接成三十六进制计数器时，共有多少改接方案？画出设计图，并说明相应的状态循环规律。

6-23 用两片 74HC161 接成三十六进制计数器时，共有多少改接方案？画出设计图，并说明相应的状态循环规律。

【**例 6-11**】　设计一个可控进制的计数器，当控制变量 $M=0$ 时实现五进制，$M=1$ 时实现十五进制。

分析：由于最大为十五进制，所以需要用十六进制计数器进行改接。

若采用置最小值法，五进制计数器的状态循环选为"1011～1111"，十五进制计数器的状态循环选为"0001～1111"，则应在状态"1111"时触发置数功能 LD' 有效，实现五进制时将数 $D_3D_2D_1D_0$ 置为"1011"，实现十五进制时将数置为"0001"。根据上述分析，应取 $D_3D_2D_1D_0$ $=M'0M'1$。设计方案如图 6-59 所示。

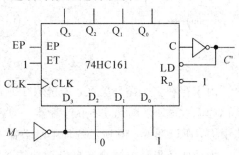

图 6-59　例 6-11 设计图

若用置 0 法或复位法实现时，选取五进制计数器的状态循环为"0000～0100"，十五进制计数器的状态循环为"0000～1110"，分别在状态 0100 和 1110 时触发其置数功能，因此取 $LD'=M'Q_2+MQ_3Q_2Q_1$、$D_3D_2D_1D_0=0000$。用置 0 法或复位法实现电路比置最小值的方法复杂一些（设计图略）。

思考与练习

6-24　能否用一片 74HC160 改接为四种进制，当 $S_1S_0=00$ 时为十进制，$S_1S_0=01$ 时为五进制，$S_1S_0=10$ 时为八进制，$S_1S_0=11$ 时为六进制？说明设计思想，并画出设计图。

6-25　能否用一片 74HC160 改接为八种进制，当 $A_2A_1A_0=000～111$ 时，分别实现二～九进制？说明设计思想，并画出设计图。

6.5.4　两种特殊计数器

移位寄存器不但可以存储数据，实现数据的移位，还可以构成两种特殊的计数器：环形计数器和扭环形计数器。

1. 环形计数器

将图 6-26 所示的四位移位寄存器首尾相接，即令 $D_0=Q_3$，即可构成四位环形计数器（Ring Counter），如图 6-60 所示。

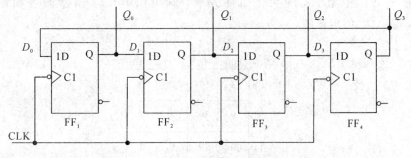

图 6-60　四位环形计数器

根据移位寄存器的工作特点，分析 16 状态的循环关系，即可画出图 6-61 所示的环形计数器完整的状态转换图。

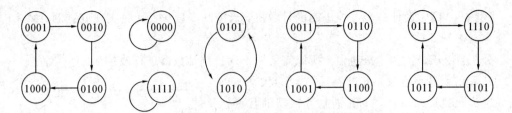

图 6-61　四位环形计数器状态转换图

由于存在多个循环关系，若选取"0001→0100→0100→1000→0001"为有效循环，则其他称为无效循环。因此，环形计数器一旦落入无效循环中，就不能自动返回到有效循环状态中去，所以图 6-60 所示的环形计数器不具有自启动功能。

为了使环形计数器具有自启动功能，就需要修改逻辑设计。同时，为了保持移位寄存器型计数器的结构特点，在四个驱动方程中只修改一个驱动方程 $D_0 = Q_3$。重设 $D_0 = F(Q_3, Q_2, Q_1, Q_0)$，则 $Q_0^* = F(Q_3, Q_2, Q_1, Q_0)$，然后根据自启动的需要重新定义 Q_0^*。修改后能够自启动的四位环形计数器的状态转换图如图 6-62 所示。

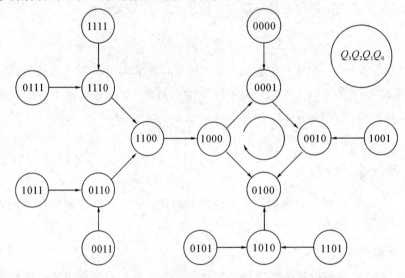

图 6-62　能够自启动的四位环形计数器状态转换图

根据图 6-62 重新定义的状态循环关系，画出图 6-63 所示的逻辑函数 $Q_0^* = F(Q_3, Q_2, Q_1, Q_0)$ 的卡诺图。

Q_3Q_2 \ Q_1Q_0	00	01	11	10
00	1	0	0	0
01	0	0	0	0
11	0	0	0	0
10	1	0	0	0

图 6-63　Q_0^* 卡诺图

化简得

$$Q_0^* = Q_2' Q_1' Q_0'$$

故得到驱动方程

$$D_0' = Q_2' Q_1' Q_0'$$

按上式驱动方程设计得到图 6-64 所示的能够自启动的环形计数器。

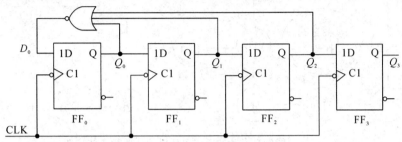

图 6-64　能够自启动的四位环形计数器

环形计数器的优点是结构简单，状态编码为一位热码编码方式。这种编码方式虽然使用了较多的触发器，但能够简化后续状态译码电路设计，而且能够提高计数器的工作速度和可靠性，因而在现代数字系统设计中广泛应用。

环形计数器的缺点是状态利用率很低。由 n 位移位寄存器构成的环形计数器只有 n 个有效状态，有 $2^n - n$ 个状态没有用到。

2. 扭环形计数器

将四位移位寄存器的输出 Q_3' 作为触发器 FF_0 的输入，即 $D_0 = Q_3'$，可构成扭环形计数器(Twisted-ring Counter)，如图 6-65 所示。

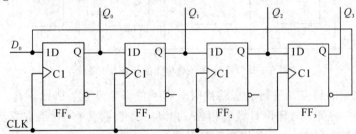

图 6-65　四位扭环形计数器

扭环形计数器的状态转换图如图 6-66 所示，从图中可以看出仍然存在两组状态循环关系，所以图 6-65 所示的扭环形计数器也不具有自启动功能。

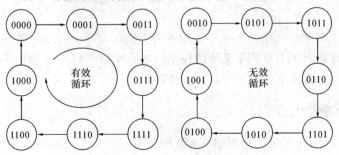

图 6-66　四位扭环形计数器状态转换图

与环形计数器相同，可以通过修改逻辑设计的方法使扭环形计数器具有自启动功能。重设 $D_0 = F(Q_3, Q_2, Q_1, Q_0)$，则 $Q_0^* = F(Q_3, Q_2, Q_1, Q_0)$，然后根据自启动的需要重新定义 Q_0^*。图 6-67 是修改后能够自启动的四位扭环形计数器的状态转换图。

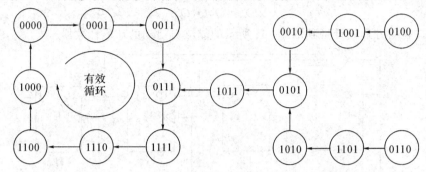

图 6-67 能够自启动的四位扭环形计数器状态转换图

由修改后的状态转换关系，可得

$$Q_0^* = Q_1 Q_2' + Q_3'$$

故可得驱动方程

$$D_0 = Q_1 Q_2' + Q_3'$$

按上式驱动方程重新设计即可得到图 6-68 所示的能够自启动的四位扭环形计数器。

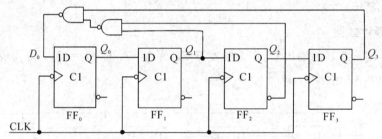

图 6-68 具有自启动功能的扭环形计数器

扭环形计数器的特点是进行状态转换时只有一位发生变化，所以不会产生竞争-冒险，因此可靠性很高。另外，与环形计数器相比，扭环形计数器共有 $2n$ 个有效状态，状态利用率虽有提高，但仍然有 $2^n - 2n$ 个状态没有用到。

在实际应用中，环形计数器和扭环形计数器基于集成移位寄存器设计更方便。

6.6 两种时序单元电路

顺序脉冲发生器和序列信号产生器是两种典型的时序单元电路。顺序脉冲发生器用于产生顺序脉冲，通常用作小型数字系统的控制核心；序列信号产生器用于产生串行数字序列信号，在通信系统测试中具有十分重要的作用。

6.6.1 顺序脉冲发生器

在数字系统设计中，经常需要用到一组在时间上有一定先后顺序的脉冲信号，然后用这些脉冲合成所需要的控制信号。顺序脉冲发生器就是能够产生这种顺序脉冲的时序电路。

环形计数器本身就是顺序脉冲发生器，例如图 6-64 所示的四位环形计数器，其状态中的高电平脉冲随着时钟依次在输出 Q_0、Q_1、Q_2 和 Q_3 中循环出现。若某一数字系统有四项工作任务需要完成，当 $Q_0=1$ 时执行任务 1，$Q_1=1$ 时执行任务 2，$Q_2=1$ 时执行任务 3，$Q_3=1$ 时执行任务 4，那么这四项任务随着时钟脉冲依次顺序地循环地执行。

顺序脉冲发生器的典型结构是由计数器和译码器构成的。计数器在时钟脉冲的作用下循环计数，译码器则对计数器的状态进行译码而产生顺序脉冲。图 6-69 是用十六进制计数器（做八进制用）和 3 线-8 线译码器构成的 8 节拍顺序脉冲发生器，输出波形如图 6-70所示。在时钟脉冲的作用下，译码输出的低电平脉冲顺序地循环地在输出 Y'_0 到 Y'_7 端出现。

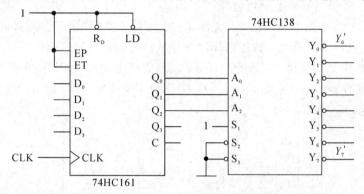

图 6-69　用计数器和译码器构成的顺序脉冲发生器

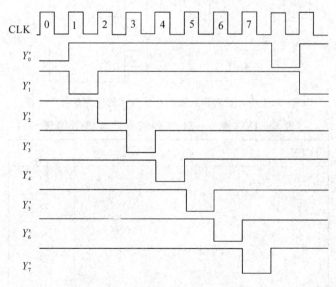

图 6-70　8 节拍顺序脉冲发生器波形图

一般地，若要产生 n 节拍的顺序脉冲，需要用 n 进制计数器和能够输出 n 个高、低电平信号的译码器构成。

思考与练习

6-26　若将图 6-69 中译码器的控制端 S'_2 和 S'_3 由接地改接为时钟 CLK，则输出的顺序脉冲会有什么变化？说明其差异，并分析两种电路的优缺点。

6.6.2 序列信号产生器

序列信号产生器是用来产生串行数字序列信号的时序电路。通常有三种实现形式：

(1) 由计数器和数据选择器构成；

(2) 利用顺序脉冲合成；

(3) 反馈移位型。

序列信号产生器的典型电路结构是由计数器和数据选择器构成。计数器在时钟脉冲的作用下循环计数，然后用计数器的状态作为数据选择器的地址，从多路数据选择器中依次循环选择其中一个输出而产生序列信号。

8 位序列信号发生器电路如图 6-71 所示。在时钟脉冲的作用下，八进制计数器的状态 $Q_2Q_1Q_0$ 按 $000\sim111$ 循环变化，数据选择器在地址信号"$000\sim111$"的作用下从输入 $D_0\sim D_7$ 不断选择数据并从 Y 端输出，如表 6-18 所示。若要产生"01011011"8 位序列信号，只需定义 8 选一数据选择器的输入数据 $D_0D_1D_2D_3D_4D_5D_6D_7=01011011$ 即可。

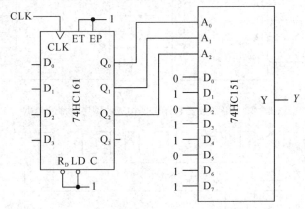

图 6-71 用计数器和数据选择器构成的序列信号产生器

表 6-18 图 6-71 序列信号产生器真值表

CLK	$Q_2(A_2)$	$Q_1(A_1)$	$Q_0(A_0)$	Y
0	0	0	0	D_0
1	0	0	1	D_1
2	0	1	0	D_2
3	0	1	1	D_3
4	1	0	0	D_4
5	1	0	1	D_5
6	1	1	0	D_6
7	1	1	1	D_7

一般地，n 位序列信号发生器由 n 进制计数器和 n 选一数据选择器构成。有时为了简化电路设计，也可以采用小于 n 选一的数据选择器。

【例 6-12】 设计能够产生"1101000101"序列信号的电路。

设计过程：

（1）因序列信号长度 $M=10$，所以选择十进制计数器。

（2）计数器的输出状态与序列信号 Y 之间的关系如表 6-19 所示。

表 6-19 序列信号 Y 的真值表

Q_3 Q_2 Q_1 Q_0	Y
0 0 0 0	1
0 0 0 1	1
0 0 1 0	0
0 0 1 1	1
0 1 0 0	0
0 1 0 1	0
0 1 1 0	0
0 1 1 1	1
1 0 0 0	0
1 0 0 1	1

（3）将 Q_3、Q_2、Q_1、Q_0 看作同位逻辑变量，则由真值表可得 Y 的函数表达式为

$$Y=Q_3'Q_2'Q_1'Q_0'+Q_3'Q_2'Q_1'Q_0+Q_3'Q_2'Q_1Q_0+Q_3'Q_2Q_1Q_0+Q_3Q_2'Q_1'Q_0$$

（4）若用 8 选一数据选择器产生序列信号，取数据选择器地址 $A_2A_1A_0=Q_2Q_1Q_0$ 时，则将函数表达式变换为

$$Y=Q_3'm_0+Q_3'm_1+Q_3'm_3+Q_3'm_7+Q_3m_1$$
$$=Q_3'm_0+m_1+Q_3'm_3+Q_3'm_7$$

因此，8 路数据分别取 $D_0=D_3=D_7=Q_3'$、$D_1=1$ 和 $D_2=D_4=D_5=D_6=0$，故总体设计电路如图 6-72 所示。

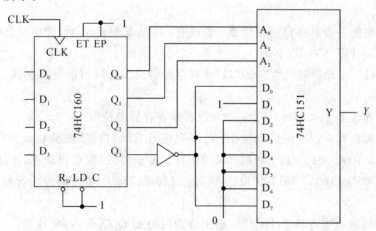

图 6-72 例 6-12 设计图

序列信号还可以通过顺序脉冲合成。

【例 6-13】 用顺序脉冲发生器设计能够产生"11010001"序列信号的电路。

设计过程：

因序列信号长度 $M=8$，所以选用 74HC161（作 8 进制用）和 74HC138 产生 8 节拍的顺序负脉冲 $P'_0 \sim P'_7$。

根据要求序列信号 11010001，得出 Y 的表达式为

$$Y = P_0 + P_1 + P_3 + P_7 = (P'_0 P'_1 P'_3 P'_7)'$$

故设计电路如图 6-73 所示。

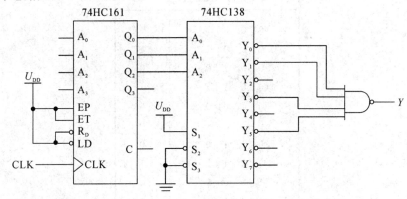

图 6-73 例 6-13 设计图

反馈移位型序列信号产生器由移位寄存器和组合反馈网络构成，从移位寄存器的某一输出端得到周期性的序列信号。

反馈移位型序列信号发生器设计的一般步骤是：

（1）根据给定序列信号的长度 M，预取移位寄存器位数 n，应满足 $2^{n-1} < M \leqslant 2^n$；

（2）确定移位寄存器的位数和状态。将要产生的序列信号按移位规律每 n 位一组，划分为 M 个状态。若 M 个状态中有重复编码，则应增加移位寄存器位数，直到划分的 M 个状态编码独立为止；

（3）根据 M 个独立状态列出移位寄存器的状态表和反馈逻辑函数，求出反馈函数的表达式；

（4）检查电路是否具有自启动功能。若没有，应修改逻辑设计，使电路能够自启动；

（5）画出设计图。

【例 6-14】 设计能够产生"100111"序列信号的反馈移位型信号发生器。

设计过程：

（1）因序列长度 $2^2 < M = 6 < 2^3$，故预取移位寄存器的位数 $n=3$。

（2）确定移位寄存器的位数和状态。将序列信号"100111"按照移位规律每 3 位一组划分为 6 个状态：100、001、011、111、111 和 110。由于"111"为重复状态，因此改取 $n=4$，重新划分六个状态：1001、0011、0111、1111、1110 和 1100。重新划分后没有重复状态，故确定 $n=4$。

用四位双向移位寄存器 74HC194（输出分别用 $Q_0 Q_1 Q_2 Q_3$ 表示）实现时，选择左移操作，从 Q_0 输出"100111"序列信号 Y。

（3）求状态表和反馈逻辑函数表达式。列出移位寄存器的状态表，然后根据每个状态所需要的移位输入信号（即反馈信号）列出真值表，如表 6-20 所示。

由真值表画出 D_{IL} 的卡诺图，如图 6-74 所示。

表 6-20　反馈信号真值表

Q_0	Q_1	Q_2	Q_3	D_{IL}
1	0	0	1	1
0	0	1	1	1
0	1	1	1	1
1	1	1	1	0
1	1	1	0	0
1	1	0	0	1

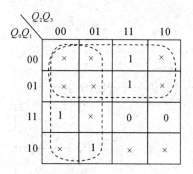

图 6-74　D_{IL} 的卡诺图

化简可得

$$D_{IL} = Q_0' + Q_2' = (Q_0 Q_2)'$$

根据以上设计结果，在设定初始值下进行分析，可得其状态转换图，如图 6-75 所示。

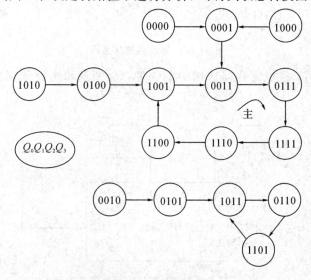

图 6-75　状态转换图

由于状态转换图中存在无效循环，因此需要修改逻辑设计，使电路具有自启动功能。为了消除无效循环，改变图 6-74 卡诺图的圈法，使"0110→1100"、"0010→0100"，如图 6-76 所示。

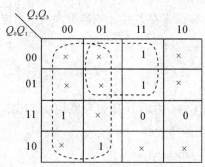

图 6-76　修改后的卡诺图

因此求得 $D_{IL} = Q_2' + Q_0' Q_3 = (Q_2 (Q_0' Q_3)')'$，画出修改后的状态图，如图 6-77 所示。

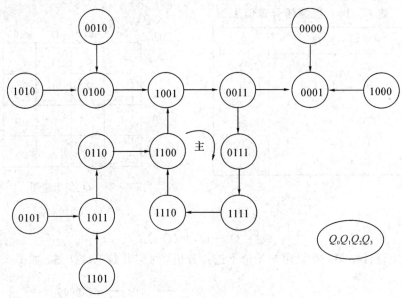

图 6-77　修改后的状态图

（4）画出设计图。移位寄存器选用 74HC194，反馈逻辑电路采用门电路实现，如图 6-78所示。

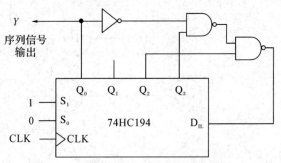

图 6-78　移位寄存器型序列信号产生器

*6.7　时序逻辑电路的描述

时序电路主要分寄存器/移位寄存器和计数器两大类。当电路的功能表确定后，很容易用硬件描述语句描述其功能。

6.7.1　寄存器的描述

74HC573 是 8 位三态寄存器，内部由 D 锁存器构成，用于数据或地址信号的锁定。

【例 6-15】　74HC573 功能描述。

```
module HC573(D, LE, OE_n, Q);
    input [7:0] D;
```

```
          input LE, OE_n;
          output [7:0] Q;
          reg Qtmp;
          always @(D, LE)
            if (LE) Qtmp<=D;
          assign Q = (!OE_n) Qtmp:8'bz;
      endmodule
```

74HC574 是 8 位三态寄存器，内部由 D 触发器构成。与 74HC573 作用类似，用于数据或地址信号的锁定。

【例 6 - 16】 74HC574 功能描述。

```
      module HC574(D, Clk, OE_n, Q);
          input [7:0] D;
          input Clk, OE_n;
          output [7:0] Q;
          reg [7:0] Q;
          reg Qtmp;
          always @(posedge Clk)
            Qtmp<=D;
          assign Q = (!OE_n) Qtmp:8'bz;
      endmodule
```

74HC194 是四位双向移位寄存器，具有同步左移、右移、并行输入和保持功能，同时又具有异步复位功能。

【例 6 - 17】 74HC194 功能描述。

```
      module HC194(clk, Rd_n, s, d, dil, dir, q);
        input clk, Rd_n, dil, dir;
        input [0:3] d;
        input [0:1] s;
        output [0:3] q;
        reg [0:3] q;
        always @(posedge clk or negedge Rd_n)
          if (!Rd_n)
            q<=4'b0000;
          else
            case (s)
            2'b00: q<=q;                  // 保持
            2'b01: q[0:3]<={q[1:3], dil};  // 左移
            2'b10: q[0:3]<={dir, q[0:2]};  // 右移
            2'b11: q<=d;                   // 并行输入
            endcase
      endmodule
```

6.7.2 计数器的描述

计数器是应用最广泛的时序逻辑器件，根据计数容量可分为二进制、十进制和其他进制计数器，根据计数方式又可分为加法、减法和加/减计数器三种类型。

HC161/163 为同步十六进制计数器，HC160/162 为同步十进制计数器。HC160/161 与 HC162/163 管脚排列完全相同，不同的是，前两者为异步复位，后两者为同步复位。

【例 6 - 18】 74HC161 功能描述。

```
module HC161(CLK, Rd_n, LD_n, EP, ET, D, Q, CO);
    input CLK;
    input Rd_n, LD_n, EP, ET;
    input [3:0] D;
    output reg [3:0] Q;
    output reg CO;


    always @(posedge CLK or negedge Rd_n)      // 计数逻辑
      if (!Rd_n)
        Q<=4'b0000;
      else if (!LD_n)
        Q<=D;
      else if (EP & ET)
        Q<=Q+1'b1;


    always @(Q, ET)                            // 进位逻辑
      if ((Q==4'b1001) & ET)
        CO<=1'b1;
      else
        CO<=1'b0;
    endmodule
```

【例 6 - 19】 74HC162 功能描述。

```
module HC162(CLK, CLR_n, LD_n, EP, ET, D, Q, CO);
    input CLK, CLR_n, LD_n, EP, ET;
    input [3:0] D;
    output reg [3:0] Q;
    output reg CO;


    always @(posedge CLK )
      if (!CLR_n)                    // 同步复位
        Q<=4'b0000;
      else if (!LD_n)
        Q<=D;
```

```
        else if（EP & ET）
            if（Q=4'b1001）
                Q<=4'b0000；
            else
                Q<=Q+1'b1；

        always @（Q，ET）
            if（（Q==4'b1111）& ET）
            CO<=1'b1；
        else
            CO<=1'b0；
    endmodule
```

74HC191 是单时钟十六进制加/减计数器，LD' 为异步置数端，U'/D 为加/减计数控制端。当 $U'/D=0$ 时实现加法计数，$U'/D=1$ 时实现减法计数。

【例 6 – 20】 74HC191 功能描述。

```
    module HC191（clk，S_n，LD_n，UnD，D，Q）；
    input clk，S_n，LD_n，UnD；
    input [3:0] D；
    output reg [3:0] Q；
    always @（posedge clk or negedge LD_n）
     if（!LD_n）
        Q<=D；
    else if（!S_n）
     if（!UnD）
        Q<=Q+1'b1；
     else
        Q<=Q−1'b1；
    endmodule
```

6.7.3 一般时序电路的描述

应用硬件描述语言强大的行为描述能力，不需要遵循一般时序逻辑电路的通用设计步骤，可以直接根据时序电路的状态转换图或状态转换表进行描述。

【例 6 – 21】 四位"1111"串行数据检测器的描述。

根据表 6 – 6 所示简化的转换表描述"1111"串行数据检测器。

```
    module serial_detor（clk，    // 检测器时钟
                    X，      // 串行数据输入
                    Y       // 检测结果输出
                    ）；
        input clk，X；
```

```
                output Y；
                paramter S0＝2′b00，S1＝2′b01，S2＝2′b10，S3＝2′b11；// 参数定义
                reg [1:0] st；                    // 内部状态变量定义
                always @(posedge clk)
                   case (st)
                      S0：if (x) st＜＝S1；
                      S1：if (x) st＜＝S2；else st＜＝S0；
                      S2：if (x) st＜＝S3；else st＜＝S0；
                      S3：if (x) st＜＝S3；else st＜＝S0；
                      default：st＜＝S0；
                   endcase
                   assign Y = (st＝＝S3)? 1:0；
                endmodule
```

串行数据检测器也可以根据图 6-31 所示的设计原理，基于移位寄存器实现。

【例 6-22】 八位通用串行数据检测器的描述。

```
     module serial_det ( CLK，X，Y  )；
           parameter DetDat＝8′hff；  // 检测序列定义
           input CLK；
           input X；
           output reg Z；
           reg [0:7] QQ；
           always @ (posedge CLK)  // 移位寄存器描述
             begin
               QQ[1:7]＜＝QQ[0:6]；
               QQ[0]＜＝X；
             end
           always @( QQ )          // 序列检测
            if (QQ＝＝DetDat)
              Y＜＝1′b1；
            else
              Y＜＝1′b0；
     endmodule
```

两种典型的时序单元电路——顺序脉冲发生器和序列信号检测产生器也可以根据其功能要求直接采用硬件描述语言描述。

【例 6-23】 描述"1101000101"序列信号产生器。

```
     module serial_gen(clk，y)；
           input clk；
           output reg y；
           reg [3:0] Qtmp；
```

```
        always @(posedge clk)          // 描述 10 进制计数器
           if (Qtmp == 4'b1001)
              Qtmp <= 4'b0000;
           else
              Qtmp <= Qtmp+1'b1;
        always @(Qtmp)                 // 定义输出序列
           case (Qtmp)
              4'b0000:y<=1'b1;
              4'b0001:y<=1'b1;
              4'b0010:y<=1'b0;
              4'b0011:y<=1'b1;
              4'b0100:y<=1'b0;
              4'b0101:y<=1'b0;
              4'b0110:y<=1'b0;
              4'b0111:y<=1'b1;
              4'b1000:y<=1'b0;
              4'b1001:y<=1'b1;
              default:y<=1'b0;
           endcase
        endmodule
```

6.8　设　计　项　目

时序逻辑电路通常作为数字系统的核心，用于实现定时、计时和控制等多种功能。

6.8.1　交通灯控制器的设计

在一条主干道和一条支干道汇成的十字路口，在主干道和支干道车辆入口分别设有红、绿、黄三色信号灯。

设计任务：设计一个交通灯控制电路，用红、绿、黄三色发光二极管作为信号灯，具体要求如下：

（1）主干道和支干道交替通行；

（2）主干道每次通行 45 秒，支干道每次通行 25 秒；

（3）每次由绿灯变为红灯时，要求黄灯先亮 5 秒。

分析：交通灯控制器应由主控电路和计时电路两部分构成。主控电路用于控制主、支干道绿灯、黄灯和红灯的状态，计时电路用于控制通行时间。

1）主控电路设计

主干道和支干道的绿、黄、红三色灯正常工作时共有四种组合，分别用四个状态变量 S_0、S_1、S_2 和 S_3 表示，含义如表 6-21 所示。

表 6-21 主控制器状态定义

状态变量	状态含义	主干道状态	支干道状态	计时时间
S_0	主干道通行	绿灯亮	红灯亮	45 秒
S_1	主干道停车	黄灯亮	红灯亮	5 秒
S_2	支干道通行	红灯亮	绿灯亮	25 秒
S_3	支干道停车	红灯亮	黄灯亮	5 秒

设主干道的红灯、绿灯、黄灯分别用 R、G、Y 表示；支干道的红灯、绿灯、黄灯分别用 r、g、y 表示，并规定灯亮为 1，灯灭为 0，则主控电路的真值表如表 6-22 所示。

表 6-22 交通灯译码电路真值表

状态变量	主干道状态			支干道状态		
	R	Y	G	r	y	g
S_0	0	0	1	1	0	0
S_1	0	1	0	1	0	0
S_2	1	0	0	0	0	1
S_3	1	0	0	0	1	0

从真值表可以推出信号灯的逻辑表达式

$$R = S_2 + S_3 , \quad Y = S_1 , \quad G = S_0$$
$$r = S_0 + S_1 , \quad y = S_3 , \quad g = S_2$$

具体实现方法是，将 74HC161 用作四进制计数器，经 2 线-4 线译码器(1/2)74HC139 产生四个顺序脉冲，然后合成所需要的控制信号。由于 74HC139 输出为低电平有效，故应将信号灯接成灌电流负载，因此，需要对表达式进行变换：

$$R' = (S_2 + S_3)' = S_2' S_3'$$
$$Y' = S_1'$$
$$G' = S_0'$$
$$r' = (S_0 + S_1)' = S_0' S_1'$$
$$y' = S_3'$$
$$g' = S_2'$$

故按上述表达式驱动主、支干道红灯、黄灯和绿灯。

2) 计时电路设计

若取计时电路的时钟周期为 5 秒，则 45 秒定时、5 秒定时和 25 秒定时分别用九进制、一进制和五进制计数器实现，所以完成一次循环显示需要 $9+1+5+1=16$ 个时钟脉冲。

用 74HC161 和 74HC138 产生 16 个顺序脉冲，然后分别在第 9、10、15 和 16 个脉冲时使主控电路的控制信号 EPT 为高电平，下次时钟到来时用 EPT 控制主控电路进行状态切换，真值表如表 6-23 所示。因此，控制信号 EPT 的表达式为

$$EPT = P_8 + P_9 + P_{14} + P_{15} = (P_8' + P_9' + P_{14}' + P_{15}')'$$

故用四输入与非门实现。

表 6-23　计时电路真值表

CLK	Q_3 Q_2 Q_1 Q_0	状态	EPT
1	0　0　0　0	P_0	0
2	0　0　0　1	P_1	0
3	0　0　1　0	P_2	0
4	0　0　1　1	P_3	0
5	0　1　0　0	P_4	0
6	0　1　0　1	P_5	0
7	0　1　1　0	P_6	0
8	0　1　1　1	P_7	0
9	1　0　0　0	P_8	1
10	1　0　0　1	P_9	1
11	1　0　1　0	P_{10}	0
12	1　0　1　1	P_{11}	0
13	1　1　0　0	P_{12}	0
14	1　1　0　1	P_{13}	0
15	1　1　1　0	P_{14}	1
16	1　1　1　1	P_{15}	1

交通灯控制器的总体设计电路如图 6-79 所示，其中复位键 RST 用于控制计时电路与主控电路同步。

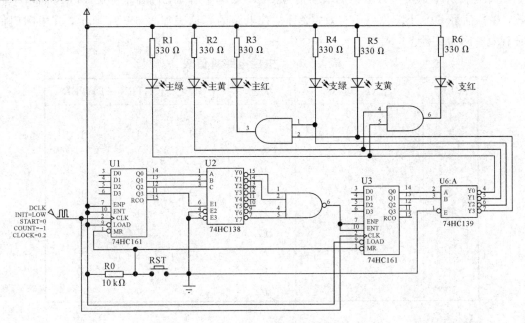

图 6-79　交通灯控制器参考设计图

6.8.2　简易频率计的设计

频率计用于测量周期信号的频率。数字频率测量有直接测频、测周期和等精度测频三种方法。

直接测频法的基本原理如图 6-80 所示，其中 G 为主控门，A 接被测信号，B 接门控信号，主控门的输出作为计数器的时钟。当主控门刚好打开 1 秒时，计数器的计数值就是被测信号的频率值，通过显示译码器驱动数码管显示测量结果。

为了能够连续地测量被测信号的频率，需要控制电路在时钟脉冲的作用下，先将计数器清零，然后打开主控门测频，最后刷新显示，所以直接测频法的设计方案如图 6-81 所示，其中 fx 为被测信号。当被测信号幅值比较小时，就需要对被测信号 fx 进行放大和整形，然后作为计数器的时钟 CLK。清零信号 CLR′用于将测频计数器清零，门控信号 CNTEN用于控制计数器在单位时间内对 CLK 进行计数。显示信号 DISPEN′用于控制锁存译码电路刷新测量结果。

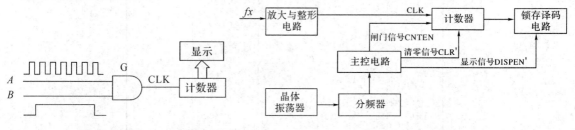

图 6-80　直接测频法的基本原理　　　　　　　图 6-81　直接测频法设计方案

为设计方便，用十进制计数器 74HC160 作为主控电路，取时钟脉冲为 8 Hz，输出用 $Q_3 Q_2 Q_1 Q_0$ 表示。设测频计数器的清零信号 CLR′低电平有效，门控信号 CNTEN 高电平有效，显示信号 DISPEN′低电平有效，设计主控电路的真值表如表 6-24 所示，其中闸门信号有效时间为 1 秒。

表 6-24　主控电路真值表

CLK	Q_3	Q_2	Q_1	Q_0	状态	CLR′	CNTEN	DISPEN′
1	0	0	0	0	P_0	0	0	1
2	0	0	0	1	P_1	1	1	1
3	0	0	1	0	P_2	1	1	1
4	0	0	1	1	P_3	1	1	1
5	0	1	0	0	P_4	1	1	1
6	0	1	0	1	P_5	1	1	1
7	0	1	1	0	P_6	1	1	1
8	0	1	1	1	P_7	1	1	1
9	1	0	0	0	P_8	1	1	1
10	1	0	0	1	P_9	1	0	0

由真值表写出三个控制信号的逻辑函数表达式：

$$\begin{cases} \text{CLR}'=P'_0=(Q'_3 Q'_2 Q'_1 Q'_0)'=Q_3+Q_2+Q_1+Q_0 \\ \text{CNTEN}=(P_0+P_9)'=\text{CLR}' \cdot \text{DISPEN}' \\ \text{DISPEN}'=P'_9=C' \end{cases}$$

其中 C 为 74HC160 的进位信号。由上述逻辑式得出主控电路的设计图如图 6-82 所示。

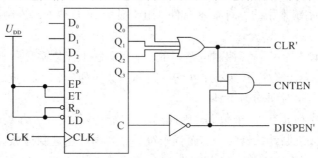

图 6-82 主控电路设计图

如果测频范围要求为 $0\sim9999$ Hz，则需要用 4 个 74HC160 级联扩展为一万进制计数器，分别用 4 个 CD4511 进行译码，驱动 4 个数码管显示测频结果。计数器的复位端 R'_D 由主控电路的清零信号 CLR' 控制，计数允许控制端 EP 由主控电路的门控信号 CNTEN 控制，CD4511 的锁存允许端 LE 由主控电路的显示信号 DISPEN' 控制。

四位频率计的总体设计方案如图 6-83 所示，其中 8 Hz 脉冲 DCLK 用图 6-47 所示电路产生。

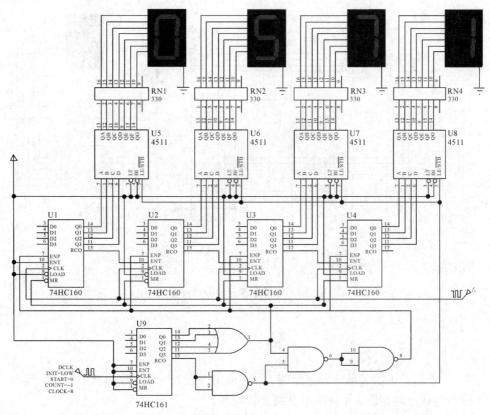

图 6-83 简易频率计参考设计图

闸门信号为 1 秒时，考虑到计数器的最大计数误差为 ±1 Hz，因此该频率计的分辨率为 1 Hz。

6.8.3 数码管控制电路的设计

数码管是数字系统常用的一种显示器件，用于显示 BCD 码、二进制码或者一些特殊的字符信息。

设计任务：设计一个数码管控制电路，在单个数码管上能依次显示自然数序列(0~9)、奇数序列(1、3、5、7、9)、音乐符号序列(0~7)和偶数序列(0、2、4、6、8)，然后再次循环显示。每个数码的显示时间均为 1 秒。

分析：自然数序列共有 10 个数码，因此用十进制计数器实现。奇数序列和偶数序列各有 5 个数码，故用五进制计数器实现，而音乐符号序列则用八进制计数器实现。

设计过程：用一片 74HC160 和门电路配合数据选择器 74HC151 依次实现十进制、五进制、八进制和五进制，然后在主控四进制计数器的作用下实现进制切换：状态为 00 时实现十进制，为 01 时实现五进制，为 10 时实现八进制，为 11 时实现五进制。

设计五进制计数器的输出状态为 000~100，在末位后加一位 x 配成四位二进制数 $000x~100x$。取 $x=1$ 时为奇数序列，$x=0$ 时为偶数序列。

数码管控制器的总体设计电路如图 6-84 所示，其中四种进制计数器的最高位、次高位、次低位和最低位分别用两片 74HC153 进行选择后接显示译码器驱动数码管输出。

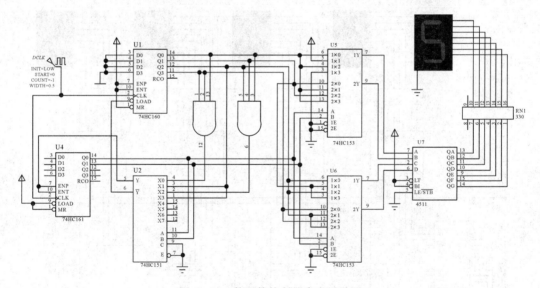

图 6-84 数码管控制器参考设计图

习 题

6.1 分析题 6.1 图所示的时序电路，写出输出方程、驱动方程和状态方程，列出状态转换表或画出状态转换图，并说明电路的逻辑功能。

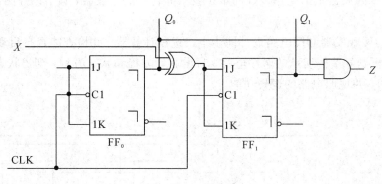

题 6.1 图

6.2 分析题 6.2 图所示的时序电路。写出输出方程、驱动方程和状态方程，列出状态转换表或画出状态转换图，并说明电路的逻辑功能。

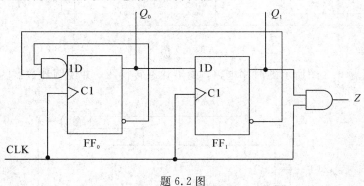

题 6.2 图

6.3 分析题 6.3 图所示的时序电路。写出驱动方程和状态方程，列出状态转换表或画出状态转换图，说明电路的逻辑功能并检查是否能够自启动。

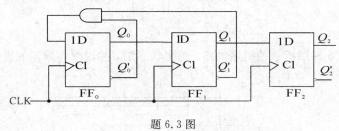

题 6.3 图

6.4 在时钟脉冲 CLK 作用下，三位计数器的状态 $Q_0Q_1Q_2$ 的波形如题 6.4 图所示，分析该计数器的进制。

题 6.4 图

6.5 用 D 触发器及门电路设计同步 3 位二进制加法计数器，画出设计图，并检查能否自启动。

6.6 用 JK 触发器和门电路设计同步十二进制计数器，并检查能否自启动。

6.7 分析题 6.7 图所示的时序电路，写出驱动方程和状态方程，列出状态转换表或画出状态转换图，并说明电路的逻辑功能。

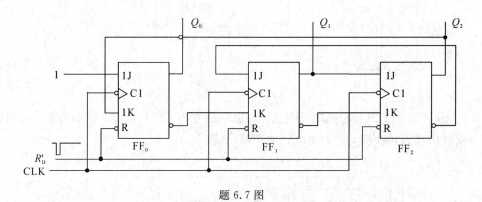

题 6.7 图

6.8 分析题 6.8 图所示的时序电路，画出状态转换图，并说明计数器的进制。

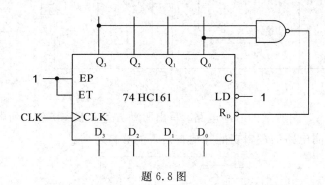

题 6.8 图

6.9 分析题 6.9 图所示的时序电路，画出状态图，并说明计数器的进制。

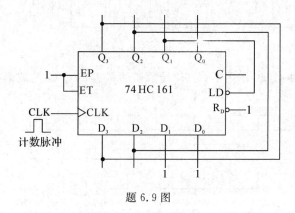

题 6.9 图

6.10 分析题 6.10 图所示计数器的进制。

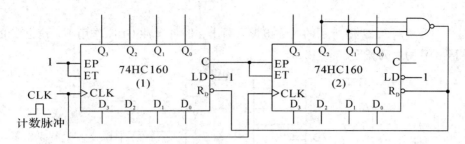

题 6.10 图

6.11 用复位法将 74HC160 改接为以下进制计数器。

(1) 七进制; (2) 二十四进制。

6.12 用置数法将 74HC161 改接为以下进制计数器。

(1) 七进制; (2)二十四进制。

6.13 用复位法将 74HC162 改接为以下进制计数器。

(1) 七进制; (2)二十四进制。

6.14 用置数法将 74HC163 改接为以下进制计数器。

(1) 七进制; (2)二十四进制。

6.15 用两片 74HC194 设计 8 位扭环形计数器,并画出其状态转换图。设计数器的初始状态为 0。

6.16 用两片 74HC160 设计一个二十四进制计数器,可以附加必要的门电路。设输出状态为 00~23,画出设计图。

6.17 设计一个电子表,能够在数码管上显示 0 时 0 分 0 秒到 23 时 59 分 59 秒任一时刻的时间,画出设计图。

6.18 设计一个顺序脉冲发生器,在时钟脉冲作用下能够输出 12 个等宽度的负脉冲,画出设计图。

6.19 设计一个能够产生"0010110111"序列信号的序列信号发生器。具体要求如下:

(1)基于计数器和 8 选一数据选择器设计;

(2)基于顺序脉冲发生器设计。

6.20 设计一个灯光控制电路,要求在时钟脉冲的作用下,红、绿、蓝三色灯按表题 6.20 规定的状态循环,其中 1 表示亮,0 表示灭。要求尽量采用中规模数字芯片设计。

表题 6.20

CLK	红灯	绿灯	蓝灯
0	0	0	0
1	1	0	0
2	0	1	0
3	0	0	1
4	0	1	0
5	1	0	0
6	0	0	0
7	1	1	1
8	0	0	0

6.21 分析题 6.21 图所示的时序电路,画出在时钟脉冲 CLK 作用下,输出 Y 的波形图,并指出 Y 的序列长度。

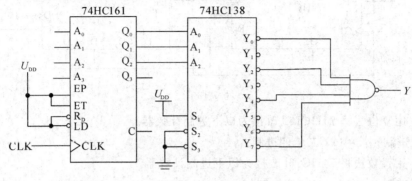

题 6.21 图

6.22 某元件加工需要经过三道工序,要求这三道工序自动依次完成。第一道工序加工时间为 10 秒,第二道工序加工时间为 15 秒,第三道工序加工时间为 20 秒。设计该控制电路,输出的三个信号分别控制三道工序的加工时间。具体要求如下:

(1) 基于顺序脉冲发生器设计;

(2) 基于序列信号产生器设计。

*6.23 根据图 5-29 所示的相差检测电路,结合频率计设计一个相位检测电路,要求能够测量两路同频数字序列的相差。画出系统设计框图,并说明其工作原理。设检测相差的范围为 0~360 ℃,要求分辨率不大于 1 ℃。

第7章 半导体存储器

时序电路由组合电路和存储电路两部分构成，所以从理论上讲，任何时序电路都具有存储能力。但本章所讲的存储器（Memory）专指以结构化方式存储大量二值信息的半导体器件。

半导体存储器按功能进行划分，可分为 ROM（Read Only Memory，只读存储器）和 RAM（Random Access Memory，随机存取存储器）两大类。ROM 应用时用于读出数据，一般用作程序存储器。RAM 能够随时读出或者写入数据，一般用作数据存储器。

存储器主要有存储周期和存储容量两项技术指标。存储周期是连续两次读（写）操作的最小时间间隔。存储容量是指二值存储单元的总数，用"字数×位数"表示，其中字数表示存储单元的个数，位数表示每个存储单元能够存储二值数据的个数。例如，具有 20 位地址，每个单元存一个字节（Byte）数据的存储器容量为 $2^{20} \times 8$ 位。

本章简要介绍 ROM 和 RAM 的基本结构和存储原理，然后讲述存储器容量的扩展方法及其典型应用。

7.1 ROM

ROM 本质上是组合逻辑电路，因此不是真正意义上的存储器，只是习惯上认为信息被"存储"在 ROM 中，故称为存储器。由于组合电路断电后"存储"的数据不会丢失，因而称 ROM 为非易失性存储器。

ROM 的结构框图如图 7-1 所示，由地址译码器、存储矩阵和输出缓冲器三部分组成。地址译码器对输入的 n 位地址进行译码，产生 2^n 个字线信号，分别选通 2^n 个存储单元，每个单元存储 b 位数据。

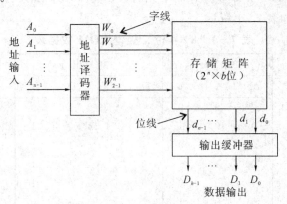

图 7-1 ROM 的结构框图

8×4 位 ROM 的结构如图 7-2 所示，其中 74HC138 为地址译码器，用于将 ROM 的 3

位地址码译成 8 个高、低电平信号，分别对应于 ROM 的 8 个存储单元，习惯于称为字（Word），所以译码器的输出称为字线。图中的竖线称为位（Bit）线，分别对应于每个存储单元的一位数据。字线与位线的交叉点为存储节点（Storage cell）。

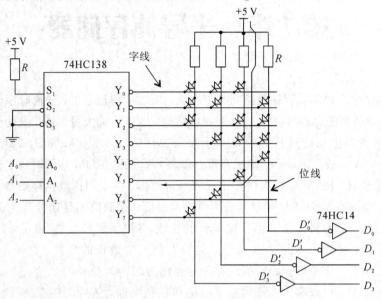

图 7 - 2   8×4 位二极管阵列 ROM

ROM"存储"数据的机理随着半导体工艺技术的发展而有所不同，分为掩膜式 ROM、PROM、EPROM、E^2PROM 和目前广泛应用的 FLASH 存储器。

掩膜式 ROM 在制造时以存储节点上有无晶体管代表不同的存储数据。对于图 7 - 2 所示的二极管 ROM，存储节点接有二极管代表存储数据为 1，没接二极管代表存储数据为 0。例如，5 号存储单元从左向右节点上二极管的状态依次为"无无有无"，表示存储的数据为"0010"。这是因为，当地址码 $A_2A_1A_0 = 101$ 时，74HC138 的 Y_5' 输出为低电平，这时与 Y_5' 相连的二极管导通使相应的位线（D_1'）为低电平，经缓冲器 74HC14 反相后输出（$D_1=$）1；没有接二极管的交叉点因上拉电阻的作用使相应的位线为高电平，经 74HC14 反相后输出 0，因此 $D_3D_2D_1D_0 = 0010$，即 5 号存储单元的数据为 0010。所以，图 7 - 2 所示 8×4 位 ROM 中的存储数据如表 7 - 1 所示。

表 7 - 1   8×4 位二极管 ROM 数据表

输　入			输　出			
A_2	A_1	A_0	D_3	D_2	D_1	D_0
0	0	0	1	1	1	0
0	0	1	1	1	0	1
0	1	0	1	0	1	1
0	1	1	0	1	1	1
1	0	0	0	0	0	1
1	0	1	0	0	1	0
1	1	0	0	1	0	0
1	1	1	1	0	0	0

掩膜式 ROM 的存储节点也可以由三极管或场效应管构成。图 7-3 是由 MOS 管作为存储节点的掩膜式 ROM 结构图,其中译码器的输出为高电平有效。当某个字线为高电平时,与字线相连的 MOS 管导通,使相应的位线为低电平,没有 MOS 管与该字线相连的位线,因上拉电阻的作用为高电平。因此,存储结点有 MOS 管的表示存储数据为 0,没有 MOS 管的表示存储数据为 1。

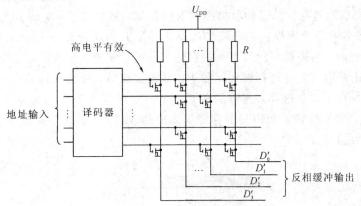

图 7-3　8×4 位 MOS 管阵列 ROM

PROM(Programmable ROM)为可编程 ROM,结构与掩膜式 ROM 类似,只是在制造时每个存储节点上的晶体管是通过熔丝(Fuse)接通的,如图 7-4 所示,相当于每个节点预存的数据全部为 1。

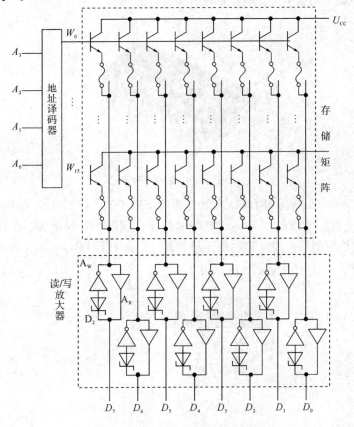

图 7-4　PROM 存储单元的结构

当用户需要将某些存储节点的数据改为 0 时，先通过 PROM 的字线和位线选中存储节点，再用编程器输出的高电压大电流将熔丝熔断，使存储节点上的晶体管功能失效而更改了存储数据。由于熔丝熔断后无法再接通，所以 PROM 为 OTP(One-Time Programmable，一次性可编程)器件。

EPROM(Erasable PROM)为可擦除 PROM，存储节点采用如图 7-5 所示浮栅 MOS 管存储数据，可以通过特定波长的紫外线照射将存储的数据擦掉，实现多次编程。

浮栅 MOS 管有两个栅极：浮栅 G_f 和控制栅 G_c，其中浮栅 G_f 四周被 SiO_2 绝缘层包围。对 EPROM 编程时，给需要存入数据 0 的存储单元的控制栅加上高压，使得浮栅 G_f 周围的绝缘层暂时被击穿而将负电荷存储到浮栅中。编程完成后，浮栅中的负电荷由于没有放电通路能够长期保存下来。这样，在以后的读操作中，浮栅中有负电荷的存储单元阻止了 MOS 管导通，而浮栅中没有负电荷的存储单元中的 MOS 管能够正常导通，从而代表了两种不同的存储数据。

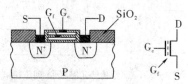

图 7-5 浮栅 MOS 管结构与符号

EPROM 存储芯片的上方有透明的石英窗口，如图 7-6 所示，用紫外线通过石英窗口照射管芯擦除浮栅中的负电荷，擦除完成后需要将石英窗口密封起来，防止意外照射而导致数据丢失。

图 7-6 EPROM

E^2PROM(Electrically EPROM)为电可擦除 EPROM，存储节点采用如图 7-7 所示的 Flotox MOS 管存储数据。Flotox MOS 管浮栅周围的绝缘层更薄，在浮栅的下方有隧道区，可以通过给控制栅上加反极性电压进行擦除。由于 E^2PROM 用电擦除，所以使用比 EPROM 方便得多。

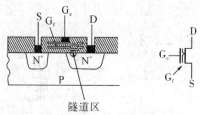

隧道区

图 7-7 Flotox MOS 管结构与符号

FLASH 存储器(Flash Memory,快闪存储器)简称闪存,是从 EPROM 和 E²PROM 发展而来的只读存储器,具有工作速度快、集成度高、可靠性好等优点。

FLASH 存储器的存储节点采用叠栅 MOS 管存储数据。叠栅 MOS 管的结构、符号以及存储节点的结构分别如图 7-8 所示。叠栅 MOS 管的结构与浮栅 MOS 管相似,但浮栅四周的绝缘层更薄,而且浮栅与源区重叠区域的面积极小,因此浮栅-源区间的电容要比浮栅-控制栅小得多。当控制栅和源极间加电压时,大部分压降将降在浮栅与源极之间的电容上,因而对读写电压要求不高,编程很方便。

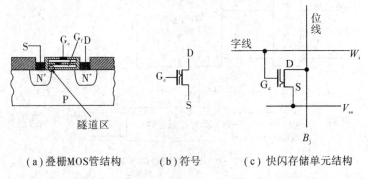

（a）叠栅MOS管结构　　　（b）符号　　　（c）快闪存储单元结构

图 7-8　叠栅 MOS 管及符号和快闪存储单元结构

FLASH 存储器自 20 世纪 80 年代问世以来,以其高密度、低成本、读写方便等优点,成为 U 盘、SD 卡等大容量存储器的主流产品。表 7-2 是 Atmel 公司出产的部分 E²PROM 和 FLASH 存储器的型号与参数,供设计时选用参考。

表 7-2　部分 E²PROM 和 FLASH 存储器的型号与参数

器件型号及容量			
E²PROM 存储器	快闪存储器		存储容量
	5 V 供电	3 V 供电	
AT28C16			$2\ k \times 8$
AT28C64			$8\ k \times 8$
AT28C256	AT29C256	AT29LV256	$32\ k \times 8$
AT28C512	AT29C512	AT29LV512	$64\ k \times 16$
AT28C010	AT29C010	AT29LV010	$256\ k \times 8$
	AT29C020	AT29LV020	$512\ k \times 8$

7.2　RAM

RAM 在应用时存储单元中的数据根据需要可以随时读出或者写入,而且存取的速度与存储单元的位置无关。

RAM 的结构框图如图 7-9 所示，包括地址输入、数据输入/输出、控制三类端口，其中 $A_0 \sim A_{n-1}$ 为地址输入端，$I/O_0 \sim I/O_{b-1}$ 为数据输入/输出端。控制端口中 CS′ 为片选端，OE′ 为输出控制端，WE′ 为读写控制端，均为低电平有效。当 CS′ 有效时，允许对 RAM 进行操作；当 OE′ 有效时，允许数据输出，否则输出为高阻状态；当 WE′=0 时允许写操作，WE′=1 时进行读操作。

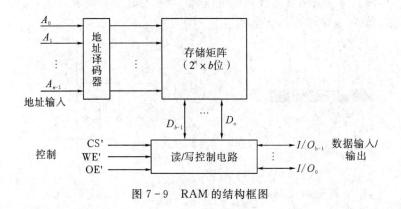

图 7-9 RAM 的结构框图

按照存储数据原理的不同，将 RAM 分为 SRAM(Static RAM，静态 RAM)和 DRAM (Dynamic RAM，动态 RAM)两种类型。

7.2.1 SRAM

SRAM 用锁存器存储数据，存储节点的结构和符号如图 7-10 所示。当 SEL′ 和 WR′ 均有效时，门控锁存器的时钟 C1 为高电平，这时锁存器打开处于"透明"状态；当 SEL′ 和 WR′ 任意一个无效时，锁存器关闭而保存数据，所以静态 RAM 存储单元存储的数据是锁存器关闭瞬间的输入数据。

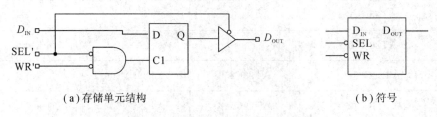

(a)存储单元结构   (b)符号

图 7-10 静态 RAM 的单元结构及符号

图 7-11 是一个 8×4 位 SRAM 阵列，与 ROM 一样，地址译码器选择 SRAM 的某一特定字线进行读/写操作。

SRAM 具有以下两种操作：

(1) 读。当 CS′ 和 OE′ 均有效时，给定存储单元地址后，所选中存储单元中的数据从 D_{OUT} 端输出；

(2) 写。给定存储单元地址后，将需要存储的数据输入到 D_{IN} 线上，然后控制 CS′ 和 WE′ 有效，使所选中存储单元的锁存器工作，输入数据被存储。

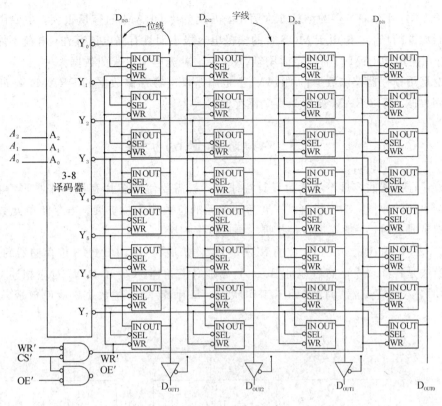

图 7-11　8×4 位 SRAM

7.2.2　DRAM

　　DRAM 利用 MOS 管栅极电容可以存储电荷的原理而实现数据的存储。单管 DRAM 存储节点的结构如图 7-12 所示，由 MOS 管和栅极电容 C_S 组成。在进行写操作时，字线 X 上给出高电平，MOS 管 T 导通，位线 B 上的数据经过 T 被存入电容 C_S 中。在进行读操作时，字线 X 同样给出高电平使 MOS 管 T 导通，这时电容 C_S 经过 T 向位线上输出电荷，使位线 B 上得到相应的信号电平，再经过读写放大器输出给外部电路。

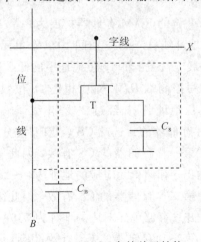

图 7-12　DRAM 存储单元结构

由于 DRAM 存储节点的结构非常简单，因此单片 DRAM 的容量很大，主要用于需要大量存储数据的场合。但由于 MOS 管的栅极电容极小而且有漏电流存在，电荷不能长期保存，所以在使用 DRAM 时需要定时刷新(Refresh)补充电荷以避免数据丢失。

无论是用锁存器存储数据的 SRAM 还是用栅极电容存储数据的 DRAM，在断电后都不能保存数据，所以 RAM 被称为易失性存储器。

7.3 存储容量的扩展

当单片存储器的容量不能满足设计需求时，就需要使用多片存储器来扩展存储容量。扩展存储单元的数量称为字扩展，扩展存储单元的位数称为位扩展。当存储单元数和位数都不能满足要求时，一般先进行位扩展，再进行字扩展。

图 7-13 是用八片 1024×1 位的 RAM 存储器扩展为一个 1024×8 位存储器的原理图。具体的做法是：将八片存储器地址 $A_9\sim A_0$ 分别对应相连，CS′ 和 R/W′ 对应相连。因此当 CS′ 有效时，八片存储器"同时"处于工作状态，每片读/写一位数据，从而形成八位数据总线。

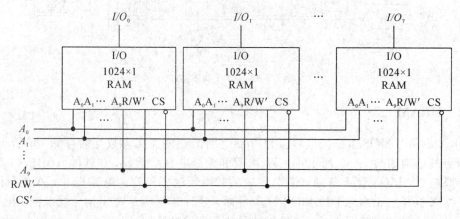

图 7-13 位扩展原理图

图 7-14 是用四片 256×8 位的 RAM 存储器扩展为一个 1024×8 位存储器的原理图。256×8 位的存储器具有 8 位地址线 $A_7\sim A_0$，访问 1024 个单元则需要使用 10 位地址线，分别用 $A_9\sim A_0$ 表示。具体的扩展方法是：将 10 位地址中的低 8 位分别与每片 256×8 存储器的地址 $A_7\sim A_0$ 对应相连，读写控制端 R/W' 对应相连，8 位数据线 $I/O_7\sim I/O_0$ 对应相连，然后用 10 位地址中最高的两位地址 A_9A_8 经过 2 线-4 线译码器(74HC139)译出 4 个低电平有效的信号，分别控制四片存储器的片选端 CS′，让四片"分时"工作：

(1) 当 $A_9A_8=00$ 时，使第一片存储器的 CS′ 有效，因此第一片存储器处于工作状态，数据从第一片 I/O 端输入/输出。存储单元对应的地址为 0~255；

(2) 当 $A_9A_8=01$ 时，使第二片存储器的 CS′ 有效，因此第二片存储器处于工作状态，数据从第二片 I/O 端输入/输出。存储单元对应的地址为 256~511；

(3) 当 $A_9A_8=10$ 时，使第三片存储器的 CS′ 有效，因此第三片存储器处于工作状态，数据从第三片 I/O 端输入/输出。存储单元对应的地址为 512~767；

（4）当 $A_9A_8=11$ 时，使第四片存储器的 CS′ 有效，因此第四片存储器处于工作状态，数据从第四片 I/O 端输入/输出。存储单元对应的地址为 768～1023。

这样组合起来即形成了一个 1024×8 位的存储器。

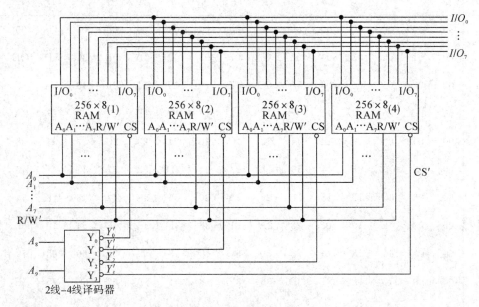

图 7 - 14　字扩展原理图

上述扩展方法是以 RAM 为例说明的。对于 ROM，扩展方法类似。

7.4　ROM 的应用

ROM 的基本功能用于存储数据。在数字系统中，除了用作程序存储器外，ROM 还可例如用来实现组合逻辑函数，实现代码转换和构成函数发生器等。

7.4.1　实现组合逻辑函数

ROM 为多位输入和多位输出的组合逻辑电路，可以很方便地实现复杂的组合电路设计。

用 ROM 设计组合电路时，将输入变量作为 ROM 的地址，将逻辑函数作为 ROM 的数据输出，将真值表存入 ROM 中，通过"查表"方式实现逻辑函数。

图 7 - 15 是用 256×8 位的 ROM 实现四位无符号二进制数乘法的结构框图，其中两个 4 位二进制被乘数与乘数分别用 $X_3\sim X_0$ 和 $Y_3\sim Y_0$ 表示，乘法结果用 $P_7\sim P_0$ 表示。

由于四位被乘数 X、乘数 Y 的取值范围均为 0～F，所以四位无符号二进制乘法器的

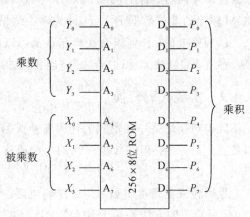

图 7 - 15　用 ROM 实现四位乘法器结构框图

真值表如表 7-3 所示。

表 7-3 四位乘法器的真值表

X\Y	0	1	2	3	4	5	6	7	8	9	A	B	C	D	E	F
0	00	00	00	00	00	00	00	00	00	00	00	00	00	00	00	00
1	00	01	02	03	04	05	06	07	08	09	0A	0B	0C	0D	0E	0F
2	00	02	04	06	08	0A	0C	0E	10	12	14	16	18	1A	1C	1E
3	00	03	06	09	0C	0F	12	15	18	1B	1E	21	24	27	2A	2D
4	00	04	08	0C	10	14	18	1C	20	24	28	2C	30	34	38	2C
5	00	05	0A	0F	14	19	1E	23	28	2D	32	37	3C	41	46	4B
6	00	06	0C	12	18	1E	24	2A	30	36	3C	42	48	4E	54	5A
7	00	07	0E	15	1C	23	2A	31	38	3F	46	4D	54	5B	62	69
8	00	08	10	18	20	28	30	38	40	48	50	58	60	68	70	78
9	00	09	12	1B	24	2D	36	3F	48	51	5A	63	6C	75	7E	87
A	00	0A	14	1E	28	32	3C	46	50	5A	64	6E	78	82	8C	96
B	00	0B	16	21	2C	37	42	4D	58	63	6E	79	84	8F	9A	A5
C	00	0C	18	24	30	3C	48	54	60	6C	78	84	90	9C	A8	B4
D	00	0D	1A	27	34	41	4E	5B	68	75	82	8F	9C	A9	B6	C3
E	00	0E	1C	2A	38	46	54	62	70	7E	8C	9A	A8	B6	C4	D2
F	00	0F	1E	2D	3C	4B	5A	69	78	87	96	A5	B4	C3	D2	E1

将被乘数 $X_3 \sim X_0$、乘数 $Y_3 \sim Y_0$ 作为 ROM 的八位地址 $A_7 \sim A_0$，将乘法表中的 256 个数据按从左向右、自上向下的顺序存入 256×8 的 ROM 中，在给定被乘数和乘数以后，ROM 输出的 8 位数据 $D_7 \sim D_0$ 即为乘法结果 $P_7 \sim P_0$。

从理论上讲，任何组合逻辑函数都可以用 ROM 来实现，即以逻辑变量作为输入，将真值表存入 ROM 中，通过"查表"输出相应的函数值。

7.4.2 实现代码转换

代码转换是将一种形式的代码转换成另外一种形式输出。例如，计算机内部是以二进制数进行运算的，但在数据输出时，希望将二进制的运算结果转换成 BCD 码以方便我们识别。

代码转换电路本质上为组合逻辑电路，当然也可以按组合逻辑函数的一般方法进行设计，但最简单的方法是基于 ROM 设计，通过查表的方式实现代码转换。将待转换的代码作为 ROM 的地址，将真值表写入 ROM 中，那么 ROM 的输出即为转换结果。

74LS185 是代码转换芯片，能够将 6 位二进制数转换成两位 BCD 码输出。例如，输入二进制数"101101"（对应十进制的 45）时，74LS185 输出数据为 0100_0101，为 BCD 码表示的十进制数 45。

7.4.3　构成函数发生器

函数发生器是用来产生正弦波、三角波、锯齿波或其他任意波形的电路系统。

数字函数发生器的一般结构形式如图 7－16 所示，由计数器、ROM 和 DAC 构成。以 n 位二进制计数器的输出作为 ROM 的地址，当计数器完成一个循环时，向 ROM 输入 2^n 个地址，通过"查询"ROM 预先存储的 $2^n \times b$ 位波形数据表，再通过 b 位 DAC 将数字量转换成 2^n 个不同的模拟电压值，再经过低通滤波后输出模拟信号。

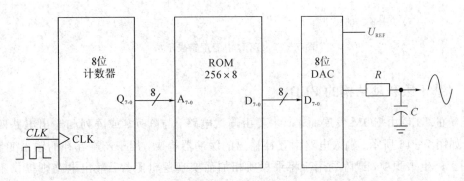

图 7－16　由计数器、ROM 和 DAC 构成的函数发生器

＊7.5　可编程逻辑器件

可编程逻辑器件（Programmable Logic Device，PLD）是在存储器基础上发展起来的、内部逻辑功能可以由用户通过编程方式定义的新型数字器件。虽然从理论上讲，应用门电路和组合逻辑电路和时序逻辑电路等这些传统的通用逻辑器件可以构成任意复杂的数字系统，但随着系统规模越来越大，应用可编程逻辑器件构成的数字系统具有体积更小、功耗更低、可靠性更高和速度更快等许多优点，同时具有在线可重构特性，使得可编程逻辑器件在数字通信、数字信号处理以及嵌入式系统设计领域得到了更广泛的应用。

可编程逻辑器件从 20 世纪 70 年代发展至今，在结构和工艺方面不断完善，在集成度和速度方面不断提高，同时许多系列产品内嵌有收发器、锁相环、数字乘法器和嵌入式处理器等功能模块，还有丰富的 IP 核可供选用，因此能够灵活方便地构成复杂的电子系统，促进电子系统设计向片上系统（System On-chip）的目标发展。

为了便于描述 PLD 内部的电路结构，国际上普遍采用图 7－17 所示的逻辑表示法，其中交叉点上的"·"表示固定连接，"×"表示可编程连接（由用户定义的连接），无标记则表示没有连接。

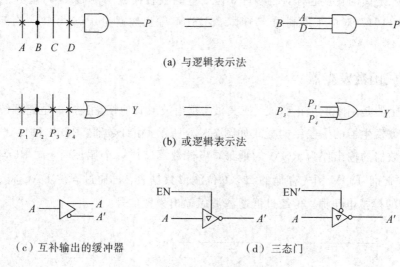

(a) 与逻辑表示法

(b) 或逻辑表示法

（c）互补输出的缓冲器　　　　　　　　　（d）三态门

图 7-17　PLD 中的逻辑表示法

7.5.1　基于乘积项结构的 PLD

传统的 PLD 由 ROM 发展而来，主要由输入电路、与阵列、或阵列和输出电路四部分组成，如图 7-18 所示。输入电路由互补输出的缓冲器构成，用于产生互补的输入变量；与阵列用于产生乘积项，或阵列用于将乘积项相加而实现逻辑函数；输出电路则提供不同模式的输出方式，如组合输出或寄存器输出等，通常带有三态控制，同时将输出信号通过内部通道反馈到输入端，作为与或阵列的输入信号。

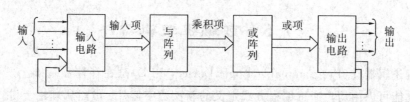

图 7-18　传统 PLD 的基本结构

早期的可编程逻辑器件有 PROM、EPROM 和 E^2 PROM 三种，都具有固定的与阵列（地址译码器）和可编程的或阵列（存储矩阵）。但由于结构的限制，它们只能完成一些简单的逻辑函数，主要作为存储器使用。其后，出现了结构上稍微复杂的可编程芯片，能够完成一些复杂的逻辑功能，这一阶段的产品主要有 FPLA、PAL 和 GAL，正式命名为可编程逻辑器件。

FPLA 为现场可编程逻辑阵列（Field Programmable Logic Array），内部电路如图7-19所示，主要由一个可编程的与逻辑阵列和一个可编程的或逻辑阵列构成。FPLA 与 ROM 的结构极为类似，不同的是，ROM 的与阵列为地址译码器，功能是固定的，而 FPLA 的与阵列是可编程的，用于产生所需要的乘积项，然后由或阵列将产生的乘积项相加构成逻辑函数。因此，应用 FPLA 设计组合逻辑电路比用 ROM 设计具有更高的资源利用率。

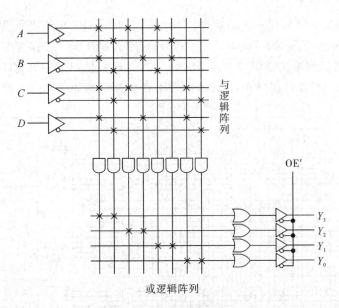

图 7 - 19　FPLA 基本结构

PAL 是 20 世纪 70 年代末期由 MMI 公司推出的可编程逻辑器件，由可编程的与逻辑阵列和固定的或逻辑阵列构成，如图 7 - 20 所示。与 FPLA 不同的是，PAL 的或阵列是固定的，以简化 PLD 内部电路结构。由于 PAL 器件采用熔丝工艺，一旦编程后就不能再修改，因而不能满足产品研发过程中经常修改电路的需要。

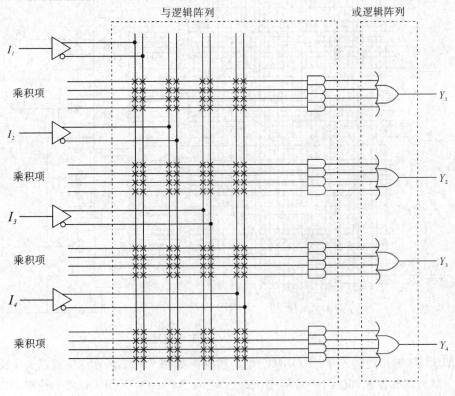

图 7 - 20　PAL 基本结构

为了克服 PAL 只能编程一次的缺点，Lattice 公司于 1985 年推出了里程碑式的新型可编程逻辑器件——通用阵列逻辑(GAL)，该阵列采用 E^2PROM 工艺，实现了电擦除和电改写，而且采用了可编程输出逻辑宏单元(OLMC)，可以通过编程将 OLMC 设置成不同的工作模式，增强了 GAL 器件的通用性。GAL16V8 的内部结构如图 7-21 所示。

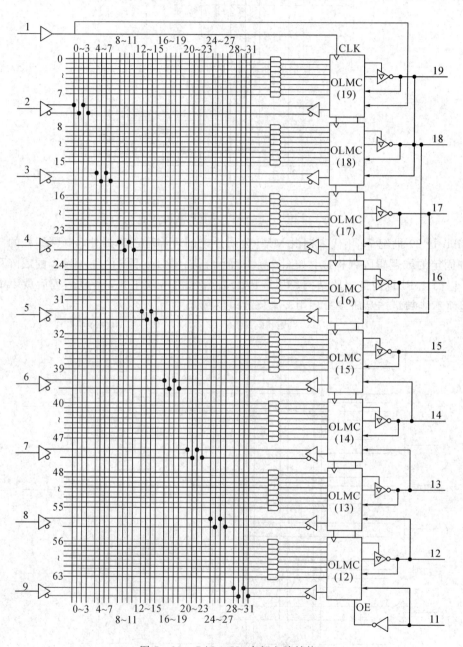

图 7-21　GAL16V8 内部电路结构

GAL16V8 输出逻辑宏单元(OLMC)的结构框图如图 7-22 所示，由或门、异或门、D 触发器、数据选择器和其他门电路构成，其中 AC0、AC1(n)、XOR(n) 用于控制 OLMC 的工作模式。

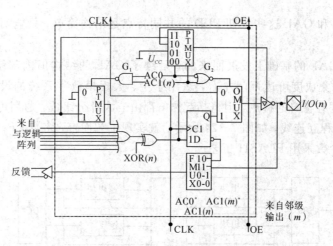

图 7-22 OLMC 结构框图

OLMC 的结构控制字格式如图 7-23 所示,其中(n)表示 OLMC 的编号,与相连的 I/O 编号一致。XOR(n)用于控制输出数据的极性,当 XOR(n)=0 时,异或门的输出与或门的输出同相,当 XOR(n)=1 时,异或门的输出与或门的输出反相。

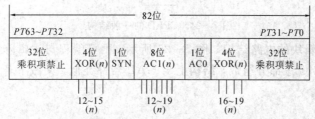

图 7-23 OLMC 的结构控制字格式

OLMC 有 5 种工作模式,如表 7-4 所示,分别由结构控制字中 SYN、AC0、AC1(n)、XOR(n)控制 4 个数据选择器实现。

表 7-4 OLMC 工作模式

SYN	AC0	AC1(n)	XOR(n)	输出模式	输出极性	说　明
1	0	1	—	专用输入	—	1 和 11 脚为数据输入,三态门被禁止
1	0	1	0	专用组合输出	低电平有效	1 和 11 脚为数据输入,三态门被选通
			0		高电平有效	
1	1	1	0	反馈组合输出	低电平有效	1 和 11 脚为数据输入,三态门选通信号为第一乘积项,反馈信号取自于 I/O 口
			1		高电平有效	
0	1	1	0	时序电路中的组合输出	低电平有效	1 脚接 CLK,11 脚 OE',至少另有一个 OLMC 为寄存器输出
			1		高电平有效	
0	1	0	0	寄存器输出	低电平有效	1 脚接 CLK,11 脚接 OE'
			1		高电平有效	

　　FPLA、PAL 和 GAL 这些早期 PLD 的共同特点是结构简单，只能实现一些规模较小的逻辑电路。

　　CPLD 是在 GAL 的基础上发展而来的，延续了 GAL 的结构但内部结构规划更合理、更紧凑。CPLD 的集成度可达万门左右，适用于中、大规模数字系统的设计。不同厂商的 CPLD 在结构上都有各自的特点，但概括起来，都由三大部分组成：通用可编程逻辑块、输入/输出块和可编程互连线，如图 7-24 所示。就实现工艺而言，多数 CPLD 采用 E^2 CMOS 编程工艺，也有少数采用 FLASH 工艺。

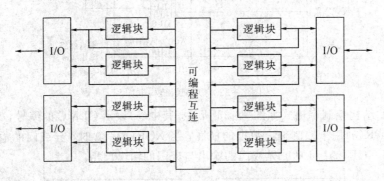

图 7-24　CPLD 的一般结构

　　通用可编程逻辑块的电路结构如图 7-25 所示，由可编程与逻辑阵列、乘积项共享的或逻辑阵列和 OLMC 三部分组成，结构上与 GAL 器件类似，又做了若干改进，在组态时具有更大的灵活性。

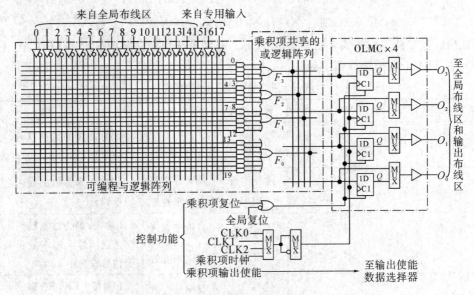

图 7-25　通用可编程逻辑块的电路结构

　　基于乘积项的 PLD 是基于熔丝、E^2 PROM 或 FLASH 工艺制造的，因此掉电后信息不会丢失，加电就可以工作，无需其他芯片配合。另外，由于乘积项 PLD 内部采用结构规整的与-或阵列结构，因此，从输入到输出的传输延迟时间是可预期的，不易产生竞争-冒险，常用于接口电路设计中。

7.5.2　基于查找表结构的 FPGA

现场可编程门阵列 FPGA 的主体不再是与-或阵列结构，而是由多个可编程的基本逻辑单元组成，因此 FPGA 被称为单元型 PLD。目前主流 FPGA 主要采用基于 SRAM 工艺的查找表结构。

基于查找表(Look-Up-Table, LUT)实现数字逻辑的原理是：任意 n 变量逻辑函数共有 2^n 个最小项，如事先将 n 变量逻辑函数的真值表放于 $2^n \times 1$ 的存储单元中，根据输入逻辑变量的取值组合查找相应存储单元中的真值表，就可以实现任意 n 变量逻辑函数。FPGA 正是通过配置查找表，从而用相同的电路结构实现不同的逻辑函数。

目前 FPGA 中使用 4 变量或 6 变量的 LUT。四变量的 LUT 可以看成一个具有 4 位地址的 RAM，可以实现任意四变量逻辑函数。例如，四输入与门的实现方式如表 7-5 所示。

表 7-5　四输入与门电路的实现

实际逻辑电路		LUT 的实现方式	
a, b, c, d 输入	逻辑输出	地址	RAM 中存储的内容
0000	0	0000	0
0001	0	0001	0
...	0	...	0
1111	1	1111	1

当需要实现四变量以上逻辑函数时，可通过多个查找表的组合来实现，这种实现方式好像"滚雪球"一样，系统规模越大，所用的 LUT 就越多。因此，FPGA 比与-或阵列结构 PLD 具有更高的资源利用率，特别适用于实现大规模和超大规模数字系统。

Xilinx 公司 Spartan-Ⅱ系列 FPGA 的内部结构如图 7-26 所示，主要由可配置逻辑模块(Configurable Logic Block, CLB)、输入/输出模块(Input/Output Block, IOB)、存储器模块(Block RAM)和数字延迟锁相环(Delay-Locked Loop, DLL)组成，其中 CLB 用于实现 FPGA 的大部分逻辑功能，IOB 用于提供封装管脚与内部逻辑之间的接口，Block RAM 用于实现 FPGA 内部数据的随机存取，DLL 用于 FPGA 内部的时钟控制和管理。

CLB 是 FPGA 的基本逻辑单元，不仅可以实现组合逻辑、时序逻辑，还可以配置为分布式 RAM 或 ROM。CLB 的实际数量和特性会依器件的不同而不同。Spartan-Ⅱ系列产品中每个 CLB 含有两个 Slice(Xilinx 公司定义的 FPGA 基本逻辑单位)，每个 Slice 包括两个 LC(Logic Cell, 逻辑单元)，如图 7-27 所示。图中 Look-Up Table 为查找表，Carry and

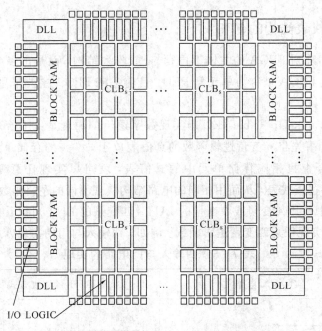

图 7 - 26   Spartan - Ⅱ 系列 FPGA 内部结构

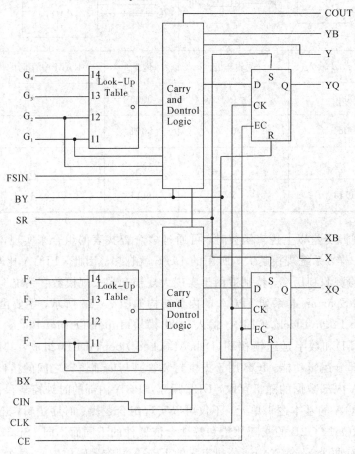

图 7 - 27   Spartan-Ⅱ Slice 结构

Control Logic 是进位控制逻辑。除了两个 LC 外，在 CLB 模块中还包括附加逻辑和运算逻辑。CLB 模块中的附加逻辑可以将两个或四个函数发生器组合起来，用于实现更多输入变量的逻辑函数。

由于 LUT 采用 SRAM 工艺，而 SRAM 在掉电后信息会丢失，因此在应用时 FPGA 需要外配一片 ROM 来保存编程信息，所以会带来一些附加成本。在上电时，FPGA 将 ROM 中的编程信息配置到片内的 SRAM 中，完成配置后就可以正常工作。断电后 FPGA 内部的编程信息立即消失，重新配置后又可以正常工作。

基于 LUT 的 FPGA 具有很高的集成度，其器件密度从数万门到数千万门，可以完成极为复杂的数字系统，适用于高速、高密度的系统级设计领域。但由于 FPGA 内部采用滚雪球的方式实现逻辑函数，因此对于多输入多输出系统，因为从输入到输出的传输路径不完全相同，所以传输延迟时间是不可预期的，所以基于 FPGA 设计数字系统时容易产生竞争-冒险，因此在设计时尽量采用同步电路结构以避免竞争-冒险。

*7.6 存储器的描述

存储器分为 ROM 和 RAM 两类。在 FPGA 中，ROM 采用 RAM 块实现，只需要预先将存储数据存入 RAM 块中实现 ROM 的功能。在 Verilog 中，将存储器看作是存储单元的集合，通过寄存器数组来描述。

存储器定义的格式如下：

    reg [msb:lsb] 存储器名 [upper:lower];

其中，[msb:lsb]定义存储单元的位宽，[upper:lower]定义存储器的深度，即存储单元的个数。例如：

    reg [15:0] memo [7:0];

定义了一个 8×16 位的存储器，地址范围为 7～0。

需要注意的是，寄存器可以用一条赋值语句直接进行赋值，而存储器每次只能赋值一个单元。即

    reg [n−1:0] regx;   // 定义一个 n 位寄存器 regx
    reg [3:0] Xrom [4:1];   // 定义一个 4×4 位的存储器 Xrom，地址为 4～1
    regx = 0;   // 对于寄存器赋值，合法
    Xrom = 0;   // 对于存储器赋值，非法
    Xrom[1] = 4'h0;   // 对于存储器单元赋值，合法
    Xrom[2] = 4'ha;
    Xrom[3] = 4'h9;
    Xrom[4] = 4'hf;

为存储器整体赋值的方法是使用系统任务：$ readmemb 或 $ readmemh 。这些系统任务从指定的文本文件中读取数据并加载到存储器，其中 $ readmemb 用于加载二进制数据文件，$ readmemh 用于加载十六进制数据文件。例如：

    reg [1:4] RomB [7:1];   // 定义一个 7×4 位存储器
    $ readmemb ("ram. patt", RomB);

其中，文件"ram. patt"为二进制数据文本文件，可以包含空白和注释。

另外，在数字系统设计中常用的双口 RAM 是指 RAM 的读操作和写操作是在不同的端口进行的，结构框图如图 7-28 所示。其中，clock 为时钟端，wren 为写控制端，wraddr 为写地址端，rdaddr 为读地址端，data 为数据输入端，q 为数据输出端。

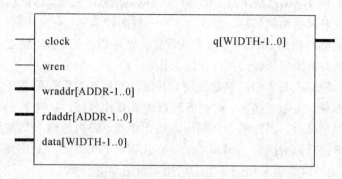

图 7-28　双向 RAM 框图

16×8 位双口 RAM 模块的定义和操作描述如下：

```
module dpram16x8b (clock, wren, wraddr, rdaddr, data, q);
    parameter WIDTH=8, DEPTH=16, ADDR=4;    // 参数定义
    input clock;
    input wren;
    input [ADDR-1:0] wraddr, rdaddr;
    input [WIDTH-1:0] data;
    output [WIDTH-1:0] q;

    reg [WIDTH-1:0] mem_data [DEPTH-1:0];    // 存储器定义

    always @ (posedge clock)                 // 写过程
      if (wren)
        mem_data[wraddr]=data;
    assign q=mem_data[rdaddr];               // 读操作
endmodule
```

7.7　设 计 项 目

存储器用于存储数据或程序，在波形产生、代码转换以及系统配置等许多方面有着广泛的应用。

7.7.1　DDS 信号源设计

DDS(直接数字频率合成器)采用数字技术实现信号源，具有成本低、分辨率高和响应快速等优点，广泛应用于仪器仪表领域。

设计任务：设计一个 DDS 正弦波信号源。信号源有"UP"和"DOWN"两个键，按 UP 时

频率步进增加，按 DOWN 时频率步进减小。要求输出信号的频率范围为 $100\sim1500$ Hz，步进为 100 Hz。

设计过程：DDS 的主要思想是用相位合成所需要的波形，基本结构框图如图 $7-29$ 所示，由相位累加器、波形存储器、数模转换器、低通滤波器和参考时钟五部分组成。

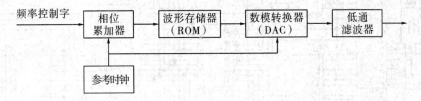

图 $7-29$ DDS 原理框图

满足设计任务要求的 DDS 信号源的总体设计方案如图 $7-30$ 所示。首先利用多谐振荡器产生 25.6 kHz 的时钟信号，根据设定的四位频率控制字通过八位加法器和八位寄存器实现相位累加，将得到的数值相位值作为 256×8 位 ROM 的地址，查询预先存入 ROM 中的 256 个正弦波数据表输出数字化正弦波的幅度值，经过 8 位 DAC 转换为连续时间信号后再经过低通滤波器输出模拟正弦波信号。

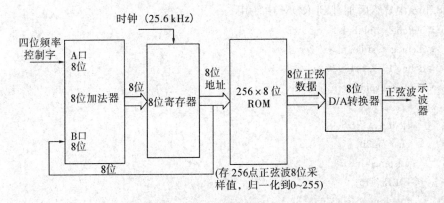

图 $7-30$ 正弦波信号源设计方案

DDS 输出信号的频率 f_{out} 与控制字 N 和时钟脉冲频率 f_{clk} 之间的关系为

$$f_{out}=\frac{f_{clk}}{2^8}\times N$$

其中 f_{clk} 取 25.6 kHz，故步进为 100 Hz。当频率控制字 N 取 4 位时，对应的正弦波信号频率为 $100\sim1500$ Hz。

具体实现方法是：将两片 4 位 74HC283 扩展为 8 位加法器，然后与 8 位寄存器 74HC574 构成 8 位相位累加器。相位累加的步长受计数器 74HC193 的状态输出 $Q_3Q_2Q_1Q_0$ 控制，而 UP 和 DOWN 分别作为加法计数和减法计数的时钟。74HC574 输出的相位作为 ROM 的地址，从 ROM 中取出数字化正弦波的幅度值，再由 8 位 D/A 转换器 DAC0832 转换成连续时间信号，最后通过低通滤波后输出正弦波。DDS 信号源的总体设计电路如图 $7-31$ 所示。

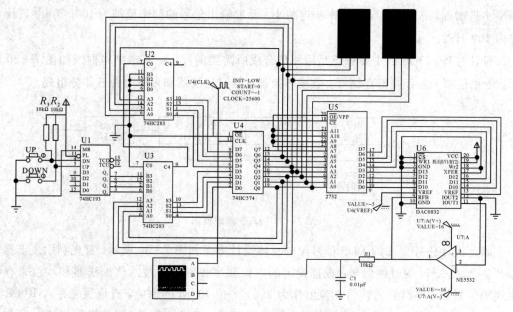

图 7-31 DDS 信号源参考设计图

256 点正弦波采样值可用 C 程序生成，归一化为 8 位数字量(0~255)后存入数据文件 sin256x8. bin 中，然后加载到 ROM 中使用。

```
# include <math. h>
# include <stdio. h>
# define PI 3. 1415926
void main (void)
{
    float x;
    char sin8b;
    unsigned int i;
    FILE * fp;
    fp＝fopen("sin256x8. bin", "w");
      for (i＝0; i<256; i＋＋)
    {
        x＝sin(2 * PI/256 * i);
        sin8b＝((x＋1)/2 * 255);
        fputc(sin8b, fp);
    }
    fclose(fp);
}
```

需要说明的是，参考设计图中使用的是 EPROM(4 k×8 位的 2732，实际只用了 256×8 位)，实际制作时建议用 E^2PROM 或 Flash 存储器。

7.6.2 LED 点阵驱动电路设计

LED 点阵通常用于远距离信息的显示，如火车站车次信息、大型户外广告牌等。8×8

共阴极 LED 点阵的内部结构如图 7-32 所示，其中 $D_7 \sim D_0$ 为 8 位行数据输入，$H'_1 \sim H'_8$ 为行选通信号。

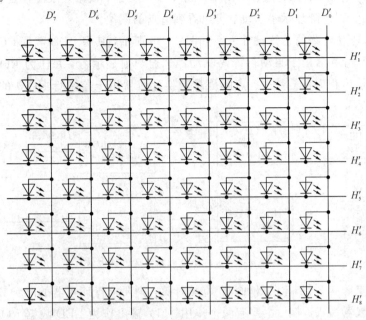

图 7-32　8×8 共阴极 LED 点阵

设计任务：设计一个 8×8 LED 点阵驱动电路，要求能够显示数字 0~9、字符 A~Z 或 a~z，显示字符数不少于 8 个，并且能够自动循环显示。

设计过程：LED 点阵驱动一般采用动态扫描方式显示字符或图案。8×8 点阵按行动态扫描的原理如图 7-33 所示。将显示数据按行存入 ROM 中，当 ROM 输出第 1 行数据时，

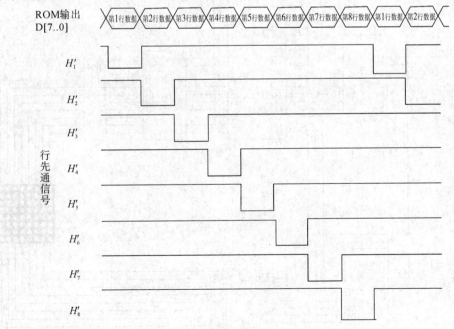

图 7-33　动态扫描显示原理

使第 1 行选通信号 H'_1 有效,将信息显示在第 1 行上;当 ROM 输出第 2 行数据时,使第 2 行选通信号 H'_2 有效,将信息显示在第 2 行上;依次类推。根据人眼的视觉暂留现象,每秒刷新 25 帧以上,则点阵显示不闪动,可以看到清晰的图像。

8×8 点阵驱动电路的总体设计方案如图 7-34 所示,其中 LED 数据 ROM 用于存储显示信息。行刷新计数器用于驱动行译码驱动器选通当前显示行,并作为 ROM 的低位地址控制行 ROM 输出相应行的数据。点阵信息切换计数器用于控制行 ROM 的高地址切换点阵显示的信息。

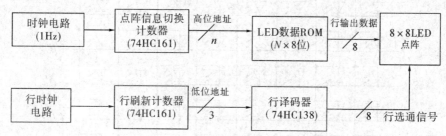

图 7-34　点阵驱动电路总体设计方案

由于每屏点阵有 8 行,以每秒刷新 30 帧计算,则要求行计数器的时钟频率为 30×8＝240 Hz。行计数器为八进制,主要有两个作用:(1) 输出作为 LED 数据 ROM 的低三位地址,经"查表"从 ROM 中取出 8 行数据;(2) 与行译码器构成顺序脉冲发生器,用于选通当前显示行。这样在行时钟作用下,每次刷新一行,刷新 8 行即完成一次整屏显示。点阵信息切换计数器的时钟取为 1 Hz,用计数器的输出 $Q_3Q_2Q_1Q_0$ 作为 ROM 的高位地址来实现 16 个字符/数字的循环显示。

8×8 LED 点阵驱动整体电路如图 7-35 所示。

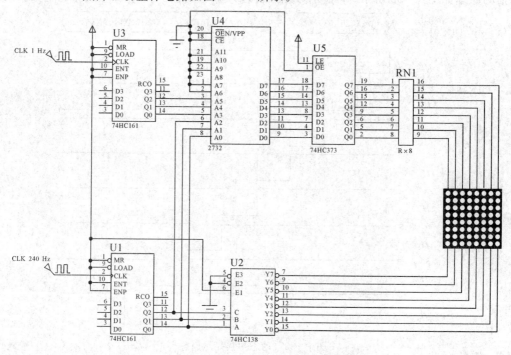

图 7-35　LED 点阵驱动电路参考设计图

ROM 中存储需要显示的字符或数字信息，数据以行为单位，8 行为一屏信息。点阵信息文件可用 C 编程生成或者用编辑软件定制，然后加载到 ROM 中。

生成图 7-35 中数字"3"的数据文件的 C 程序如下：

```
#include <stdio.h>
void main (void)
    {
    charLedDots[8]={0x3c，0x66，0x46，0x06，0x1c，0x06，0x66，0x3c}；// 数字 3
    unsigned int i，j；
    FILE * fp；
    fp=fopen("LedDots8x8.bin"，"w")；
    for (i=0；i<16；i++)
        for (j=0；j<8；j++)
            fputc(LedDots[i]，fp)；
    fclose(fp)；
    }
```

习　　题

7.1　某计算机的内存具有 32 条地址线和 16 条双向数据线，计算该计算机的最大存储容量。

7.2　分析下列存储系统各有多少个存储单元、地址线以及数据线。

(1) 64 k×1　　　　　　　　(2) 256 k×4

(3) 1 M×1　　　　　　　　(4) 128 k×8

7.3　设存储器的起始地址为 0，指出下列存储系统的最高地址为多少？

(1) 2 k×1　　　　　　　　(2) 16 k×4

(3) 256 k×32

7.4　用 1024×4 位 SRAM 芯片 2114 扩展 4096×8 位的存储器系统，共需要多少片 2114？画出扩展图。已知 2114 的外部引脚如题 7.4 图所示，其中 $A_9 \sim A_0$ 为 10 位地址输入端，$D_3 \sim D_0$ 为 4 位数据输入/输出端，CE 为片选端，WE 为读写控制信号。

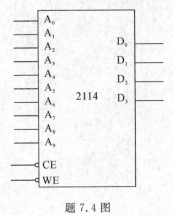

题 7.4 图

7.5 用 16×4 位 ROM 实现下列逻辑函数，画出设计图。

(1) $Y_1 = ABCD + A'(B+C)$

(2) $Y_2 = A'B + AB'$

(3) $Y_3 = ((A+B)(A'+C'))'$

(4) $Y_4 = ABCD + (ABCD)'$

7.6 利用 ROM 构成的任意波形发生器如题 7.6 图所示，改变 ROM 的内容即可改变输出波形。当 ROM 的内容如题 7.6 表所示时，画出输出端电压随时钟脉冲 CLK 变化的波形。

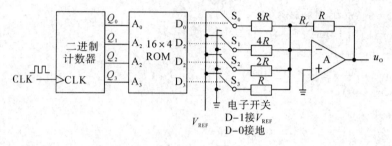

题 7.6 图

题 7.6 表　ROM 真值表

CLK	A_3	A_2	A_1	A_0	D_3	D_2	D_1	D_0
0	0	0	0	0	0	1	0	0
1	0	0	0	1	0	1	0	1
2	0	0	1	0	0	1	1	0
3	0	0	1	1	0	1	1	1
4	0	1	0	0	1	0	0	0
5	0	1	0	1	0	1	1	1
6	0	1	1	0	0	1	1	0
7	0	1	1	1	0	1	0	1
8	1	0	0	0	0	1	0	0
9	1	0	0	1	0	0	1	1
10	1	0	1	0	0	0	0	0
11	1	0	1	1	0	0	0	1
12	1	1	0	0	0	0	0	0
13	1	1	0	1	0	0	0	1
14	1	1	1	0	0	0	1	0
15	1	1	1	1	0	0	1	1

7.7　用题 7.7 图所示的 4 片 64×4 位 RAM 和 2 线 - 4 线译码器 74HC139 设计一个 256×4 位的存储系统。

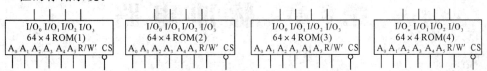

题 7.7 图

*7.8　基于 ROM 设计数码管控制电路。在一个数码管上自动依次显示自然数序列 (0~9)、奇数序列(1、3、5、7 和 9)、音乐符号序列(0~7)和偶数序列(0、2、4、6 和 8)，然后再依次循环显示。要求加电时先显示自然数序列，每个数码的显示时间均为 1 秒。画出设计图，并说明其工作原理。

第8章 脉冲电路

时序电路在时钟脉冲的作用下完成其逻辑功能。时钟脉冲可分为单次脉冲和脉冲序列两种类型，如图8-1所示。在分析锁存器/触发器的功能与动作特点时，只需要考查一个时钟周期内锁存器/触发器的工作情况，因此采用单次脉冲进行分析。而在分析计数器或移位寄存器的功能时，则需要考查电路在脉冲序列作用下的状态变化和输出情况。那么，这些脉冲是怎么获得的？

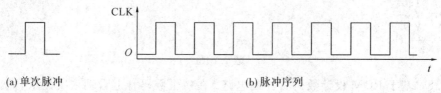

(a) 单次脉冲   (b) 脉冲序列

图8-1 时钟脉冲

脉冲的获取有两种方法：

（1）整形（Shaping）。如果已经有正弦波、三角波或锯齿波等其他周期性波形时，可以通过整形电路将它们整形成脉冲序列。

（2）产生（Generation）。设计振荡电路，加电后自行起振输出脉冲序列。

单次脉冲通常通过按键开关电路产生，经过整形后输出。施密特电路和单稳态电路是脉冲整形电路，多谐振荡器为脉冲产生电路。555定时器既可以接成施密特电路，也可以接成单稳态电路或多谐振荡器。本章首先介绍描述脉冲特性的主要参数，然后讲述施密特电路、单稳态电路和多谐振荡器的特点、电路结构及工作原理。

8.1 描述脉冲的主要参数

图8-1所示的脉冲为理想脉冲，而实际电路产生或整形出的脉冲并不理想，从低电平跳变为高电平或者从高电平跳变为低电平时总是要经历一段过渡时间。为了考查脉冲产生或整形的效果，就需要定义描述脉冲特性的参数。对于图8-2所示的矩形脉冲，共定义了七个特性参数，名称和定义如表8-1所示。

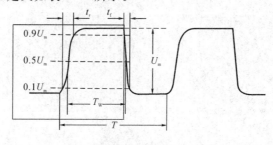

图8-2 矩形脉冲

表 8-1 脉冲特性参数

参数名称	符号	定　义	说　明
脉冲周期	T	周期性脉冲序列中，两个相邻脉冲之间的时间间隔	以相邻脉冲两个相同位置点之间的间隔进行计算
脉冲频率	f	单位时间内脉冲的重复次数	脉冲频率 f 和脉冲周期 T 互为倒数，即 $f=1/T$
脉冲幅度	U_m	脉冲高电平与低电平之间的电压差值	$U_m = U_{OH} - U_{OL}$
脉冲宽度	T_W	脉冲作用的时间。从脉冲前沿到达 $50\%V_m$ 算起，到后沿降到 $50\%V_m$ 时的时间间隔	描述脉冲高电平的持续时间
上升时间	t_r	脉冲前沿从 $10\%V_m$ 上升到 $90\%V_m$ 的时间间隔	描述脉冲上升过程所花的时间
下降时间	t_f	脉冲后沿从 $90\%V_m$ 下降到 $10\%V_m$ 的时间间隔	描述脉冲下降过程所花的时间
占空比	q	脉冲宽度与脉冲周期的比值，即 $q = T_w/T$	用来描述在脉冲周期中高电平所占的比例

对于理想脉冲，$t_r = 0$、$t_f = 0$。占空比为 50% 的矩形波称为方波。

8.2　555 定时器及应用

555 定时器(Timer)是数模混合电路，只需要外接几个电阻和电容，就可以很方便地构成施密特电路、单稳态电路和多谐振荡器，广泛应用于仪器仪表、家用电器、电子测量以及自动控制等领域。

555 定时器的内部电路结构如图 8-3 所示，由两个电压比较器(C1 和 C2)、三个精密 5 kΩ电阻(555 定时器由此得名)、一个基本 SR 锁存器、一个放电管 (V_D)以及输出驱动电路(G_1)组成。

555 定时器的引脚功能说明如下：

1 脚：接地端，外接电源地；

2 脚：触发电压(TR$'$)输入端 u_{I2}；

3 脚：输出端 u_O；

4 脚：复位端(R_D')，低电平有效。当 R_D' 外接低电平时，555 定时器的输出被强制为低电平，因此复位功能不用时应接高电平；

5 脚：控制电压输入端 U_{CO}。当 5 脚外接控制电压 U_{CO} 时，两个比较器的基准电压分别为 $U_{R1} = U_{CO}$、$U_{R2} = (1/2)U_{CO}$。当不加控制电压时，电源电压 U_{CC} 经内部三个 5 kΩ 电阻分压为两个比较器提供比较基准电压：$U_{R1} = (2/3)U_{CC}$、$U_{R2} = (1/3)U_{CC}$，同时 5 脚到地串接一个小滤波电容，以保持参考电压稳定；

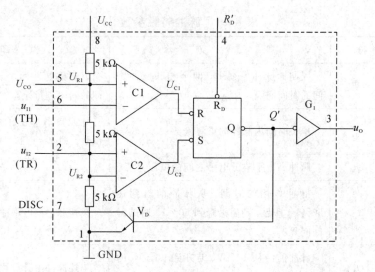

图 8-3 555 定时器内部电路图

6 脚：阈值电压（TH）输入端 u_{I1}；

7 脚：放电端 DISC，用于对外接电容进行放电；

8 脚：电源端，外接正电源 U_{CC}。

555 定时器内部 SR 锁存器的状态取决于比较器 C1 和 C2 的输出 U_{C1} 和 U_{C2}，而锁存器的输出 Q' 决定放电管 V_D 的状态。在外接电源 U_{CC} 和地后，当 5 脚不加控制电压，同时复位端 R'_D 无效时，分以下三种情况讨论：

（1）当 $u_{I1} < (2/3)U_{CC}$、$u_{I2} < (1/3)U_{CC}$ 时，$U_{C1} = 1$，$U_{C2} = 0$，因此 $Q = 1$，输出 u_O 为高电平；

（2）当 $u_{I1} > (2/3)U_{CC}$、$u_{I2} > (1/3)U_{CC}$ 时，$U_{C1} = 0$、$U_{C2} = 1$，因此 $Q = 0$，输出 u_O 为低电平；

（3）当 $u_{I1} < (2/3)U_{CC}$、$u_{I2} > (1/3)U_{CC}$ 时，$U_{C1} = 1$，$U_{C2} = 1$，因此 Q 保持，输出 u_O 保持不变。

由上述分析得到 555 定时器的功能表如表 8-2 所示。

表 8-2 555 定时器功能表

输 入			内部参数和状态				输出
R'_D	u_{I1}	u_{I2}	U_{C1}	U_{C2}	Q	放电管 V	
0	×	×	×	×	×	导通	0
1	$<(2/3)U_{CC}$	$>(1/3)U_{CC}$	1	1	Q_0	保持	Q_0
1	$<(2/3)U_{CC}$	$<(1/3)U_{CC}$	1	0	1	截止	高电平
1	$>(2/3)U_{CC}$	$>(1/3)U_{CC}$	0	1	0	导通	低电平
1	$>(2/3)U_{CC}$	$<(1/3)U_{CC}$	0	0	1^*	截止	高电平

注：（1）Q_0 表示原状态；（2）1^* 表示不是定义的 1 状态。

8.2.1 施密特电路

施密特电路（Schmitt Trigger）为脉冲整形电路。与普通门电路相比，施密特电路具有如下两个明显的特点：

（1）输入电压在上升过程中的转换电平（用 U_{T+} 表示）和下降过程中的转换电平（用 U_{T-} 表示）不同，即 $U_{T+}\neq U_{T-}$。而普通门电路上升过程和下降过程的转换电平相同，均为阈值电压 U_{TH}。

若定义回差电压（Hysteresis Voltage）$\Delta U_{T}=U_{T+}-U_{T-}$，则施密特电路的 $\Delta U_{T}\neq 0$，而普通门电路没有回差。

（2）在进行状态转换时，施密特电路内部伴随有正反馈的过程，所以转换速度很快，能将任何周期性的波形转换成矩形波。

施密特电路可由基本门电路构成，如图 8-4 所示。将两级 CMOS 反相器级联起来，输入电压 u_I 经过电阻 R_1 接入，同时将输出电压 u_O 经过电阻 R_2 反馈到输入端，就构成了施密特电路。为了保证电路正常工作，要求电阻 $R_1<R_2$。

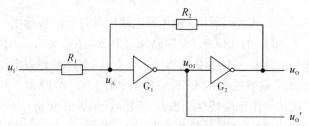

图 8-4　由门电路构成的施密特电路

下面对门电路构成的施密特电路的工作原理和特性参数进行分析。

由于 CMOS 反相器正常工作时输入电流为 0，因此根据电压叠加原理，u_A 的电位可表示为

$$u_A=\frac{R_2}{R_1+R_2}u_I+\frac{R_1}{R_1+R_2}u_O$$

由于 CMOS 反相器的阈值电压 $U_{TH}=\frac{1}{2}U_{CC}$，所以无论输入电压是上升过程还是下降过程，每当 u_A 点的电位达到 U_{TH} 时，由于内部正反馈的作用会导致施密特电路立即开始转换，这时正好对应于输入转换电平，由此可推导出 U_{T+} 和 U_{T-}。

（1）输入电压 u_I 从 0 V 上升到 U_{CC} 的过程中，根据定义，施密特电路应该在 $u_I=U_{T+}$ 时开始转换，这时对应 $u_A=U_{TH}$。

由于 $R_1<R_2$，由反证法可推出：当 $u_I=0$ 时，$v_O=0$，所以

$$\begin{cases} u_A=\dfrac{R_2}{R_1+R_2}u_I+\dfrac{R_1}{R_1+R_2}u_O \\ u_I=U_{T+} \\ u_A=U_{TH} \\ u_O=0 \end{cases}$$

由上述公式可以推出

$$U_{T+}=\left(1+\frac{R_1}{R_2}\right)U_{TH}$$

（2）输入电压 u_I 从 U_{CC} 下降到 0 V 的过程中，根据定义，施密特电路应在 $u_I=U_{T-}$ 时开始转换，这时对应 $u_A=U_{TH}$。

由（1）可知，当 $u_I=U_{CC}$ 时，$u_O=U_{CC}$，所以

$$\begin{cases} u_A = \dfrac{R_2}{R_1+R_2}u_I + \dfrac{R_1}{R_1+R_2}u_O \\ u_I = U_{T-} \\ u_A = U_{TH} \\ u_O = U_{CC} = 2U_{TH} \end{cases}$$

由上式可以推出

$$U_{T-} = \left(1 - \frac{R_1}{R_2}\right)U_{TH}$$

因此回差电压

$$\Delta U_T = U_{T+} - U_{T-} = 2\frac{R_1}{R_2}U_{TH} = \frac{R_1}{R_2}U_{CC}$$

从 U_{T+} 和 U_{T-} 的计算公式可以看出，施密特电路上升过程的转换电平 U_{T+} 和下降过程的转换电平 U_{T-} 不但与 R_1 和 R_2 的比值有关，同时还与电源电压 U_{CC} 有关。因此，在电源电压不变的情况下，合理地改变 R_1 和 R_2 的比值就可以调整 U_{T+}、U_{T-} 和回差电压 ΔU_T 的大小。

施密特电路的电压传输特性如图 8-5(a)所示。由于 $u_I = 0$ 时 $u_O = 0$，故称输出 u_O 与 u_I 同相。若从 u_O' 输出，则其电压传输特性如图 8-5(b)所示。由于 $u_I = 0$ 时 $u_O = U_{CC}$，故称输出 u_O' 与 u_I 反相。施密特电路的图形符号如图 8-5(c)所示。

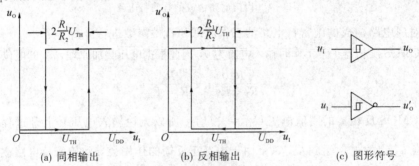

(a) 同相输出　　　　　　　(b) 反相输出　　　　　　　(c) 图形符号

图 8-5　施密特电路的电压传输特性与图形符号

在数字集成电路中，具有施密特特性的门电路很多。74HC14 为六施密特反相器，内部有六个反相输出的施密特电路，逻辑框图和引脚排列如图 8-6(a)所示。当 U_{DD} 取 4.5 V 时，$U_{T+} \approx 2.7$ V、$U_{T-} \approx 1.8$ V。74HC132 为四施密特与非门，逻辑框图和引脚排列如图 8-6(b)所示，当 U_{DD} 取 4.5 V 时，$\Delta U_T \approx 0.9$ V。

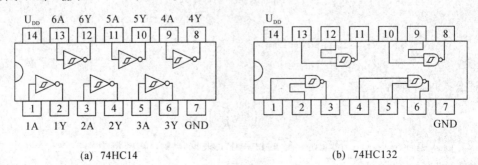

(a) 74HC14　　　　　　　　　　　　　　(b) 74HC132

图 8-6　集成施密特电路

施密特电路可以实现波形变换、脉冲整形和脉冲鉴幅等多种功能。图 8-7(a)是用施密特反相器将正弦波变换成矩形波，图 8-7(b)是用施密特反相器将带有振铃的矩形波整形成规整的矩形波，图 8-7(c)是用施密特反相器从一系列高低不等的脉冲中将幅度大于 U_{T+} 的脉冲识别出来，可用于消除系统噪声。

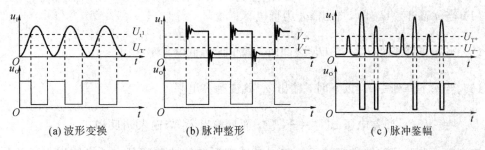

(a)波形变换　　　　　(b)脉冲整形　　　　　(c)脉冲鉴幅

图 8-7　施密特电路的应用

555 定时器很容易外接成施密特电路。在 8 脚接电源、1 脚接地、4 脚复位端接 U_{CC}、5 脚到地接 $0.01\ \mu F$ 滤波电容的情况下，只要将 2 脚和 6 脚接到一起，以 2、6 端作为输入，以 3 端作为输出，就构成了施密特电路，如图 8-8 所示。

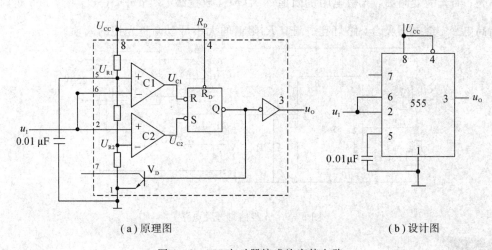

(a)原理图　　　　　　　　　　(b)设计图

图 8-8　555 定时器接成施密特电路

由 555 定时器构成的施密特电路的工作原理分析如下：

在输入电压 u_I 从 0 上升到 U_{CC} 的过程中，根据比较器 C1 和 C2 的基准电压，将输入电压 u_I 的上升过程划分为三段进行分析：

(1) 当 u_I 小于 $\frac{1}{3}U_{CC}$ 时，$U_{C1}=1$、$U_{C2}=0$，因此锁存器 $Q=1$，输出 u_o 为高电平；

(2) 当 u_I 上升至 $\frac{1}{3}U_{CC} \sim \frac{2}{3}U_{CC}$ 之间时，$U_{C1}=1$、$U_{C2}=1$，这时锁存器处于保持状态，因此输出保持高电平不变；

(3) 当 u_I 上升到 $\frac{2}{3}U_{CC}$ 以上时，$U_{C1}=0$、$U_{C2}=1$，因此锁存器 $Q=0$，输出 u_o 跳变为低电平。

经过上述分析可知，当输入电压 u_I 达到 $\frac{2}{3}U_{CC}$ 时，555 的输出电压由高电平跳为低电平，因此 $U_{T+} = \frac{2}{3}U_{CC}$。

同理，输入电压 u_I 从 U_{CC} 下降到 0 V 的过程也划分为三段进行分析。

(1) 当 u_I 高于 $\frac{2}{3}U_{CC}$ 时，输出 u_O 为低电平；

(2) 当 u_I 下降至 $\frac{1}{3}U_{CC} \sim \frac{2}{3}U_{CC}$ 之间时，输出保持低电平不变。

(3) 当 u_I 下降到 $\frac{1}{3}U_{CC}$ 以下时，输出 u_O 跳变为高电平。

因此 $U_{T-} = \frac{1}{3}U_{CC}$，回差电压 $\Delta U_T = \frac{1}{3}U_{CC}$，而且输出 u_O 与输入 u_I 反相。

施密特电路除了能够实现波形变换、脉冲整形和脉冲鉴幅外，还能够作为开关使用。例如，应用光敏电阻和施密特电路实现光控路灯的电路如图 8-9 所示。当光线充足时，光敏电阻的阻值小（kΩ 数量级），因此 $u_I > \frac{2}{3}U_{CC}$，555 定时器输出低电平，继电器不吸合，路灯不亮；当光线变暗后，光敏电阻的阻值增大（MΩ 数量级），当 $u_I < \frac{1}{3}U_{CC}$ 时，555 定时器输出高电平，继电器吸合，路灯亮。调节 R_P 阻值的大小可以调整光控的阈值。

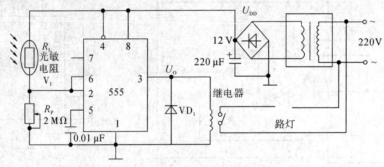

图 8-9 光控路灯开关电路

思考与练习

8-1 分析普通反相器 74HC04 能否实现波形变换，并与 74HC14 进行比较。

8-2 分析比较器（LM393/LM339）能否实现波形变换，查阅资料，画出应用电路。

8.2.2 单稳态电路

单稳态电路(Monostable Multivibrator)是只有一个稳定状态的脉冲整形电路，具有如下三个特点：

(1) 在没有外部触发脉冲作用时，电路处于稳态；

(2) 在外部触发脉冲的作用下，电路从稳态跳变到暂稳态，经过一段时间后会自动返回到稳态；

(3) 在暂稳态维持的时间（称为脉冲宽度）仅取决于电路的结构和参数，与触发脉冲无关。

单稳态电路有多种构成方式。由基本门电路构成的微分型单稳态的电路结构如图 8-10 所示，其中 G_1 和 G_2 为 CMOS 门电路，R_d、C_d 为输入微分电路，用于鉴别触发脉冲，R、C 为微分定时电路，决定在暂稳态的维持时间。

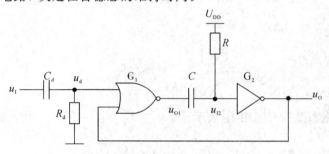

图 8-10　微分型单稳态电路

　　下面对微分型单稳态电路的工作原理进行分析。

　　单稳态电路工作过程可分为以下四个阶段：

　　(1) 稳态阶段。在没有触发脉冲作用时，电路处于稳态。由于电容有隔直作用，故 $u_d = 0$、$u_{I2} = 1$，所以门电路的输出 $u_{O1} = 1$、$u_O = 0$。这时电容 C_d 和 C 上的电压为 $u_{C_d} = 0$、$u_C = 0$。

　　(2) 触发。当 u_1 从低电平跳变为高电平时，由于电容 C_d 上的电压不能突变，所以在 u_1 上升的瞬间将 u_d 点的电位由 0 V 拉升至电源电压 U_{DD}，因此 G_1 或非门的输出 $u_{O1} = 0$。同样由于电容 C 上的电压不能突变，所以在 u_{O1} 跳变至低电平的瞬间将 u_{I2} 点的电位拉低至 0 V，这时单稳态电路的输出 u_O 跳变至低电平，电路进入暂稳态。

　　触发后即使触发脉冲迅速撤销，但由于输出 u_O 反馈到或非门 G_1 的输入端将输入信号封锁，因此电路维持暂稳态不变。

　　(3) 暂稳态阶段。电路进入暂稳态后，电源 U_{DD} 经过电阻 R 开始对电容 C 进行充电。伴随着充电过程的进行，电容 C 两端的电压逐渐增大，使 u_{I2} 点的电位逐步上升。当 u_{I2} 上升到反相器 G_2 的阈值电压 U_{TH} 时，输出 u_O 跳变至低电平，电路返回稳态。

　　(4) 恢复。单稳态电路由暂稳态返回稳态的瞬间，电容 C 上的电压为 $\frac{1}{2} U_{DD}$，因此还需要恢复到初始稳态的 0 V。

　　恢复时间 t_{re} 为 u_{O1} 跳变为高电平后 u_{I2} 的电位由 $U_{DD} + 0.7$ V 放电到 U_{DD} 所经过的时间。一般估算为

$$t_{re} = (3 \sim 5)(R + r_O)C$$

其中 r_O 为 G_1 或非门输出高电平时的输出电阻。

　　单稳态电路各点的工作波形如图 8-11 所示。

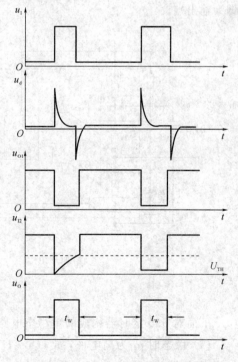

图 8-11　微分型单稳态电路工作波形

单稳态电路在暂稳态维持时间是由一阶 RC 电路将 u_{I2} 点的电位从 0 V 充到 CMOS 反相器阈值电压 U_{TH} 所花的时间。根据一阶电路的三要素公式

$$u_{I2}(t)=u_{I2}(\infty)+[u_{I2}(0)-u_{I2}(\infty)]e^{-t/\tau}$$

其中

$$\begin{cases} u_{I2}(0)=0 \\ u_{I2}(\infty)=U_{CC} \\ \tau=RC \end{cases}$$

设电路在暂稳态维持时间用 t_W 表示，令 $u_{I2}(t)=U_{TH}=\frac{1}{2}U_{CC}$，代入到三要素公式

$$\frac{1}{2}U_{CC}=U_{CC}=+[0-U_{CC}]e^{-t_W/RC}$$

从而求解得

$$t_W=RC\ \ln2\approx0.693RC$$

即单稳态电路在暂稳态的维持时间取决于电阻 R 和电容 C 的参数值。合理改变 R 或 C 的大小，就可以调整单稳态电路在暂稳态的维持时间。

由于单稳态电路触发一次只输出一个脉冲，因此被形象地称为 One-Shot。

单稳态电路也可以由 555 定时器构成。在 8 脚接电源、1 脚接地、4 脚接高电平、5 脚到地接 0.01 μF 滤波电容的情况下，只需要将 6 脚和 7 脚接在一起，6、7 脚到电源接电阻 R、到地接电容 C 即可构成单稳态电路，如图 8-12 所示，其中 2 脚为触发脉冲输入端，3 脚为输出端。

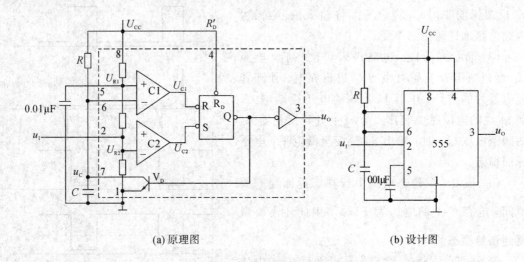

(a) 原理图　　　　　　　　　　　(b) 设计图

图 8-12　555 定时器接成单稳态电路

下面对 555 定时器构成的单稳态电路的工作原理进行分析。

(1) 稳态时 u_1 为高电平，故 $U_{C2}=1$。设放电管稳态时截止，则电源 U_{CC} 经过电阻 R 向电容 C 充电，所以 u_C 为高电平，使 $u_{C1}=0$，$Q=0$，$Q'=1$，因而放电管导通，与假设稳态时放电管截止不符，因此稳态时放电管是导通的，这时 $u_C=0$、$u_{C1}=1$、$Q=0$，输出电压 u_O 为低电平。

（2）当 u_I 从高电平跳变至低电平时，$u_{C2}=0$ 使 $Q=1$，放电管由导通转变为截止，输出 u_O 跳变为高电平，电路进入暂稳态。这时即使触发脉冲立即撤销，u_{C2} 恢复到高电平，但由于锁存器保持，电路仍维持暂稳态不变。

（3）由于在暂稳态期间放电管截止，所以电源 U_{CC} 经过电阻 R 向电容 C 充电。随着充电过程的进行，u_C 点的电位越来越高。当 u_C 点的电位达到 $\frac{2}{3}U_{CC}$ 时，$u_{C1}=0$ 使 $Q=0$，$Q'=1$，电路返回稳态。图 8-13 是 u_I、u_O 和 u_C 点的工作波形。

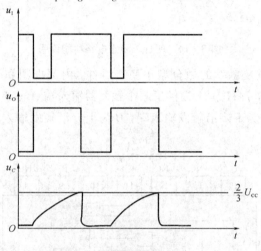

图 8-13　单稳态电路工作波形

由上述分析可知，单稳态电路在暂稳态的维持时间 t_W 取决于一阶 RC 电路将电容 C 的电压由 0 V 充到 $\frac{2}{3}U_{CC}$ 所花的时间。根据一阶电路的三要素公式

$$u_C(t)=u_C(\infty)+[u_C(0)-u_C(\infty)]e^{-t/\tau}$$

其中

$$\begin{cases} u_C(0)=0 \\ u_C(\infty)=U_{CC} \\ \tau=RC \\ u_C(t)=\frac{2}{3}U_{CC} \\ t=t_W \end{cases}$$

解得

$$t_W=RC\ln 3\approx 1.1RC$$

通常电阻 R 的取值范围为几百欧姆到几兆欧姆，电容 C 的取值范围为几皮法到几百微法，所以暂稳态的维持时间 t_W 的范围为几微秒到几分钟。

单稳态电路应用广泛。集成单稳态电路分为不可重复触发和可重复触发两种类型，其功能差异如图 8-14 所示（假设触发一次在暂稳态维持 2 ms）。不可重复触发是指单稳态电路处于暂稳态期间再次触发无效，在暂稳态共维持 t_W 时间。可重复触发是指在单稳态电路处于暂态期间允许再次触发，最后一次触发后延时 t_W 后返回稳态。

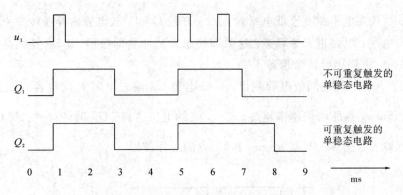

图 8-14 两种单稳态电路功能说明

74HC121 为不可重复触发的微分型单稳态器件，内部框图和引脚排列如图 8-15 所示。为了使用灵活方便，74HC121 提供了三个触发器输入端 A_1、A_2 和 B，两个互补输出端 u_O 和 u'_O，其中 A_1 和 A_2 为下降沿触发输入端，B 为上升沿触发输入端。74HC121 的功能表如表 8-3 示。

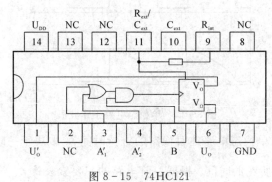

图 8-15 74HC121

表 8-3 74HC121 功能表

输　入			输　出	
A_1	A_2	B	u_O	u'_O
0	×	1	0	1
×	0	1	0	1
A_1	A_2	B	u_O	u'_O
×	×	0	0	1
1	1	×	0	1
1	⌐	1	⊓	⊔
⌐	1	1	⊓	⊔
⌐	⌐	1	⊓	⊔
0	×	⌐	⊓	⊔
×	0	⌐	⊓	⊔

由于 74HC121 内部核心为微分型单稳态电路，所以在触发脉冲的作用下，74HC121

在暂稳态维持的时间为

$$t_W = R_{ext}C_{ext} \ln2 \approx 0.693R_{ext}C_{ext}$$

其中 R_{ext} 和 C_{ext} 为外接电阻和外接电容。

74HC121 的典型应用电路如图 8-16 所示，通常外接电阻 R_{ext} 的取值在 $2 \sim 30$ kΩ 之间，C_{ext} 的取值在 10 pF $\sim$ 10 μF 之间，所以脉冲宽度 t_W 的范围约为 20 ns $\sim$ 200 ms。如果要求 t_W 较小，也可以直接使用 74HC121 内部电阻 R_{int}（$=2$ kΩ）代替 R_{ext} 以简化电路设计。

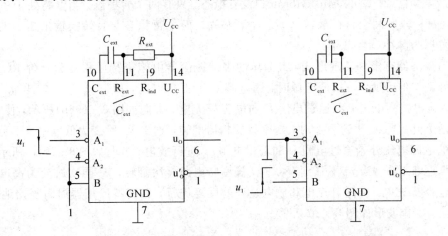

(a) 使用外接电阻，下降沿触发　　　　(b) 使用内部电阻，上升沿触发

图 8-16　74HC121 典型应用电路

应用单稳态电路可以实现脉冲整形。例如，应用单稳态电路可以调节脉冲宽度，原理波形如图 8-17 所示，其中 u_I 为触发脉冲，u_O 为单稳态电路的输出。

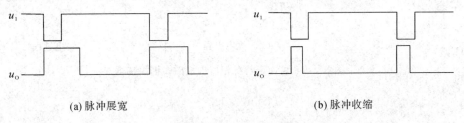

(a) 脉冲展宽　　　　　　　　　(b) 脉冲收缩

图 8-17　脉宽整形波形图

另外，应用单稳态电路还可以实现定时和延时。例如，用单稳态电路控制与门打开时间的原理电路和工作波形如图 8-18 所示。当单稳态电路输出的脉冲宽度为 1 秒时，则与门打开时间刚好为 1 秒，配合计数器就可以实现脉冲频率的测量。

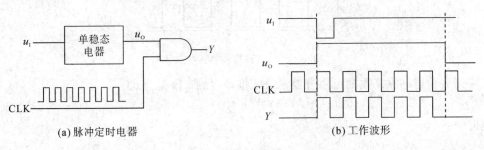

(a) 脉冲定时电器　　　　　　　　　(b) 工作波形

图 8-18　应用单稳态电路实现脉冲定时

思考与练习

8-3 分析单稳态电路能否实现脉冲幅度整形，试说明其原理。

8-4 举例说明单稳态电路延时功能的应用。

8.2.3 多谐振荡器

多谐振荡器(Astable Multivibrator)没有稳态，只有两个暂稳态。当电路处于一个暂稳态时，经过一段时间会自行翻转到另一个暂稳态。两个暂稳态交替转换输出矩形波，所以多谐振荡器为脉冲产生电路。

多谐振荡器有多种实现形式，最简单的多谐振荡器由施密特反相器和一阶 RC 电路构成，如图 8-19(a)所示。接通电源时，因电容 C 上没有电荷，所以 $u_I = 0$，输出 u_O 为高电平。其后输出的高电平 U_{OH} 通过电阻 R 向电容 C 充电，方向如图 8-19(b)所示，使 u_I 点的电位逐渐上升。当 u_I 达到 U_{T+} 时，施密特反相器翻转，输出 u_O 跳变为低电平。于是，刚充到 U_{T+} 的电容电压开始通过电阻 R 和输出电阻 r_O 进行放电，方向如图 8-19(c)所示，使 u_I 点的电位逐渐下降。当 u_I 下降到 U_{T-} 时，施密特电路再次翻转，u_O 再次跳变为高电平，又开始对电容 C 充电。伴随着充电和放电过程的反复进行，施密特反相器周而复始地翻转输出矩形波，工作波形如图 8-20 所示。

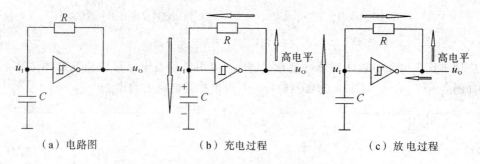

（a）电路图　　　　　　（b）充电过程　　　　　　（c）放电过程

图 8-19　由施密特反相器构成的多谐振荡器

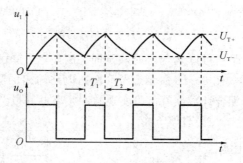

图 8-20　多谐振荡器工作波形

多谐振荡器的振荡周期可由三要素公式推导得到。根据公式

$$u_I(t) = u_I(\infty) + [u_I(0) - u_I(\infty)]e^{-t/\tau}$$

充电时

$$\begin{cases} u_{\mathrm{I}}(0) = U_{\mathrm{T-}} \\ u_C(\infty) = U_{\mathrm{OH}} \\ \tau = RC \\ u_C(t_1) = U_{\mathrm{T+}} \end{cases}$$

放电时

$$\begin{cases} u_{\mathrm{I}}(0) = U_{\mathrm{T+}} \\ u_C(\infty) = U_{\mathrm{OL}} \\ \tau = RC \\ u_C(t_2) = U_{\mathrm{T-}} \end{cases}$$

对于 CMOS 门电路，$U_{\mathrm{OH}} \approx U_{\mathrm{DD}}$、$U_{\mathrm{OL}} \approx 0$。若施密特反相器用 74HC14，$U_{\mathrm{DD}}$ 取 4.5 V 时，$U_{\mathrm{T+}} \approx 2.7$ V、$U_{\mathrm{T-}} \approx 1.8$ V。将上述参数代入可推得振荡周期

$$T = t_1 + t_2 = RC \ln \frac{U_{\mathrm{DD}} - U_{\mathrm{T-}}}{U_{\mathrm{DD}} - U_{\mathrm{T+}}} + RC \ln \frac{U_{\mathrm{T+}}}{U_{\mathrm{T-}}}$$

$$= RC \ln \left(\frac{U_{\mathrm{DD}} - U_{\mathrm{T-}}}{U_{\mathrm{DD}} - U_{\mathrm{T+}}} \cdot \frac{U_{\mathrm{T+}}}{U_{\mathrm{T-}}} \right)$$

$$\approx 0.81RC$$

占空比

$$q = \frac{t_1}{T} = 50\%$$

图 8-19(a) 中的施密特反相器也可以用 555 定时器按图 8-8 所示的原理外接实现。由于 $U_{\mathrm{T+}} = \frac{2}{3} U_{\mathrm{CC}}$、$U_{\mathrm{T-}} = \frac{1}{3} U_{\mathrm{CC}}$，代入可推得振荡周期

$$T = t_1 + t_2 = RC \ln \frac{U_{\mathrm{CC}} - U_{\mathrm{T-}}}{U_{\mathrm{CC}} - U_{\mathrm{T+}}} + RC \ln \frac{U_{\mathrm{T+}}}{U_{\mathrm{T-}}}$$

$$= 2RC \ln 2 \approx 1.4RC$$

占空比

$$q = \frac{t_1}{T} = 50\%$$

图 8-19(a) 所示的多谐振荡器对电容 C 的充电和放电都会影响施密特反相器的带负载能力，因此 555 定时器接成多谐振荡器时通常采用图 8-21 所示的改进电路，由电源充电，通过放电管放电。具体的工作原理是：刚接通电源时由于电容 C 上没有电荷，因此 $u_C = 0$，555 定时器输出为高电平，这时放电管 T_D 截止，电源 U_{CC} 经过电阻 R_1 和 R_2 对电容 C 进行充电，使 u_C 点的电位逐渐上升。当 u_C 上升到 $\frac{2}{3} U_{\mathrm{CC}}$ 时，555 定时器的输出翻转为低电平，放电管 V_D 导通，刚充到 $\frac{2}{3} U_{\mathrm{CC}}$ 的电容电压又开始通过 R_2、放电管 V_D 到地进行放电，因此 u_C 又逐渐下降。当 u_C 下降到 $\frac{1}{3} U_{\mathrm{CC}}$ 时，555 定时器输出再次翻转为高电平，放电管 V_D 截止，电源 U_{CC} 经过电阻 R_1 和 R_2 对电容 C 开始下一个周期的充电过程。如此周而复始，产生振荡。

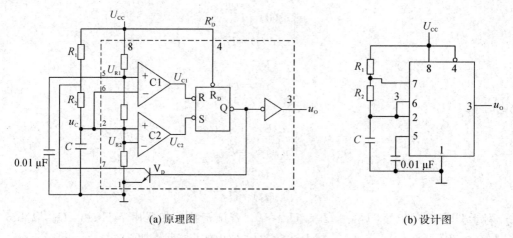

(a) 原理图   (b) 设计图

图 8-21 用 555 定时器接成多谐振荡器

图 8-21 所示的多谐振荡器的参数计算如下：

根据一阶电路的三要素公式

$$u_C(t) = u_C(\infty) + [u_C(0) - u_C(\infty)] e^{-t/\tau}$$

充电时

$$\begin{cases} u_1(0) = \dfrac{1}{3} U_{CC} \\[2mm] u_C(\infty) = U_{CC} \\[2mm] \tau = (R_1 + R_2)C \\[2mm] u_C(t_1) = \dfrac{2}{3} U_{CC} \end{cases}$$

放电时

$$\begin{cases} u_1(0) = \dfrac{1}{3} U_{CC} \\[2mm] u_C(\infty) = 0 \\[2mm] \tau = R_2 C \\[2mm] u_C(t_2) = \dfrac{1}{3} U_{CC} \end{cases}$$

因此，振荡周期

$$T = t_1 + t_2 = (R_1 + R_2)C \ln2 + R_2 C \ln2 = (R_1 + 2R_2)C \ln2$$
$$\approx 0.693(R_1 + 2R_2)C$$

占空比

$$q = \frac{t_1}{T} = \frac{R_1 + R_2}{R_1 + 2R_2}$$

图 8-21 所示的多谐振荡器由于充电时间常数大，放电时间常数小，所以充电慢，放电快，因此占空比始终大于 50%。若想任意调整占空比，需要采用图 8-22 所示的改进电路，利用二极管的单向导电性选择充电回路和放电回路，通过 R_2 对电容 C 充电，通过 R_1 到地放电，因此充电时间常数为 $R_2 C$，放电时间常数为 $R_1 C$，改变 R_1（或 R_2）的值可以调整占空比。

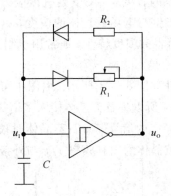

图 8-22 占空比可调的多谐振荡器

多谐振荡器有许多应用。基于 555 定时器设计的电子门铃电路如图 8-23 所示。当门铃开关 S 未按时，$U_{C1}=0$ V，因此 555 定时器的复位信号有效，振荡器不振，门铃不响。

当门铃开关 S 按下后，电源 U_{CC} 通过二极管 VD_1 向电容 C_1 充电，当 U_{C1} 上升至高电平时，复位信号无效，振荡器开始振荡。在开关按下过程中，电源 U_{CC} 通过二极管 VD_2、电阻 R_2 和 R_3 对电容 C_2 充电，通过电阻 R_3 到地放电，因此振荡周期为

$$T_1 = (R_2 + 2R_3)C_2 \ln 2 \approx 0.693(R_2 + 2R_3)C_2$$

当门铃开关 S 释放后，电容 C_1 上积累的电荷通过电阻 R_4 缓慢放电，因此复位信号还会维持在高电平一段时间。在这段时间内，电源 U_{CC} 通过电阻 R_1、R_2 和 R_3 对电容 C_2 充电，通过电阻 R_3 到地放电，因此振荡周期为

$$T_2 = (R_1 + R_2 + 2R_3)C_2 \ln 2 \approx 0.693(R_1 + R_2 + 2R_3)C_2$$

由于门铃开关按下和释放后振荡周期不同，因此频率不同，会产生"叮、咚"两种声音。随着电容 C_1 上的电压降至低电平，复位信号有效，振荡器停振。

基于 RC 电路充、放电原理设计的多谐振荡器容易受电源电压波动、外界干扰和温度变化等因素的影响，频率稳定度一般在 10^{-3} 数量级。若用作计时电路的时钟，则每天的计时误差约为 $24 \times 60 \times 60 \times 10^{-3} = 86.4$ 秒，显然不能满足计时精度要求。

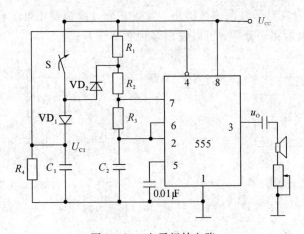

图 8-23 电子门铃电路

石英晶体是沿一定方向切割的石英晶片，受到机械应力作用时将产生与应力成正比的电场，反之受到电场作用时将产生与电场成正比的应变，这种效应称为压电效应。石英晶体具有优良的机械特性、电学特性和温度特性，通常用于制作谐振器、振荡器和滤波器等，在稳频和选频方面都有突出的优点。

石英晶体的符号和频率特性如图 8-24 所示。由图中可以看出，石英晶体在外加信号的频率为 f_0 时呈现的阻抗最小，所以将石英晶体接入多谐振荡器的反馈环路中后，频率为 f_0 的信号最容易通过，而其他频率的信号经过石英晶体时被衰减，因此接入石英晶体的多谐振荡器的振荡频率取决于石英晶体的固有频率 f_0，与外接电阻和电容无关。

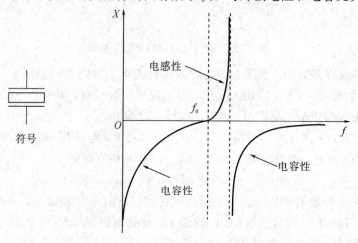

（a）符号　　　　（b）频率特性

图 8-24　石英晶体的符号及频率特性

石英晶体的固有频率由晶体的结晶方向和外形尺寸决定，它具有极高的频率稳定性，稳定度一般高达 $10^{-10} \sim 10^{-11}$。目前，有制成标准化和系列化的石英晶体产品出售，谐振频率一般在几十 kHz～几十 MHz 之间。

CD4060 内部集成的 CMOS 门电路可与外接 R、C 或石英晶体构成多谐振荡器，如图 8-25 所示。复位端为高电平时振荡被禁止，为低电平时振荡器正常工作，输出信号送至内部的异步二进制计数器实现分频，可以输出多种频率信号。

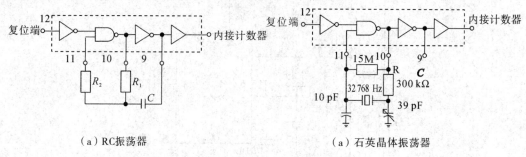

（a）RC振荡器　　　　（a）石英晶体振荡器

图 8-25　CD4060 振荡电路

思考与练习

8-5　将奇数个反相器级联可以构成最简单的多谐振荡器。对于图 8-26 所示的多谐

振荡器，说明电路的工作原理，分析振荡周期与反相器传输延迟时间之间的关系，并由此
推断该电路的应用。

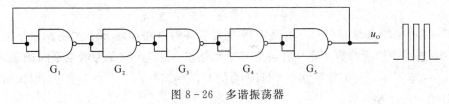

图 8-26 多谐振荡器

8.3 设 计 项 目

设计一个音频脉冲信号产生电路，能够产生图 8-27 所示的周期性音频脉冲信号，音
频信号的频率不限，脉冲的周期不限。

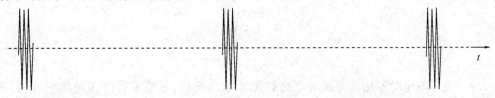

图 8-27 周期音频脉冲信号

设计过程：音频信号的频率定义为 20 Hz～20 kHz，其中语音信号的频率定义为 300～
3400 Hz，一般音乐信号的频率约为 40～4000 Hz。本项目用 555 定时器设计一个音频振荡
器，振荡频率选为 440 Hz，即钢琴中央音符 A 的频率。

由于要求音频脉冲信号按"有—无—有—无"的规律发声，故用数字电路控制 555 定时
器的复位信号，电路输出为高电平时振荡器工作发声，输出低电平时使振荡器停振无声。

若设计音频脉冲按"响 0.5 秒、停 0.5 秒"的规律发声，取时钟频率为 2 Hz 时，采用二
进制计数器的状态输出 Q_0 控制音频振荡器的复位端即可实现。具体设计电路如图 8-28
所示。

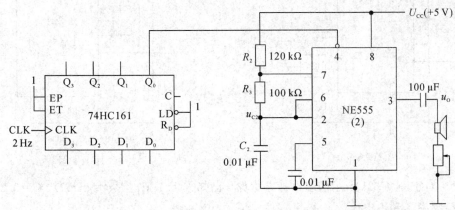

图 8-28 音频脉冲信号产生电路参考设计图

若设计音频脉冲按"响 0.5 秒、停 1.5 秒"的规律发声，取时钟频率为 2 Hz 时，将四进
制计数器进位信号（$C = Q_1 Q_0$）取反后控制音频振荡器的复位端即可实现。

习　　题

8.1　用施密特电路配合积分电路实现开关消抖的电路如题 8.1 图所示。分析电路的工作原理,按图中所示参数计算从开关 S 按下到输出 RST_n 跳变为低电平时的延迟时间。已知 $U_{CC}=4.5$ V 时,施密特反相器 74HC14 的 $U_{T+}\approx2.7$ V, $U_{T-}\approx1.8$ V。设施密特电路的传输延迟时间忽略不计。

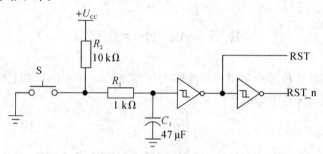

题 8.1 图　开关消抖电路

8.2　由 555 定时器构成的延时电路如题 8.2 图所示。S 是不带自锁功能的开关,KA 是继电器,Y 为灯泡。当 u_O 为高电平时,继电器吸合,灯亮。当 u_O 为低电平时,继电器断开,灯灭。已知 $R_1=1$ MΩ、$C_1=10$ μF,计算从开关 S 按下后灯亮的时间。

8.3　由 555 定时器构成的锯齿波产生电路如题 8.3 图所示,其中三极管 V 和电阻 R_1、R_2、R_e 构成恒流源电路,为电容 C 充电。分析该电路的工作原理,画出在触发脉冲 u_1 的作用下,电容电压 u_C 以及 555 定时器输出电压 u_O 的波形图,并计算当 $U_{CC}=12$ V、$R_1=68$ kΩ、$R_2=22$ kΩ、$R_e=2$ kΩ、$C=10$ μF 时锯齿波的周期。

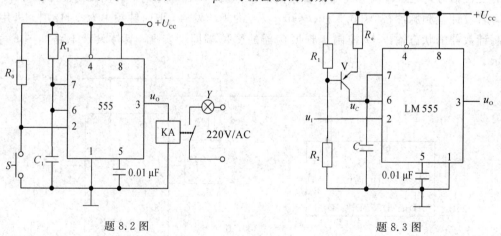

题 8.2 图　　　　　　　　　　　题 8.3 图

8.4　对于图 8-21 所示的多谐振荡电路,已知 $R_1=1$ kΩ, $R_2=8.2$ kΩ, $C=0.22$ μF,试求振荡频率 f 和占空比 q。

8.5　占空比可调的多谐振荡器如题 8.5 图所示,其中 $R_W=R_{W1}+R_{W2}$。已知 $U_{CC}=12$ V, R_1、R_2 和 R_W 均为 10 kΩ, $C=10$ μF,计算振荡频率 f 和占空比 q 的变化范围。设二极管是理想的。

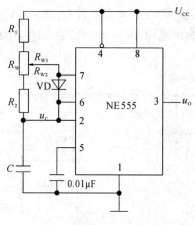

题 8.5 图

8.6 由两个 555 定时器接成的延时报警电路如题 8.6 图所示。当开关 S 断开后，经过一定的延迟时间后，扬声器开始发出声音。如果在延迟时间内开关 S 重新闭合，则扬声器不会发声。按图中给定参数计算延迟时间和扬声器发出声音的频率。设图中 G_1 是 CMOS 反相器，输出的高、低电平分别为 $U_{OH} \approx 12$ V，$U_{OL} \approx 0$ V。

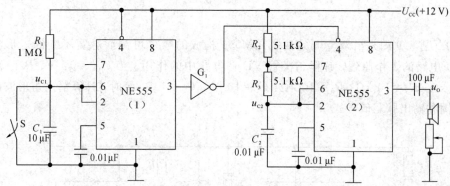

题 8.6 图

8.7 过压报警电路如题 8.7 图所示，当电压 u_x 超过一定值时，发光二极管 VD 将闪烁发出报警信号。试分析电路的工作原理，并按图中给定参数计算发光二极管的闪烁频率。（提示：当晶体管 V 饱和时，555 定时器的 1 脚近似接地）。

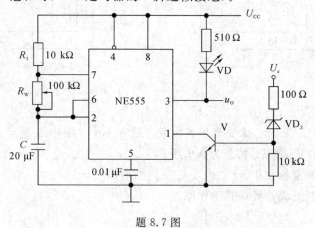

题 8.7 图

8.8 题 8.8 图是救护车扬声器发声电路。设 $U_{CC}=12\text{ V}$ 时，555 定时器输出的高、低电平分别为 11 V 和 0.2 V，输出电阻小于 100 Ω。按图中给定参数计算扬声器发声的高、低音的频率和相应的持续时间。

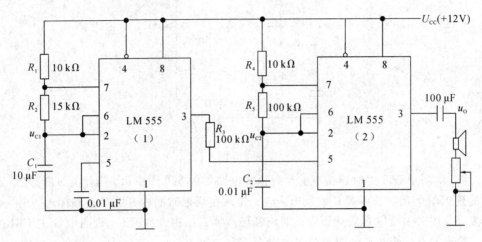

题 8.8 图

8.9 题 8.9 图是由双 555 定时器 LM556 构成的频率可调而脉宽不变的矩形波发生器。分析电路的工作原理，解释二极管 VD 在电路中的作用。当 $U_{CC}=12\text{ V}$、$R_1=50\text{ k}\Omega$、$R_2=10\text{ k}\Omega$，$R_3=10\text{ k}\Omega$、$R_5=10\text{ k}\Omega$、$C_1=10\ \mu\text{F}$、$C_2=4.7\ \mu\text{F}$ 时，计算输出矩形波的频率变化范围和输出脉宽值。

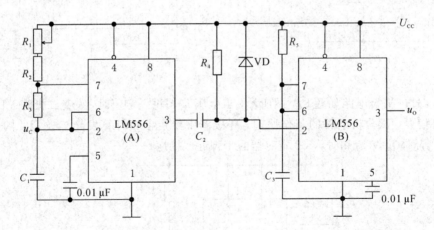

题 8.9 图

8.10 题 8.10(a)图为心律失常报警电路，题 8.10(b)图中 u_I 是经过放大后的心电信号，其幅值 $u_{Imax}=4\text{ V}$。设 u_{O2} 初态为高电平。

(1) 对应 u_I 分别画出图中 u_{O1}、u_{O2}、u_O 三点的电压波形；

(2) 分析电路的组成并解释其工作原理。

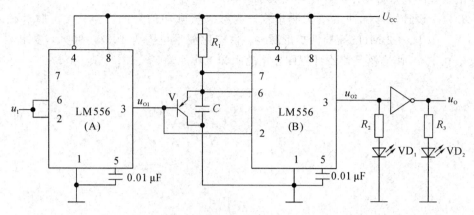

（a）心率失常报警电路

（b）心电信号

题 8.10 图

8.11　某元件加工需要经过三道工序，要求这三道工序自动依次完成。第一道工序加工时间为 10 秒，第二道工序加工时间为 15 秒，第三道工序加工时间为 20 秒。试用单稳态电路设计该控制电路，输出的三个信号分别控制三道工序的加工时间。

8.12　设计多种波形产生电路。具体要求如下：

（1）使用 555 定时器，产生频率为 20～40 kHz 连续可调的方波Ⅰ；

（2）使用双 D 触发器 74HC74，产生频率为 5～10 kHz 连续可调的方波Ⅱ；

（3）使用运放电路，产生频率为 5～10 kHz 连续可调的三角波；

（4）使用运放电路，产生频率为 30 kHz 的正弦波（选做）。

画出设计图，标明设计参数并解释工作原理。

*8.13　设计一个洗衣机定时控制器，工作模式如题 8.13 图所示。用三个发光二极管分别指示洗衣机正转、停止和反转工作状态，具体要求如下：

（1）洗涤时间在 1～99 分钟内，由用户设定；

（2）用两位数码管以倒计时方式显示洗涤剩余时间（以分钟为单位）；

（3）时间为 0 时控制洗衣机停止工作，同时发出音频信号提醒用户注意。

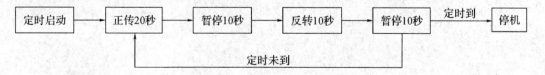

题 8.13 图　洗衣机控制器工作模式

画出设计图，标明设计参数并说明其工作原理。

*8.14 设计矩形脉冲占空比测量仪，能够测量脉冲信号的占空比。设脉冲信号为3.3～5 V、10 Hz～2 MHz 周期性矩形脉冲。占空比测量范围为 10%～90%，要求测量误差不大于 0.1%。画出测量仪设计框图，并说明其工作原理。

第 9 章 数模与模数转换器

在工业控制、通信以及电子测量等领域，为了提高系统性能，普遍采用图 9-1 所示的数字化信息处理技术，即将传感器感知的物理量（温度、压力、位移等）先转换成数字信号，经过数字系统分析和处理后，再将输出的数字量还原成模拟量，以驱动执行部件控制生产过程对象。因此，就需要能够将模拟量和数字量进行相互转换的器件。

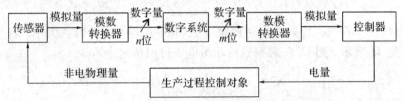

图 9-1 模拟信号数字化处理结构框图

我们把模拟量转换成数字量的过程称为模数转换或 A/D 转换，相应地，能够完成模数转换的电路或器件被称为模数转换器或 A/D 转换器（Analog to Digital Converter，ADC）。把数字量转换成模拟量的过程称为数模转换或 D/A 转换，能够完成数模转换的电路或器件称为数模转换器或 D/A 转换器（Digital to Analog Converter，DAC）。

本章讲述常用 A/D 和 D/A 转换器的电路结构、转换原理及性能特点。由于 D/A 转换的原理简单，而且部分 A/D 转换器电路中还需要用到 D/A 转换器，因此先讲述 D/A 转换器，再讲述 A/D 转换器。

9.1 D/A 转换器

D/A 转换器有权电阻网络、R-2R 梯形网络、权电流和开关树等多种电路形式。这些转换器的电路结构不同，性能特点也不同。本节主要讲述基本的权电阻网络 D/A 转换器和常用的 R-2R 梯形网络 D/A 转换器的结构、转换原理及典型应用。

9.1.1 权电阻网络 D/A 转换器

对于无符号二进制数，不同数位的数码具有不同权值。权电阻网络（Weighted Resistor Network）D/A 转换器采用不同阻值的电阻来实现这些权值。

四位权电阻网络 D/A 转换器的原理电路如图 9-2 所示，其中 $d_3d_2d_1d_0$ 为四位无符号二进制数，分别控制着 S_3、S_2、S_1 和 S_0 四个电子开关。当数码 $d_i(i=0\sim3)$ 为 1 时，对应的开关 S_i 切换到参考电压源 U_{REF}，为 0 时切换到地。与四位二进制数从高位到低位相对应的限流电阻分别取 R、$2R$、$4R$ 和 $8R$，因此，不同数位的数码由于限流电阻的不同而产生不同的电流，从而对总电流 i_Σ 的贡献也不同。运放及其负反馈电阻则实现电流到电压的转换。

设四位权电阻网络从高位到低位产生的电流分别为 I_3、I_2、I_1 和 I_0，则

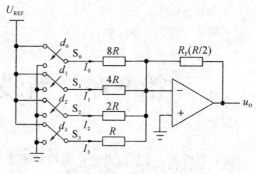

图 9-2　四位权电阻网络 D/A 转换器原理电路

$$\begin{cases} I_3 = \dfrac{U_{\mathrm{REF}}}{R} d_3 \\[2mm] I_2 = \dfrac{U_{\mathrm{REF}}}{2R} d_2 \\[2mm] I_1 = \dfrac{U_{\mathrm{REF}}}{4R} d_1 \\[2mm] I_0 = \dfrac{U_{\mathrm{REF}}}{8R} d_0 \end{cases}$$

因此，流向运放的总电流

$$i_\Sigma = I_3 + I_2 + I_1 + I_0 = \frac{U_{\mathrm{REF}}}{8R}(8d_3 + 4d_2 + 2d_1 + d_0)$$

式中，$8d_3 + 4d_2 + 2d_1 + d_0$ 恰好表示了四位二进制数 $d_3 d_2 d_1 d_0$ 的数值大小。若将 $d_3 d_2 d_1 d_0$ 的数值大小用 D_n 表示，则 D/A 转换器的输出电压可简单地表示为

$$u_{\mathrm{O}} = -R_{\mathrm{F}} \cdot i_\Sigma = -\frac{R}{2} \cdot \frac{U_{\mathrm{REF}}}{8R} D_n = -\frac{U_{\mathrm{REF}}}{2^4} D_n$$

即该电路能够将四位二进制数 $d_3 d_2 d_1 d_0$ 转换成与其数值大小 D_n 成正比的模拟量 u_{O}。

一般地，对于 n 位权电阻网络 D/A 转换器，当反馈电阻取 $R/2$ 时，其输出电压可表示为

$$u_{\mathrm{O}} = -\frac{U_{\mathrm{REF}}}{2^n} D_n$$

权电阻网络 D/A 转换器的原理简单、易于实现。按照图 9-2 所示的权电阻网络 D/A 转换器结构，很容易扩展为多位 D/A 转换器。但随着位数的增多，使用的电阻种类就越来越多、电阻的差值越来越大，不利于集成 D/A 转换器的制造，因此权电阻网络 D/A 转换器一般作为原理电路应用。

在实际应用中，用计数器配合权电阻网络 DAC 可以产生周期性波形。

【例 9-1】　利用 74HC161 和四位权电阻网络 D/A 转换器构成的锯齿波发生器电路如图 9-3 所示。分析电路的工作原理，设时钟脉冲 DCLK 的频率为 1000 Hz，计算输出锯齿波的频率和最大幅度。设电源电压 $U_{\mathrm{DD}} = 5$ V，74HC161 的 $U_{\mathrm{OH}} \approx U_{\mathrm{DD}}$、$U_{\mathrm{OL}} \approx 0$。

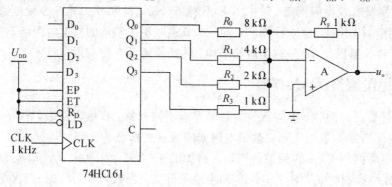

图 9-3　锯齿波发生器电路

分析：74HC161 在时钟脉冲 DCLK 的作用下依次输出 0000~1111 十六个数值，然后通过四位权电阻网络 D/A 转换器转换为模拟电压输出，输出的波形如图 9-4 所示。

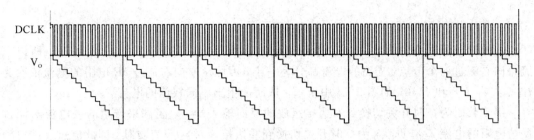

图 9 - 4 输出波形图

当 DCLK 取 1000 Hz 时，每 16 个时钟脉冲输出一个锯齿波，因此锯齿波的周期为

$$T = 16T_{CLK} = 16 \times \frac{1}{1000} = 16 \text{ ms}$$

因此，输出锯齿波的频率为

$$f = \frac{1}{T} = 62.5 \text{ Hz}$$

当计数器的状态 $Q_3 Q_2 Q_1 Q_0 = 1111$ 时，锯齿波的幅度最大，为

$$U_{max} = -U_{OH}(R_F/R_3 \times Q_3 + R_F/R_2 \times Q_2 + R_F/R_2 \times Q_1 + R_F/R_1 \times Q_0)$$
$$= -5 \times (1 + 1/2 + 1/4 + 1/8) = -9.375 \text{ V}$$

思考与练习

9 - 1 应用计数器和四位权电阻网络设计三角波发生器，画出设计图。若时钟频率为 1000 Hz，分析输出三角波的频率和幅度。

9.1.2 R - 2R 梯形网络 D/A 转换器

梯形电阻网络(Ladder Resistor Network)D/A 转换器使用 R 和 $2R$ 两种规格的电阻即可实现任意位数的 D/A 转换。

四位梯形电阻网格 D/A 转换器的原理如图 9 - 5 所示，四位无符号二进制数 $d_3 d_2 d_1 d_0$ 分别控制着 S_3、S_2、S_1 和 S_0 四个电子开关，当数码为 1 时开关切换到右边将 $2R$ 电阻下端接到运放的反向输入端，为 0 时开关切换到左边将 $2R$ 电阻下端接地。

由于运放通过反馈电阻引入了深负反馈，因此运放的两个输入端虚短，所以无论开关切换到左边还是右边，电阻 $2R$ 下端的电位均为 0 V，故梯形电阻网络的等效电路如图 9 - 6 所示。

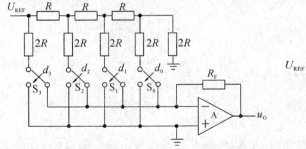

图 9 - 5 四位梯形网络 D/A 转换器电路结构

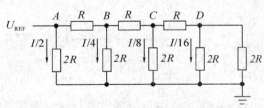

图 9 - 6 梯形网络等效电路

梯形电阻网络具有明显的特点。从图 9 - 6 中的 A、B、C 和 D 点左侧分别向右看，网络的等效阻抗始终为 R，所以参考电压源 U_{REF} 产生的总电流为

$$I = \frac{U_{REF}}{R}$$

从梯形电阻网络中的 A、B、C 和 D 点向右和向下看，两条支路阻抗均为 $2R$，所以电流每向右流过一个节点，支路的电流都分为一半，因此从左向右流过 $2R$ 电阻的电流依次为 $I/2$、$I/4$、$I/8$ 和 $I/16$，如图 9-6 中所示，从而产生出不同权值的电流。

由于数码为 1 时开关切换到右边接运放的反向输入端，电阻网络产生的权电流对流过反馈电阻的电流 i_Σ 有贡献，为 0 时开关切换到左边接地对 i_Σ 没有贡献，因此流过反馈电阻 R 的总电流为

$$i_\Sigma = \left(\frac{I}{2}\right)d_3 + \left(\frac{I}{4}\right)d_2 + \left(\frac{I}{8}\right)d_1 + \left(\frac{I}{16}\right)d_0 = \frac{I}{16}(8d_3 + 4d_2 + 2d_1 + d_0) = \frac{I}{16}D_n$$

故 D/A 转换器的输出电压

$$u_O = -R_F \cdot i_\Sigma = -R \cdot \frac{D_n}{16} \cdot I = -R \cdot \frac{D_n}{16} \cdot \frac{U_{REF}}{R} = -\frac{U_{REF}}{2^4}D_n$$

所以能够将二进制数 $d_3d_2d_1d_0$ 转换成与其数码大小 D_n 成正比的模拟量 u_O。

梯形电阻网络 D/A 转换器只使用了两种规格的电阻，而且结构规整，便于集成电路制造，是目前集成 D/A 转换器的主流结构。

DAC0832 为 8 位 D/A 转换器，内部逻辑框图如图 9-7 所示，由 8 位输入寄存器、8 位 DAC 寄存器和 8 位梯形电阻网络 D/A 转换器三部分组成。DAC0832 采用双缓冲结构，其中 8 位输入寄存器由 ILE、CS′、WR₁′ 控制，8 位 DAC 寄存器由 WR₂′、XFER′ 控制，可设置为双缓冲、单缓冲或直通三种工作模式。当 ILE、CS′ 和 WR₁′ 均有效时，锁存允许信号 LE₁′ 无效，外部待转换的二进制数 $DI_7 \sim DI_0$ 通过输入寄存器到达 DAC 寄存器的输入端。当 WR₂′ 和 XFER′ 均有效时，锁存允许信号 LE₂′ 无效，$DI_7 \sim DI_0$ 再通过 DAC 寄存器到达 D/A 转换器的输入端，实现 D/A 转换。

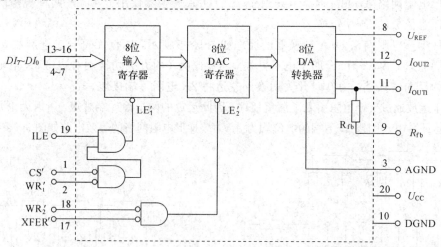

图 9-7 DAC0832 内部结构框图

DAC0832 为电流输出型 DAC，需要通过 I-V 转换电路将输出电流转换成输出电压，典型应用电路如图 9-8 所示。由微控制器输出的 8 位待转换数据 $DI_7 \sim DI_0$ 在控制信号 ILE、CS′、WR₁′、WR₂′、XFER′ 的作用下，通过 DAC0832 内部 R-2R 梯形电阻网络先转换为输出电流 I_{OUT}，再通过外接运放和内部反馈电阻 R_{fb} 转换为模拟量 u_O。

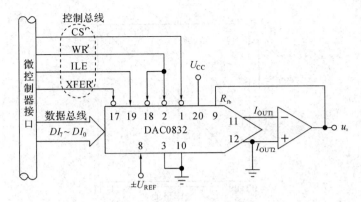

图 9 - 8　DAC0832 应用电路

10 位 D/A 转换器 AD7520 的内部结构如图 9 - 9 所示，由梯形电阻网络、电子开关和反馈电阻 R 组成。AD7520 同样为电流输出型 DAC，需要通过外接运放才能将电流转换为电压输出。

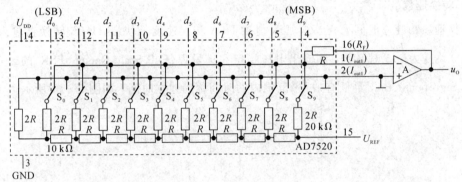

图 9 - 9　AD7520 及应用电路

9.1.3　D /A 转换器的性能指标

转换精度和转换速度是衡量 D/A 转换准确度和实时性的两项指标。不同场合对 D/A 转换器的转换精度和速度的要求有所不同。

1. 转换精度

转换精度用分辨率和转换误差两项指标来描述。

分辨率为 D/A 转换器能够输出的最小模拟电压（对应输入数字量只有最低数值位为 1 时）与最大模拟电压（对应输入数字量所有数值位全为 1 时）的比值，反映 D/A 转换器理论上可以达到的转换精度。

n 位 D/A 转换器的分辨率为 $1/(2^n-1)$。选用时 DAC 的位数 n 应满足分辨率要求。

实际 D/A 转换器因内部电阻值的误差、电子开关的导通压降与导通内阻以及运放的非线性因素等影响，输出电压并不一定完全与输入的数字量成正比，会存在一定的误差。我们把 D/A 转换器的实际输出特性与理想输出特性之间的最大偏差定义为转换误差，如图 9 - 10 所示，图中虚线表示 D/A 转换器的理想输出特性，实线表示 D/A 转换器的实际输出特性，Δu_o 为转换误差。

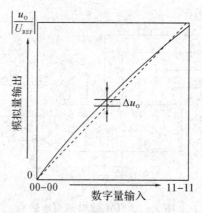

图 9 - 10　转换误差的定义

另外，D/A 转换的精度还受外部因素影响。当环境温度发生变化、电源电压波动或者受到电磁干扰时，同样会影响转换误差。

2. 转换速度

转换速度由建立时间 t_{set} 定义，用来衡量 D/A 转换速度的快慢。D/A 转换器输入数字量从全 0 跳变为全 1 时开始，到输出电压稳定在满量程（Full Scale Range，FSR）的 $\pm\dfrac{1}{2}$ LSB（Least Significant Bit，最低有效位）范围内的时间称为建立时间，如图 9 - 11 所示。

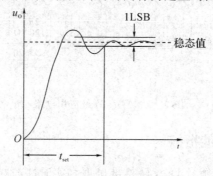

图 9 - 11　建立时间 t_{set} 的定义

总体来说，DAC 的成本随着分辨率和转换速度的提高而增加，在实际应用中，需要根据系统对转换速度和转换精度的要求选用合适的 DAC。

ADC0832 的建立时间为 1 μs，AD7520 的建立时间为 500 ns。由于 ADC0832 和 AD7520 均为电流输出型 DAC，需要外接运放才能构成 D/A 转换器，因此 D/A 转换的速度不但与 DAC 的建立时间有关，而且与运放的带宽和压摆率有着密切的关系。应用时不但要选择合适的 DAC，而且需要选择合适的运放。

D/A 转换器的应用非常广泛。当数字系统需要输出模拟电压或电流以驱动模拟电路时，就需要使用 DAC 进行转换。在工业控制领域，计算机输出的数字量通过 DAC 转换为模拟信号，用来调节需要控制的物理量，如电机的转速、加热炉的温度等。在自动检测领域，通过数字系统来产生测试所需要的模拟激励信号，再将被测电路输出的模拟量通过 ADC 转换为数字量，送入计算机进行存储、显示和分析。

【例 9 - 2】　用数字系统控制电机转速的原理框图如图 9 - 12 所示，将 DAC 输出 0～

2 mA的模拟电流信号放大后控制电机的转速在 0～1000 转/分之间变化。如果希望控制电机转速的分辨率小于 2 转/分，则需要采用几位 DAC？

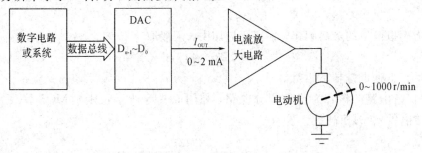

图 9-12　例 9-2 图

分析：转速范围为 0～1000 转/分，分辨率小于 2 转/分，所以应有 1000/2+1＝501 个不同的转速值。这就要求 DAC 至少能够输出 501 个电流值，因此需要采用 9 位 D/A 转换器。

9.2　A/D 转换器

A/D 转换用于将模拟量转换为数字量，一般需要经过采样、保持、量化与编码四个过程。相应地，A/D 转换器由采样-保持电路和量化与编码两个模块组成，如图 9-13 所示。

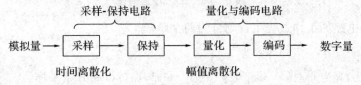

图 9-13　A/D 转换原理

根据量化与编码的原理不同，A/D 转换器可分为直接型和间接型两大类。

直接型 A/D 转换器将模拟量直接转换成数字量，分为并联比较型和反馈比较型两种，其中反馈比较型又有计数器型和逐次渐近型两种实现方案。

间接型 A/D 转换器先将模拟量转换成某种中间物理量，再将中间量对应成数字量，分为电压-时间(V-T)型和电压-频率(V-F)型两种。

本节主要讲述采样-保持电路的结构与工作原理，以及并联比较型、反馈比较型和双积分型三种量化与编码电路的结构与工作原理。

9.2.1　采样-保持电路

采样是将时间连续、幅值连续的模拟信号转换为时间离散、幅值连续的采样信号，如图 9-14所示。为了能够正确地用采样信号表示原模拟信号，采样时必须要有足够高的频率。

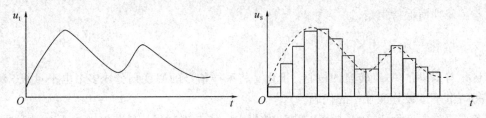

图 9-14　模拟信号的采样

信号与系统中证明，为了能从采样信号中恢复出原来的模拟信号，采样信号的频率 f_s 必须满足

$$f_s \geqslant 2f_{max}$$

其中 f_{max} 为模拟信号的最高频率。在实际应用中，一般取

$$f_s = (2.5 \sim 4)f_{max}$$

以有利于后续低通滤波器的设计。

采样-保持电路的核心为比例积分电路，如图 9-15 所示，其中 MOS 管 V 为采样开关，受采样信号 u_L 的控制。

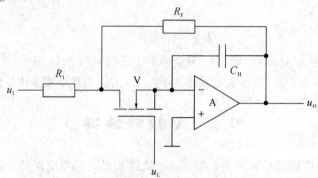

图 9-15 采样-保持电路

采样-保持电路的工作过程可以划分为两个阶段。

1) 采样阶段

当 u_L 跳变为高电平时，MOS 管 V 导通，采样-保持电路开始采样。

设积分器的初始电压为 0 V，则采样开始后积分器的输出电压为

$$u_O = -\frac{1}{RC}\int_0^t u_I \mathrm{d}t$$

因此，随着采样过程的进行，积分器输出电压的绝对值逐渐增大，但是，受到比例电路的限制，采样-保持电路的输出电压最高只能达到

$$u_O = -\frac{R_F}{R_I}u_I$$

若取 $R_F = R_I$，并且采样时间足够长，则在采样结束时，采样-保持电路的输出电压

$$u_O = -u_I$$

2) 保持阶段

当 u_L 跳为低电平时，V 断开，采样过程结束。由于运放的输入电阻趋于无穷大，因此在采样过程中积累到保持电容 C_H 上的电荷没有放电回路，所以输出电压 u_O 保持不变，在量化与编码期间保持恒定。

9.2.2 量化与编码电路

量化与编码是 A/D 转换的核心。量化是将采样信号的幅度划分成多个电平量级。编码是对每一电平量级分配唯一的代码。

若需要将幅度为 $0 \sim 1$ V 的模拟电压量化为三位二进制码，有表 9-1 所示的两种方案。

第一种方案将 0~1 V 划分为 8 个等区间，然后将 0~1/8 V 认为是 0 V，编码成 000；将 1/8~2/8 V 认为是 1/8 V，编码成 001；将 2/8~3/8 V 认为是 2/8 V，编码成 010；依次类推，将 7/8~1 V 认为是 7/8 V，编码成 111。这种方法和计算机语言中截断取整的方法相似，即使输入电压小于但非常接近于 2/8 V，也被当作 1/8 V 处理，编码为 001，因此最大量化误差为 1/8 V。

表 9 - 1　划分量化电平的两种方法

第一种方案			第二种方案		
输入电压	二进制编码	表示的模拟电压	输入电压	二进制编码	表示的模拟电压
7/8~1 V	111	7/8 V	13/15~1 V	111	14/15 V
6/8~7/8 V	110	6/8 V	11/15~13/15 V	110	12/15 V
5/8~6/8 V	101	5/8 V	9/15~11/15 V	101	10/15 V
4/8~5/8 V	100	4/8 V	7/15~9/15 V	100	8/15 V
3/8~4/8 V	011	3/8 V	5/15~7/15 V	011	6/15 V
2/8~3/8 V	010	2/8 V	3/15~5/15 V	010	4/15 V
1/8~2/8 V	001	1/8 V	1/15~3/15 V	001	2/15 V
0~1/8 V	000	0 V	0~1/15 V	000	0 V
量化误差为 1/8 V			量化误差为 1/15 V		

　　第二种方案将 0~1 V 的信号划分为 8 个不等的区间，如表 9 - 1 所示，然后将 0~1/15 V 认为是 0 V，编码成 000；将 1/15~3/15 V 认为是 2/15 V，编码成 001；将 3/15~4/15 V 认为是 4/15 V，编码成 010；依次类推，将 13/15~1 V 认为是 14/15 V，编码成 111。这种方法和计算机语言中舍入取整的方法相似，最大量化误差为 1/15 V。由于这种方案量化误差小，所以通常都采用该方案进行量化。

1. 并联比较型

　　在化学实验中有时会用到图 9 - 16 所示的量杯，用来测量液体的体积。将液体倒入量杯，根据量杯上的刻度和液面的位置即可测出液体的体积。

图 9 - 16　量杯

　　并联比较型 A/D 转换的原理与量杯测体积的原理类似。图 9 - 17 是三位并联比较型 A/D 转换器量化与编码电路原理图，将待转换的模拟电压 u_I 同时加到七个比较器的同相输入端，与内部 8 个串联电阻构成的分压网络确定的参考电压 $(13/15)U_{REF}$、$(11/15)U_{REF}$、$(9/15)U_{REF}$、$(7/15)U_{REF}$、$(5/15)U_{REF}$、$(3/15)U_{REF}$ 和 $(1/15)U_{REF}$ 进行比较。这些参考电压值相当于量杯上的刻度。若 u_I 的幅度大于某个参考电压，则相应的比较器输出为 1，否则输出为 0。例如，u_I 的幅度在 $(3/15)U_{REF}$~$(5/15)U_{REF}$ 之间时，比较器输出为 0000011；u_I 的幅度在 $(9/15)U_{REF}$~$(11/15)U_{REF}$ 之间时，比较器输出为 0011111。因此，同时经过七个比较器的比较，可立即将采样信号 u_I 的幅度量化成数字量。

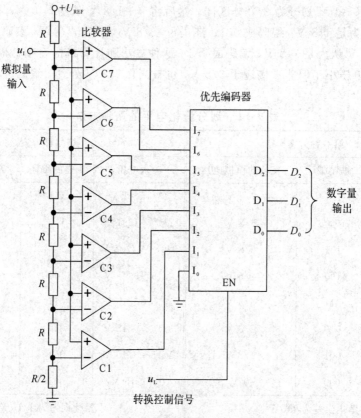

图 9-17 三位并联比较型 A/D 转换器

由于比较器输出的数字量并不是我们期望的二进制形式,因此再经过8线-3线优先编码器将比较器输出的数字量转换为二进制数输出。编码器的真值表如表9-2所示。

表 9-2 图 9-17 电路编码器的真值表

输入模拟电压 u_I	七个比较器的输出							编码器的输出		
	C_7	C_6	C_5	C_4	C_3	C_2	C_1	d_2	d_1	d_0
$0 \sim \frac{1}{15}U_{REF}$	0	0	0	0	0	0	0	0	0	0
$\frac{1}{15}U_{REF} \sim \frac{3}{15}U_{REF}$	0	0	0	0	0	0	1	0	0	1
$\frac{3}{15}U_{REF} \sim \frac{5}{15}U_{REF}$	0	0	0	0	0	1	1	0	1	0
$\frac{5}{15}U_{REF} \sim \frac{7}{15}U_{REF}$	0	0	0	0	1	1	1	0	1	1
$\frac{7}{15}U_{REF} \sim \frac{9}{15}U_{REF}$	0	0	0	1	1	1	1	1	0	0
$\frac{9}{15}U_{REF} \sim \frac{11}{15}U_{REF}$	0	0	1	1	1	1	1	1	0	1
$\frac{11}{15}U_{REF} \sim \frac{13}{15}U_{REF}$	0	1	1	1	1	1	1	1	1	0
$\frac{13}{15}U_{REF} \sim U_{REF}$	1	1	1	1	1	1	1	1	1	1

并联比较型 A/D 转换器只需要进行一次比较，就可以将模拟量转换为数字量，是目前所有 A/D 转换器中速度最快的，每秒可以转换千万次以上。但从图 9-17 可以看到，三位 A/D 转换就用了七个比较器、七个寄存器和 8 线-3 线优先编码器。若要将模拟量转换成 8 位二进制数，则需要使用 255 个比较器、255 个寄存器和 256 线-8 线优先编码器，所以并联比较型 A/D 转换器的成本很高。

2. 反馈比较型 ADC

在物理实验中，有时会用到图 9-18 所示的天平，用于称量物体的重量。将待测物体放入左边的托盘，右边托盘中放入砝码，观察天平是否平衡，若不平衡则继续放入或调整砝码，直到天平平衡为止，然后计算放入砝码的总重量即为重物的重量。曹冲称象就是采用这种反馈比较原理。

图 9-18　天平称重物

反馈比较型 A/D 转换器有两种实现方案。第一种为计数型，原理框图如图 9-19 所示。这种方案相当于天平的每个砝码重量都一样，一次放入一个，直到天平平衡为止。计数型 A/D 转换器具体的转换过程是：初始化时先将计数器清零，转换控制信号 u_L 跳变为高电平时转换开始。若 $u_I \neq 0$，则 $u_B = 1$，脉冲源通过与门 G 为计数器提供时钟脉冲。在时钟脉冲的作用下，DAC 转换器的输出电压 u_O 随着计数器不断计数而增长。当 $u_O = u_I$ 时，$u_B = 0$，与门 G 关闭，计数器因为没有时钟而处于保持状态。u_L 跳变为低电平后转换结束，计数器中的数字量即为转换结果，通过输出寄存器输出到总线。

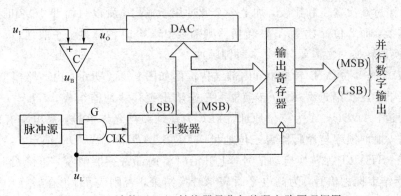

图 9-19　计数型 A/D 转换器量化与编码电路原理框图

计数型 A/D 转换器原理简单，易于实现，但效率不高。因为 n 位计数型 A/D 转换器的转换周期为$(2^n-1)T_{clk}$，其中 T_{clk} 为脉冲源的周期。

第二种实现方案为逐次渐近型，原理框图如图 9-20 所示。这种方案相当于天平砝码的权值各不同，先放入最重的砝码，观察一下天平是否平衡。不平衡时需要判断哪边重，若重物重则保留这个砝码，若重物轻则去掉这个砝码，继续放入次重的砝码观察天平是否平衡以确定次重砝码的取舍。依次放入其他砝码并进行比较，直到比较完最轻的砝码为止。

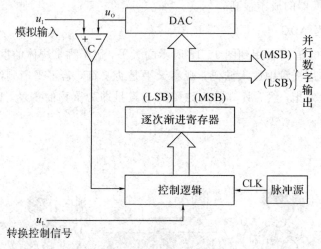

图 9-20　逐次渐近型 A/D 转换器量化与编码电路原理框图

逐次渐近型 A/D 转换器具体的转换过程是：初始化时先将逐次渐近寄存器清零，转换控制信号 u_L 跳变为高电平时转换开始。在控制逻辑的作用下，第一个时钟先将逐次渐近寄存器的最高位置 1，形成的数字量"$10\cdots0$"经 D/A 转换后送入比较器 C 与 u_I 进行比较。第二个时钟时将逐次渐近寄存器的次高位置 1，同时根据第一次的比较结果决定最高位的取舍。若 $u_O<u_I$ 说明数字量小，则保留最高位，否则清除最高位。将新形成的数字量经 D/A 转换后再与 u_I 进行比较。若 $u_O<u_I$，则次高位在第三个时钟时保留，否则被清除。重复置 1 和比较，直至处理完逐次渐近寄存器的最低位。u_L 跳变为低电平后转换结束，逐次渐近寄存器中的数字量即为转换结果。

逐次渐近型 A/D 转换器的效率远高于计数型。对于 8 位 A/D 转换器，从最高到最低每位的权值依次为 128、64、32、16、8、4、2 和 1。在第一个脉冲作用下先将逐次渐近寄存器清零，再经过 8 次置 1 和比较，加上一个脉冲用于输出，所以只需要 10 个时钟脉冲即可完成一次转换，而 8 位计数型 A/D 转换器则需要 255 个时钟脉冲。一般地，n 位逐次渐近型 A/D 转换器转换一次需要 $n+2$ 个时钟脉冲。

ADC0809 是 8 位 A/D 转换器，内部结构框图如图 9-21 所示，由 8 路模拟开关、地址锁存与译码器、逐次渐近型 A/D 转换器和三态输出锁存缓冲器组成。$IN_0 \sim IN_7$ 为 8 路模拟量输入通道，$ADDC \sim A$ 为三位地址。ALE 为地址锁存允许信号，高电平有效。当 ALE 为高电平时，地址锁存与译码器将三位地址 $ADDC$、$ADDB$、$ADDA$ 锁定，经译码后选定待转换通道。START 为转换启动信号，上升沿时将内部寄存器清零，下降沿时启动转换。EOC 为转换结束标志信号，为高电平时表示转换结束，否则表示"正在转换中"。OE 为输出允许信号，为高电平时输出转换完成的数字量 $D_7 \sim D_0$，为低电平时输出数据线呈高阻状态。CLK 为时钟脉冲，通常取时钟频率为 640 kHz。$U_{REF(+)}$、$U_{REF(-)}$ 为参考电压输入端。

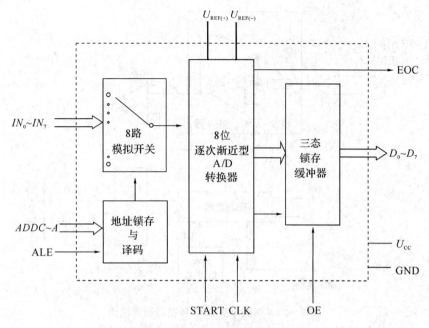

图 9-21　ADC0809 结构框图

ADC0809 能对 8 路模拟量进行分时转换,其工作时序如图 9-22 所示。ALE 和 START 通常由一个信号控制,上升沿时锁存通道地址并将逐次渐近寄存器清零,下降沿时启动转换。转换开始后 EOC 跳变为低电平表示"正在转换中",转换完成后 EOC 自动返回高电平,表示转换已经结束。这时控制 OE 为高电平,转换完成的数字量出现在数据总线 $D_7 \sim D_0$ 上,供微控制器读取。

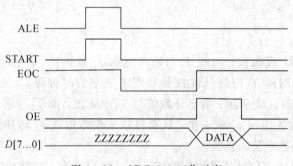

图 9-22　ADC0809 工作时序

3. 双积分型 ADC

双积分型 A/D 转换器的基本原理是先将输入电压转换成与其幅度成正比的时间间隔,然后再将时间间隔对应成数字量。

双积分型 A/D 转换器的原理框图如图 9-23 所示,它由电子开关、积分器、比较器和控制逻辑电路等部件组成。具体的转换过程是:初始化时将开关 S_0 闭合使积分器清零。转换开始时断开 S_0 并将开关 S_1 切换到待转换的模拟信号 u_1,积分器从零开始对输入电压 u_1 进行固定时长为 T_1 的正向积分过程,然后再将开关 S_1 切换到与 u_1 极性相反的基准电压 $-U_{REF}$ 进行反向积分,直到积分器的输出返回 0 V 时为止。

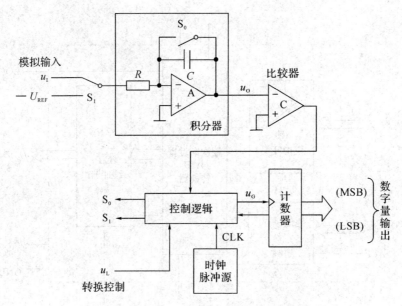

图 9-23 双积分型 A/D 转换器原理框图

由于正向积分时间为 T_1，所以完成正向积分后积分器的输出电压为

$$u_O = -\frac{1}{RC}\int_0^{T_1} u_I \mathrm{d}t = -\frac{T_1}{RC}u_I$$

设反向积分时间为 T_2，则

$$-\frac{T_1}{RC}u_I + \left(-\frac{1}{RC}\int_0^{T_2}(-U_{REF})\right)\mathrm{d}t = 0$$

由上式解得

$$T_2 = \frac{T_1}{V_{REF}}u_I$$

由上式可以看出，反向积分时间 T_2 与输入电压 u_I 成正比。u_I 越大，反向积分时间 T_2 越长。若在反向积分时间 T_2 内通过计数器对固定频率的时钟源 CLK 进行计数，T_2 越长，则计数值越大，如图 9-24 所示。由于计数值与 T_2 成正比，而 T_2 与输入电压 u_I 成正比，所以计数值自然也与输入电压 u_I 成正比，从而将输入模拟电压 u_I 转换成与之成正比的数字量，实现了模拟量到数字量的转换。

由于积分器只对输入信号的平均值响应，所以对均值为 0 的随机噪声信号具有很强的抑制能力，因此双积分型 A/D 转换器的突出优点是抗干扰能力强。另外，积分结果与 R、C 的具体数值无关，所以对积分元件 R、C 的精度要求不高，因此双积分型 A/D 转换器的稳定性好。

双积分型 A/D 转换器需要经过一次正向积分和一次反向积分才能完成一次转换，所以速度慢，属于低速型 A/D 转换器。其转换时间一般在几十毫秒到几百毫秒范围内，即每秒只能完成几次到几十次转换。但在一些工业控制以及仪器仪表等的应用场合，毫秒级的转换速度完全能够满足应用要求，因此双积分型 A/D 转换器以其抗干扰性能强、工作稳定性好的特点被广泛应用。

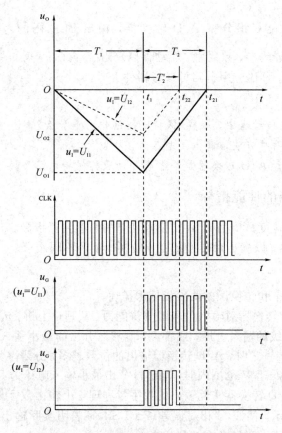

图 9 - 24 双积分 A/D 转换器的工作波形

ICL7107 是 $3\frac{1}{2}$ 位双积分型 A/D 转换器,输出为 BCD 码,范围为 0000~1999。

ICL7107 内含有七段译码器、显示驱动器、参考源和时钟电路,只需要外接十个无源元件和 LED 数码管就可以构成高性能的仪器仪表,其典型应用电路如图 9 - 25 所示。

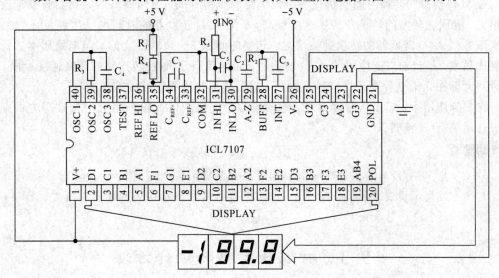

图 9 - 25 ICL7107 典型应用电路

ICL7135 是 $4\frac{1}{2}$ 位双积分型 A/D 转换器，输出 BCD 码的范围为 $00000\sim19999$。ICL7135 只需要外接译码器、数码管、驱动器以及阻容等元件，就可组成一个满量程为 2 V 的高精度数字电压表。具体应用电路可参考器件手册。

思考与练习

9-2 在 A/D 转换过程中，取样-保持电路的作用是什么？

9-3 量化有哪两种方法，量化误差各为多少？

9-4 并联比较型 A/D 转换器是否需要外加取样保持电路？试分析说明。

9.2.3 A/D转换器的性能指标

转换精度和转换速度是衡量 A/D 转换器性能的两项主要指标。不同的应用场合应选用相适应的 A/D 转换器，以满足对转换精度和转换速度的不同需求。

1. 转换精度

转换精度用分辨率和转换误差两项指标来描述。

分辨率表示 A/D 转换器对输入信号的分辨能力。从理论上讲，n 位 A/D 转换器应该能够区分出 2^n 个不同等级的输入电压，或者说，能够区分出的最小输入电压为满量程电压的 $1/2^n$。当输入电压范围一定时，A/D 转换器输出的位数越多，分辨率就越高。对于 8 位 A/D 转换器，输入信号在 $0\sim5$ V 范围内时，能够区分出最小输入电压为 $5/2^8\approx19.5$ mV。

转换误差表示 A/D 转换器实际输出的数字量和理论上输出数字量之间的差值，通常以最低有效位的倍数表示。例如，"相对误差$\leqslant\pm$LSB/2"表明实际输出的数字量和理论上输出数字量之间的误差不大于最低有效位的半个字。

2. 转换时间

转换时间是指 A/D 转换器从转换控制信号有效开始，到输出端得到稳定的数字信号所经过的时间。

A/D 转换器的转换时间和量化与编码电路的类型有关，不同类型的转换器转换速度差异很大。并联比较型的转换器转换速度最高，8 位 A/D 转换器的时间可以达到 50 ns 以内。逐次渐近型 A/D 转换器的转换速度次之，转换时间在 $1\sim100$ μs 之间，但电路成本远低于并联比较型，是目前广泛应用的 A/D 转换器产品。双积分 A/D 转换器的转换速度最慢，转换时间大都在几十毫秒至几百毫秒范围内，满足仪表与检测领域的需要。

在实际应用中，需要从精度要求、输入模拟量的范围以及输入信号的极性等方面综合考虑选用 A/D 转换器。

思考与练习

9-5 应用 A/D 转换器进行模数转换时应注意哪些主要问题？

9-6 某同学用满量程为 5 V 的 A/D 转换器对幅值为 0.5 V 的模拟电压进行转换，你认为是否合适？应该怎么做？

*9.3 有限状态机的设计方法

时序电路在外部时钟及输入信号作用下可在有限个状态之间进行转换，所以时序电路又称为有限状态机,简称状态机。

时序电路可以采用 Verilog HDL 中的"有限状态机设计"方法进行设计,该方法具有以下主要优点:

(1) 模式固定,结构清晰;

(2) 容易构成性能良好的同步时序电路;

(3) 在高速运算和实时控制方面具有巨大的优势。

9.3.1 状态机的一般设计方法

有限状态机设计具有固定的模式。其基本设计步骤是:

1) 定义状态

确定工作状态是状态机设计的关键。根据设计要求,确定状态机内部的状态数并且定义每个状态的具体含义。

2) 建立状态转换图

根据状态的含义和输入信号,画出状态转换图。通常从系统的初始状态、复位状态或者空闲状态开始,标出每个状态的转换方向、转换条件以及相应的输出信号。

3) 确定状态机过程

状态机可划分为时序逻辑和组合逻辑两部分。时序逻辑部分用于描述电路状态的转换关系,组合逻辑部分用于确定次态及输出。

Verilog 中用过程语句描述有限状态机。由于次态是现态及输入的函数,因此需要将现态和输入信号作为过程的敏感信号或触发信号,应用 always 过程语句结合 case、if 等高级语言语句及赋值语句实现。

有限状态机设计可采用一段式、两段式和三段式三种描述方式。

一段式状态机把组合逻辑和时序逻辑用一个 always 过程语句描述,输出为寄存器输出,无竞争-冒险现象,因而可靠性高。但这种描述方式会产生多余的触发器,而且代码难于修改和调试,一般应避免使用。

两段式状态机采用两个 always 语句,一个用于描述时序逻辑,另一个用于描述组合逻辑。时序 always 语句描述状态的转换关系,组合 always 语句描述次态的转换条件及输出。两段式状态机结构清晰,但由于组合逻辑输出容易产生竞争-冒险,因此用输出信号作为时序模块的时钟或者作为锁存器的输入时会产生致命性的影响。

三段式状态机采用三个 always 语句。两个时序 always 语句分别用来描述状态的转换关系和输出,组合 always 语句用于确定电路的次态。三段式状态机的输出为寄存器输出,不易产生竞争-冒险,并且代码清晰易读,但占用的资源比两段式多。

随着 FPGA 的成本越来越低,三段式状态机得到了广泛应用。三段式状态机的描述模板如下:

```
// 第一个 always,时序逻辑模块,描述状态的转换关系
always @ (posedge clk or negedge rst_n)
```

```
        if(!rst_n)                                  // 异步复位
            current_state <= IDLE;
        else
            current_state <= next_state;            // 使用非阻塞赋值
// 第二个 always，组合逻辑模块，描述次态的转移条件
    always @ (current_state)                        // 电平敏感
    begin
        case (current_state)
            S1: if (...)   next_state = S2;         // 阻塞赋值
            S2: ... ;
            ... ; ... ;
            default: ...;
        endcase
    end
// 第三个 always，时序逻辑模块，描述输出
    always @ (posedge clk or negedge rst_n)
        ...                                         // 初始化
        case(current_state)
        S1: out1 <= ...;                            // 非阻塞赋值
        S2: out2 <=... ;
         default: ...;
        endcase
    end
```

9.3.2　状态编码

　　状态编码又称为状态分配。如果状态编码方案选择得当，既能简化电路设计，又可以避免竞争-冒险，反之会导致占用资源多、速度降低或可靠性差等问题。设计时需要综合考虑电路复杂度和性能因素。状态编码通常有顺序编码、格雷码编码和一位热码编码三种编码方式。

　　顺序编码使用的状态寄存器最少，但状态转换过程中可能有多位同时发生变化，因此容易产生竞争-冒险。

　　格雷码编码在相邻状态之间转换时只有 1 位发生变化，但在非相邻状态之间转换时仍有多位同时发生变化的情况，因此只适合于编码一些基本的时序电路，如二进制计数器。

　　一位热码是指对于任一个状态编码中只有 1 位为 1，其余位均为 0，因此对 n 个状态编码需要使用 n 个触发器。采用一位热码编码方案的状态机任意两个状态间转换时只有两位同时发生变化，因而可靠性比顺序编码方案高，但占用的触发器比顺序编码和格雷码多。

　　一位热码编码方式具有设计简单、修改灵活、易于综合和调试等优点。虽然使用的触发器多，但由于状态译码简单，因而简化了组合逻辑模块。对于寄存器数量很多的 FPGA 来说，采用一位热码编码可以有效地提高电路的速度和可靠性，也有利于提高器件资源的

利用率。但一位热码编码方式不可避免地会出现大量无效状态，若不对无效状态进行处理，状态机可能会因进入无效状态出现短暂失控或者始终无法进入正常状态循环而失效。因此，对无效状态的处理即容错技术是必须要考虑的问题。

无效状态的处理大致有以下三种方式：

（1）转入空闲状态，等待下一个任务的到来；

（2）转入指定的状态，去执行特定任务；

（3）转入预定义的专门处理错误的状态，如预警状态。

9.3.3　状态机设计示例

A/D 转换器的传统控制方法是用微控制器(Micro-controller)按工作时序控制 A/D 转换器完成数据采集过程。受微控制器工作速度的限制，这种控制方式在实时性方面有一定的局限性。若用 FPGA 状态机控制 A/D 转换器，则不仅速度快，而且可靠性高，这是传统控制方法无法比拟的。

【例 9-3】　设计 ADC0809 转换控制器，控制 ADC0809 对 8 路模拟量进行巡回转换。

ADC0809 是八路 8 位逐次渐近式 A/D 转换器，其内部结构框图和工作时序如图 9-21 和 9-22 所示。根据 ADC0809 的工作时序，可将一次数据采样过程划分为 st0～st4 五个状态阶段，各个状态的含义及输出如表 9-3 所示，状态图如图 9-26 所示。

表 9-3　转换控制器状态定义表

状态	含　义	输入	输　出			
			ALE	START	OE	LOCK
st0	A/D 初始化	×	0	0	0	0
st1	启动 A/D 转换	×	1	1	0	0
st2	A/D 转换中	EOC	0	0	0	0
st3	转换结束，输出数据	×	0	0	1	0
st4	锁存转换数据	×	0	0	1	1

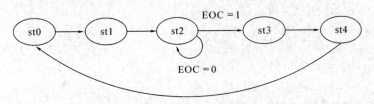

图 9-26　ADC0809 控制器状态转换图

根据图 9-26 所示的转换关系，结合有限状态机三段式描述方法，设计出描述 ADC0809 转换控制器的结构框图如图 9-27 所示。

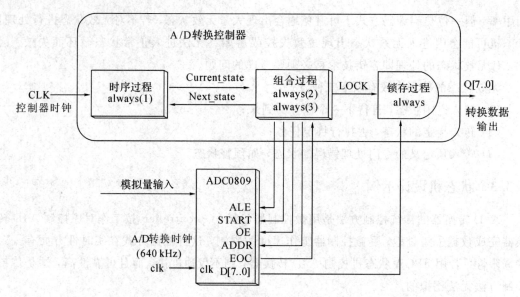

图 9 - 27 A/D 转换控制器结构框图

ADC0809 转换控制器的 Verilog 代码如下：

```
module adc0809_controller(clk, rst_n, eoc, d, start, ale, oe, lock, addr, q);
    input clk, rst_n, eoc;
    input [7:0] d;
    output start, ale, oe, lock;
    output [2:0] addr;
    output [7:0] q;

    reg start, ale, oe, lock;
    reg [2:0] addr;
    reg [7:0] q;
    parameter st0 = 5'b00001;          // 状态及编码，一位热码方式
    parameter st1 = 5'b00010;
    parameter st2 = 5'b00100;
    parameter st3 = 5'b01000;
    parameter st4 = 5'b10000;
    reg [4:0] curr_state, next_state;   // 定义状态变量寄存器
    // 同步时序逻辑过程，状态转换
    always @(posedge clk or negedge rst_n)
        if (!rst_n)
            curr_state <= st0;
        else
            curr_state <= next_state;
    // 组合逻辑过程，确定次态
    always @(curr_state, eoc)
        case (curr_state)
            st0: next_state = st1;
```

```
    st1：next_state＝st2；
    st2：if（eoc）
        next_state＝st3；
      else
        next_state＝st2；
    st3：next_state＝st4；
    st4：next_state＝st0；
    default：next_state＝st0；
endcase
// 同步时序逻辑过程，输出信号
always @（negedge clk）
    case（curr_state）
    st0：begin start＜＝1′b0；ale＜＝1′b0；oe＜＝1′b0；lock＜＝1′b0；end
    st1：begin start＜＝1′b1；ale＜＝1′b1；oe＜＝1′b0；lock＜＝1′b0；end
    st2：begin start＜＝1′b0；ale＜＝1′b0；oe＜＝1′b0；lock＜＝1′b0；end
    st3：begin start＜＝1′b0；ale＜＝1′b0；oe＜＝1′b1；lock＜＝1′b0；end
    st4：begin start＜＝1′b0；ale＜＝1′b0；oe＜＝1′b1；lock＜＝1′b1；end
    default：begin start＜＝1′b1；ale＜＝1′b1；oe＜＝1′b0；lock＜＝1′b0；end
    endcase
    // 锁存和切换通道过程
always @（posedge lock）
    begin
    q＜＝d；                    // 锁存转换结果
    addr＜＝addr＋1′b1；          // 切换通道，实现 8 路巡回转换
    end
endmodule
```

【例 9-4】 应用状态机设计数码管控制电路，要求能够在一个数码管上依次自动显示自然数序列(0～9)、奇数序列(1、3、5、7、9)、音乐序列(0～7)和偶数序列(0、2、4、6、8)。

分析：自然数序列有 10 个数码，奇数序列和偶数序列有 5 个数码，音乐序列有 8 个数码，因此一个完整的显示循环共 28 个数码。

用状态机设计的思路是：设计一个二十八进制计数器，分别在 28 个状态输出要求的 28 个 BCD 码，然后用显示译码器将 BCD 码转换为七段码输出。Verilog 描述代码如下：

```
module LED_Controller(iCLK，oSEG7)；
    input iCLK；
    output reg [6:0] oSEG7；
    reg [4:0] Qtmp；
    reg [3:0] DISP_DATA；
    always @（posedgeiCLK）        // 二十八进制计数器，时序逻辑
        if（Qtmp＝＝5′d27）
            Qtmp＜＝5′d0；
        else
            Qtmp＜＝Qtmp＋1；
```

```verilog
    always @(Qtmp)                        //内部组合逻辑
      case(Qtmp)
          5'd0:  DISP_DATA<=4'd0;
          5'd1:  DISP_DATA<=4'd1;
          5'd2:  DISP_DATA<=4'd2;
          5'd3:  DISP_DATA<=4'd3;
          5'd4:  DISP_DATA<=4'd4;
          5'd5:  DISP_DATA<=4'd5;
          5'd6:  DISP_DATA<=4'd6;
          5'd7:  DISP_DATA<=4'd7;
          5'd8:  DISP_DATA<=4'd8;
          5'd9:  DISP_DATA<=4'd9;
          5'd10: DISP_DATA<=4'd1;
          5'd11: DISP_DATA<=4'd3;
          5'd12: DISP_DATA<=4'd5;
          5'd13: DISP_DATA<=4'd7;
          5'd14: DISP_DATA<=4'd9;
          5'd15: DISP_DATA<=4'd0;
          5'd16: DISP_DATA<=4'd1;
          5'd17: DISP_DATA<=4'd2;
          5'd18: DISP_DATA<=4'd3;
          5'd19: DISP_DATA<=4'd4;
          5'd20: DISP_DATA<=4'd5;
          5'd21: DISP_DATA<=4'd6;
          5'd22: DISP_DATA<=4'd7;
          5'd23: DISP_DATA<=4'd0;
          5'd24: DISP_DATA<=4'd2;
          5'd25: DISP_DATA<=4'd4;
          5'd26: DISP_DATA<=4'd6;
          5'd27: DISP_DATA<=4'd8;
          default: DISP_DATA<=4'd0;
      endcase
    always @ (negedge CLK)                 //  定义输出，同步时序逻辑
      case (DISP_DATA)                     //  显示译码器
          4'd0: oSEG7<=7'b1000000;         //  对应 gfedcba 段，低电平有效
          4'd1: oSEG7<=7'b1111001;
          4'd2: oSEG7<=7'b0100100;
          4'd3: oSEG7<=7'b0110000;
          4'd4: oSEG7<=7'b0011001;
          4'd5: oSEG7<=7'b0010010;
          4'd6: oSEG7<=7'b0000010;
          4'd7: oSEG7<=7'b1111000;
          4'd8: oSEG7<=7'b0000000;
```

$4'd9$：$oSEG7 <= 7'b0010000$；

default：$oSEG7 <= 7'b1111111$；

      endcase

   endmodule

【例 9 - 5】 用 Verilog 设计一个 VGA 显示控制器，要求能够在 $640 \times 480@60$ Hz 模式下显示 8×8 彩格图像。

分析：VGA(Video Graphics Array)是 IBM 推出的视频显示标准接口，具有分辨率高、显示速率快和色彩丰富等优点，目前广泛应用于使用 VGA 显卡的计算机、笔记本电脑、投影仪和液晶电视等电子产品中。VGA 采用 D-SUB 15 接口，如图 9-28 所示。

（a）公头　（b）母头

图 9-28　VGA 接口

VGA 接口主要有 5 个信号：行同步信号、场同步信号，以及红、绿、蓝三基色模拟信号。要能正确地显示图像，必须提供精确的行同步和场同步信号。

行、场同步信号的时序如图 9-29 所示，均分为前沿、同步头、后沿和显示四个时段，不同的是行同步信号以像素(Pixel)为单位，而场同步信号则以行(Line)为单位。同步脉冲头低电平有效，在 b、c 和 d 段时为高电平，c 段时显示三基色信号，其余时段则处于消隐状态。

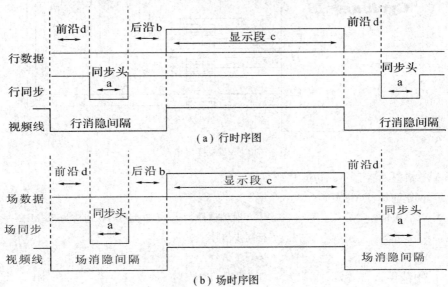

图 9-29　VGA 标准参考时序图

对于分辨率为 640×480、刷新频率为 60 Hz 的图像来说，每行的总像素点为 800 个，其中有效像素为 c 段的 640 个；每场的总行数为 525 行，其中有效行数为 c 段的 480 行，如表 9-4 所示。

表 9 - 4 640×480@60 Hz 模式行、场同步信号参数值

显示模式	行同步信号(Pixels)				
640×480 60 Hz	a 段	b 段	c 段	d 段	总像数
	96	48	640	16	800
显示模式	场同步信号(Lines)				
640×480 60 Hz	a 段	b 段	c 段	d 段	总行数
	3	32	480	10	525

设计过程：VGA 显示设计与 VGA 硬件电路有关。假设 VGA 接口电路如图 9 - 30 所示，用 FPGA 输出四位红、绿、蓝三基色数字信号，然后通过权电阻网络转换为模拟信号，提供给 VGA 接口输出。

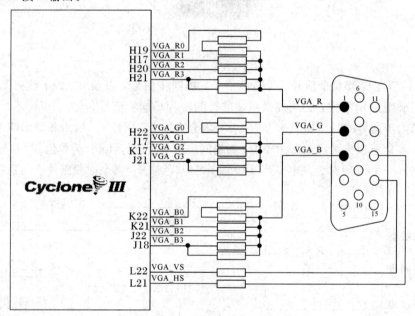

图 9 - 30 VGA 接口电路

VGA 彩格显示控制 Verilog 代码如下：

```verilog
module VGA_Pattern (
    VGA_CLK,          //VGA 时钟信号，640×480@60 Hz 时应为 25 MHz
    VGA_HS,           // 行同步信号
    VGA_VS,           // 场同步信号
    VGA_R,            // 红色分量，4 位
    VGA_G,            // 绿色分量，4 位
    VGA_B             //蓝色分量，4 位
    );
    input VGA_CLK;
    output reg   VGA_HS;
```

```verilog
output reg    VGA_VS;
output reg [3:0]   VGA_R;
output reg [3:0]   VGA_G;
output reg [3:0]   VGA_B;
// 640×480 行参数值（pixels）
parameterH_FRONT=16;              // d 段，前沿
parameterH_SYNC=96;               // a 段，同步头
parameterH_BACK=48;               // b 段，后沿
parameterH_ACT=640;               // c 段，显示段
parameterH_BLANK=H_FRONT+H_SYNC+H_BACK;
parameterH_TOTAL=H_FRONT+H_SYNC+H_BACK+H_ACT;
// 640×480 场参数值（lines）
parameterV_FRONT=10;
parameterV_SYNC=3;
parameterV_BACK=32;
parameterV_ACT=480;
parameterV_BLANK=V_FRONT+V_SYNC+V_BACK;
parameterV_TOTAL=V_FRONT+V_SYNC+V_BACK+V_ACT;
// 信号及变量定义
reg [10:0]H_Cont;              // 行计数器
reg [10:0]V_Cont;              // 列计数器
reg [10:0]X;                   // 行坐标
reg [10:0]Y;                   // 列坐标
// 行处理过程
always@(posedgeVGA_CLK)
  begin
  if(H_Cont<H_TOTAL)                     // 行计数器
    H_Cont<=H_Cont+1'b1;
  else
    H_Cont<=0;
    if(H_Cont==H_FRONT-1)                // 生成行同步信号 VGA_HS
      VGA_HS<=1'b0;
    if(H_Cont==H_FRONT+H_SYNC-1)
        VGA_HS<=1'b1;
    if(H_Cont>=H_BLANK)                  // 计算行像素坐标 X
        X<=H_Cont-H_BLANK;
    else
      X<=0;
  end
// 场处理过程
always@(posedge VGA_HS)
  begin
  if(V_Cont<V_TOTAL)                       // 场计数器
```

```
            V_Cont<=V_Cont+1'b1;
        else
            V_Cont<=0;
        if(V_Cont==V_FRONT-1)              // 生成场同步信号 VGA_VS
            VGA_VS<=1'b0;
        if(V_Cont==V_FRONT+V_SYNC-1)
            VGA_VS<=1'b1;
        if(V_Cont>=V_BLANK)                // 计算场(行数)坐标 Y
            Y<=V_Cont-V_BLANK;
        else
            Y<=0;
    end
// 彩格图像生成
always@(posedge VGA_CLK)
    begin
        VGA_R<=          (Y<120)            ?    4    :    // 红色分量定义
                    (Y>=120 && Y<240)       ?    8    :
                    (Y>=240 && Y<360)       ?    12   :
                                                 15   ;

        VGA_G<=          (X<80)             ?    2    :    // 绿色分量定义
                    (X>=80 && X<160)        ?    4    :
                    (X>=160 && X<240)       ?    6    :
                    (X>=240 && X<320)       ?    8    :
                    (X>=320 && X<400)       ?    10   :
                    (X>=400 && X<480)       ?    12   :
                    (X>=480 && X<560)       ?    14   :
                                                 15   ;

        VGA_B<=          (Y<60)             ?    15   :    // 蓝色分量定义
                    (Y>=60 && Y<120)        ?    14   :
                    (Y>=120 && Y<180)       ?    12   :
                    (Y>=180 && Y<240)       ?    10   :
                    (Y>=240 && Y<300)       ?    8    :
                    (Y>=300 && Y<360)       ?    6    :
                    (Y>=360 && Y<420)       ?    4    :
                                                 2    ;
    end
endmodule
```

9.4 设 计 项 目

A/D 转换器和 D/A 转换器是模拟世界与数字系统之间的桥梁。有了 ADC 和 DAC,就可以处理模数混合系统的设计问题。

9.4.1 可编程增益放大器的设计

放大电路一般需要根据输入信号的大小来调整增益，以防止放大倍数过大而导致输出信号失真，或者因放大倍数过小而导致分辨率降低的问题。可编程增益放大器是用数字量来控制增益的放大电路。

设计任务：设计一个增益可控的放大电路，能够对峰值为 10 mV，频率为 1000 Hz 的音频小信号进行放大。电路设有"UP"和"DOWN"两个键，按下 UP 时增益步进增加，按下 DOWN 时增益步进减小。要求放大电路的增益范围为 0～996，步进为 3.9，增益误差小于 $\pm 5\%$。

分析：可控增益放大电路有多种设计方案，如：

(1) 选用集成可控增益放大器实现，如 AD603；

(2) 采用运算放大器设计，采用电子开关切换电阻而改换增益；

(3) 基于 D/A 转换器设计。

这三种方法各有特点：

(1) 采用集成可控增益放大器时设计方便，但成本高，并且容易自激，因此对电路布局和制板工艺要求很高；

(2) 当要求步进小、增益变化范围大时，采用电子开关切换电路非常复杂；

(3) 基于 D/A 转换器设计容易实现数字控制，适应性强，步进由 D/A 转换器的位数确定。

综上所述，第三种方案最符合设计要求。

设计过程：采用 D/A 转换器实现可控增益放大电路的总体设计方案如图 9-31 所示。

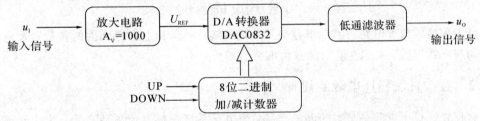

图 9-31 可控增益放大器总体设计方案

D/A 转换器的输出电压与数字量和参考电压 U_{REF} 的大小有关，U_{REF} 越大则输出电压的变化范围越大，而输入信号的峰值只有 10 mV，因此需要将输入信号放大 1000 倍再送至 D/A 转换器作为参考电压 U_{REF}，由输入数字量控制其增益。

DAC0832 为 8 位 D/A 转换器，因此

$$u_O = -\frac{U_{REF}}{256} D_n$$

取 $U_{REF} = 1000 \cdot u_I$ 时

$$u_O = -\frac{1000 u_I}{256} D_n$$

所以该电路的放大倍数

$$A_V = \frac{u_O}{u_I} = -\frac{1000}{256} D_n = -3.906\ 25 D_n$$

用两片 74HC193 级联构成 8 位二进制加/减计数器，输出作为 DAC0832 的输入数字量 $D_7 \sim D_0$，有 $0 \sim 255$ 共 256 种取值，对应放大电路的增益分别为 0、3.9、7.8、11.7、…、992.2 和 996.1。根据上述方案，可得图 9 - 32 所示的整体设计图。

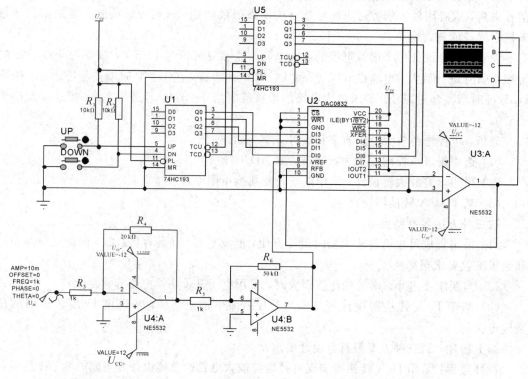

图 9 - 32　可控增益放大电路参考设计图

可编程增益放大电路的实际增益与运放的性能、电阻和电容等元件的参数以及电路板的布局与布线有关，实际性能以测量为准。

9.4.2　数控直流稳压电源的设计

数控直流稳压电源是基本的电子产品，为电子系统提供直流电源，可分为线性稳压电源和开关电源两大类。

设计任务：设计一个数控直流稳压电源。电源设有"UP"和"DOWN"两个键，按 UP 时输出电压步进增加，按 DOWN 时输出电压步进减小。具体要求如下：

（1）输出电压的范围为 $0 \sim 9.9$ V，步进为 0.1 V；

（2）输出电压的误差 $\leqslant \pm 0.05$ V；

（3）用数码管显示设定输出电压值；

（4）最大输出电流 $\geqslant 1$ A。

分析：要求电源输出电压共有 100 种取值，而且要求输出电压可增可减，因此用一百进制加/减计数器作为主控电路，然后通过 D/A 转换器将十位和个位的数字量转换成相应的模拟电压值，再根据权值叠加成 $0 \sim 9.9$ V 的控制电压，去控制直流稳压电源输出 $0 \sim 9.9$ V电压，故总体设计方案如图 9 - 33 所示。

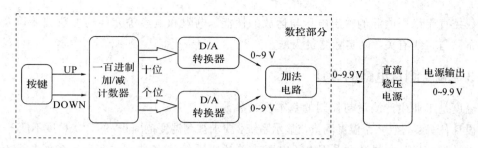

图 9-33 数控直流稳压电源总体设计方案

具体设计方案是：一百进制加/减计数器用两个 74HC192 级联实现，通过显示译码器 CD4511 驱动数码管显示设定的电压值。8 位 D/A 转换器选用 DAC0832，设置为直通模式，用于将数字量转换成模拟电压。由于 D/A 转换器的输出电压为

$$u_O = -\frac{U_{REF}}{256} D_n$$

取 $D_n = x_3 x_2 x_1 x_0 0000$ 时，

$$u_O = -\frac{U_{REF}}{16}(x_3 x_2 x_1 x_0)$$

若取 $U_{REF} = 16$ V 时，

$$u_O = -(x_3 x_2 x_1 x_0)$$

故可以将数字 0~9 转换成 0~9 V。

加法器基于运算放大器设计。设计十位数的加法增益为 -1，个位数的加法增益为 -0.1，可叠加出 0~9.9 V 的控制电压。

用加法器的输出信号控制直流稳压电源，采用小功率三极管复合中功率三极管（如 TIP41，最大输出电流为 6 A）或大功率三极管（如 2N3055，最大输出电流为 15 A）作为调整管，在散热完善的情况下，完全可以满足最大输出电流 1 A 的要求。

数控直流稳压电源的整体设计原理如图 9-34 所示。

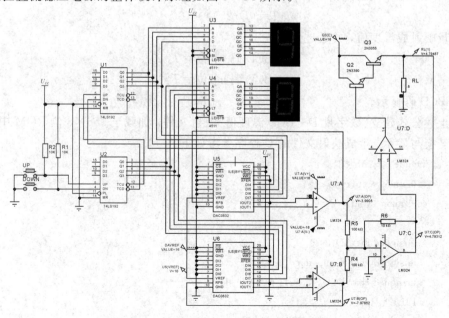

图 9-34 数控直流稳压电源参考设计图

数控直流稳压电源的输出电压与运放的性能、电阻和电容等元件的参数偏差以及电路板的布局与布线有关，以实际测量为准。

9.4.3 温度测量电路的设计

温度是工业生产测量与控制的基本测量参数。

设计任务：设计一个温度测量与显示系统，要求被测温度范围 $0 \sim 99\,℃$，精度不低于 $1\,℃$。

设计过程：温度测量可采用电子电路或单片机系统等多种方式实现。基于电子电路的温度测量与显示系统总体框图如图 9-35 所示。

图 9-35 测温电路系统框图

温度传感器有模拟温度传感器和数字温度传感器两大类，其中，模拟温度传感器又有绝对温度传感器、摄氏温度传感器和用于工业现场测量高温的热电偶等多种类型。

本设计要求测量温度的范围不大，精度要求也不高，同时考虑后续电路设计方便，因此选用摄氏温度传感器 LM35，测量温度范围为 $-55 \sim 150℃$，测量误差为 $\pm 0.5℃$。

LM35 的输出电压与温度的关系为

$$U_{out} = 10(mV/℃) \times T(℃)$$

当测温范围为 $0 \sim 100\,℃$ 时，LM35 的输出电压对应为 $0 \sim 1000\,mV$。为了提高测量精度，通过信号调理电路将温度传感器输出的电压信号放大 5 倍，达到 ADC0809 输入电压的满量程范围。同时为了减小调理电路对温度传感器电路的影响，采用输入阻抗极高的同相放大电路进行放大。

ADC0809 的输入电压为 $0 \sim 5\,V$ 时，其输出数字量 D 为 $0 \sim 255$，而相应的温度 T 对应为 $0 \sim 100℃$，故采用公式：

$$T = (D/255) \times 100$$

将数字量映射成温度值，并通过公式：

$$(BCD 码)十位 = T/10$$
$$(BCD 码)个位 = T\%10$$

转换为 BCD 码显示。

用上述公式建立"数字量 D—BCD 温度值"映射文件，加载至 256×8 位 ROM 中，实现信号的转换与显示。生成映射文件的 C 程序参考如下：

```c
#include <math.h>
  #include <stdio.h>
  void main (void)
  {
    unsigned int AD_dat;
    unsigned char Temp_dat;
    unsigned char BCD_s, BCD_g, BCD_dat;
    FILE * fp;
    fp=fopen("Trom256x8.bin", "w");
```

```
for (AD_dat=0；AD_dat<256；AD_dat++)
  {
    Temp_dat=(AD_dat * 100)/255；
    BCD_s=Temp_dat/10；BCD_g=Temp_dat%10；
    BCD_dat=BCD_s<<4+BCD_g；
    fputc(BCD_dat, fp)；
  }
fclose(fp)；
}
```

温度测量电路的整体设计如图 9 - 36 所示，图中的 START 按键用于启动 A/D 转换。

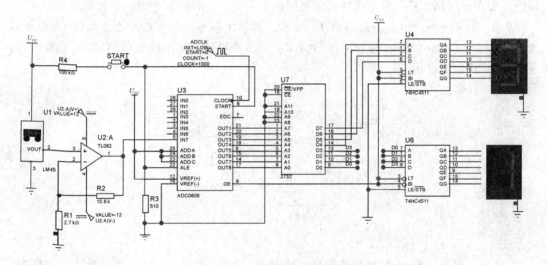

图 9 - 36　测温电路参考设计图

习　题

9.1　对于 4 位权电阻网络 D/A 转换器，已知 $U_{REF}=6$ V，当输入 $D_3D_2D_1D_0=1100$ 时输出电压 $u_O=1.5$ V，计算 D/A 转换器输出电压的变化范围。

9.2　若要求 D/A 转换器的最小分辨电压为 2 mV，最大满刻度输出电压为 5 V，计算 D/A 转换器输入二进制数字量的位数。

9.3　已知 10 位 D/A 转换器的最大满刻度输出电压为 5 V，计算该 D/A 转换器的分辨率和最小分辨电压值。

9.4　对于 10 位 D/A 转换器 AD7520，若要求输入数字量为 $(200)_{16}$ 时输出电压 $u_O=5$ V，则 U_{REF} 应取多少？

9.5　由 10 位二进制加/减计数器和 AD7520 构成的阶梯波发生器如题 9.5 图所示，分别画出加法计数和减法计数时 D/A 转换器的输出波形（设 $S=0$ 时为加法计数；$S=1$ 时为减法计数）。若时钟频率 CLK 为 1 MHz，$U_{REF}=-8$ V，计算输出阶梯波的周期。

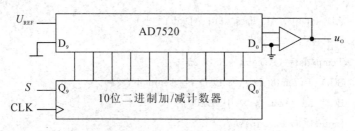

题 9.5 图

9.6 对于 4 位逐次比较型 A/D 转换器，设 $U_{REF} = 10$ V，输入电压 $u_I = 8.26$ V，列出在时钟脉冲作用下比较器输出电压 U_B 的数值并计算最终转换结果。

9.7 对于 8 位逐次渐进式 A/D 转换器，已知时钟脉冲的频率为 1 MHz，则完成一次转换需要多长时间？若要求完成转换的时间小于 100 μs，时钟脉冲的频率最低应取多少？

9.8 题 9.8 图所示电路是用 AD7520 和运算放大器构成的可控增益放大器，其电压放大倍数($A_V = u_O/u_I$)由输入的数字量 $D(d_9 d_8 \cdots d_0)$ 来设定。写出放大倍数 A_V 的计算公式，并说明 A_V 的取值范围。

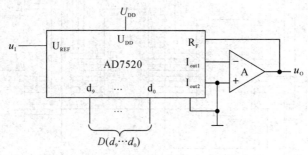

题 9.8 图

*9.9 根据计数型 A/D 转换器的工作原理，设计一个 8 位 A/D 转换器，能够将 0～5 V的直流电压信号转换为 8 位二进制数，要求转换误差小于±1LSB。

*9.10 设计一个简易数控稳压电源。电源设有"电压增"(UP)和"电压减"(DOWN)两个键，按 UP 时输出电压步进增加，按 DOWN 时步进减小。要求输出电压范围为 5～12 V，步进为 1 V，输出电流大于 1 A。画出设计图，并说明其工作原理。

*9.11 设计一个简易数控电流源。电流源设有"电流增"(UP)和"电流减"(DOWN)两个键，按 UP 时输出电流步进增加，按 DOWN 时输出电流步进减小，要求输出电流范围为 100～800 mA，步进为 100 mA。画出设计图，并说明其工作原理。

附录 A　常用门电路逻辑符号对照表

名称	曾用国标符号	ANSI/IEEE-1991 标准逻辑符号	ANSI/IEEE-1984 标准逻辑符号
与门			
或门			
非门			
与非门			
或非门			
与或非门			
异或门			
同或门			
传输门			
OC/OD门			
三态门			

附录 B　常用数字器件引脚速查

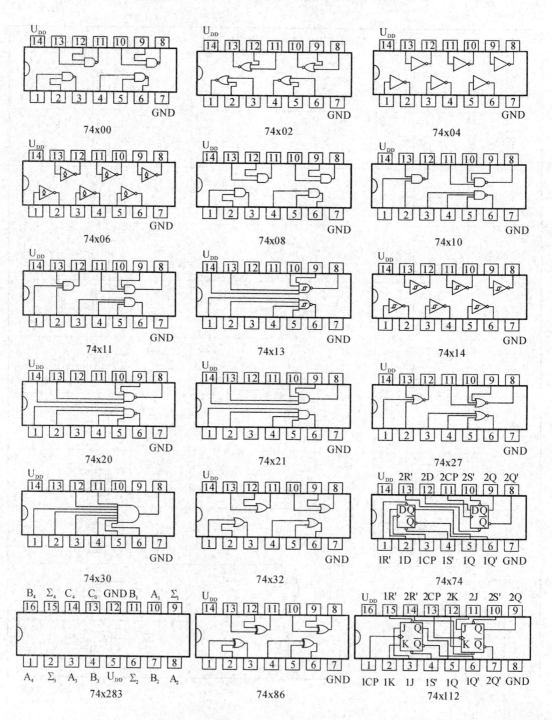

74x00　　74x02　　74x04
74x06　　74x08　　74x10
74x11　　74x13　　74x14
74x20　　74x21　　74x27
74x30　　74x32　　74x74
74x283　　74x86　　74x112

· 310 ·

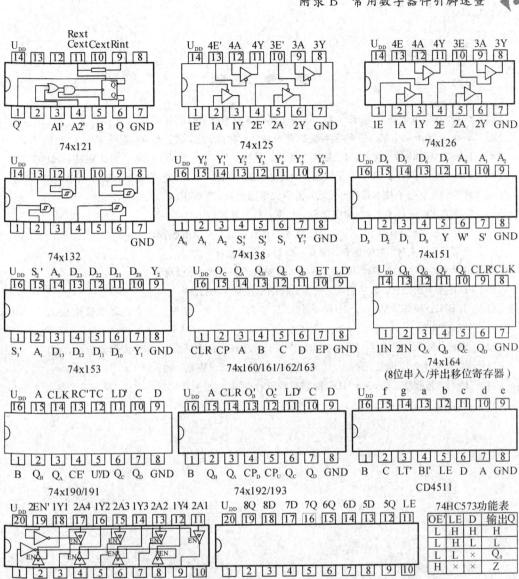

74HC573功能表

OE'	LE	D	输出Q
L	H	H	H
L	H	L	L
L	L	×	Q_0
H	×	×	Z

（注：其中 x 代表 LS、HC 等不同的系列）

参 考 文 献

[1] 阎石. 数字电子技术基础. 5 版. 北京：高等教育出版社，2006.

[2] Tocci, Widmer, Moss. 数字系统原理与应用. 林涛，等，译. 北京：电子工业出版社，2005.

[3] John F. Wakerly. 数字设计-原理与实践. 林生，等，译. 北京：机械工业出版社，2011.

[4] Thomas L. Floyd. 数字电子技术. 余璆，改编. 9 版. 北京：电子工业出版社，2006.

[5] 林涛. 数字电子技术基础. 北京：清华大学出版社，2006.

[6] 康华光. 电子技术基础-数字部分. 北京：高等教育出版社，2006.

[7] 李元，张兴旺，张俊涛. 数字电子技术. 北京：北京大学出版社，2006.

[8] 鲍家元，毛文林. 数字逻辑. 北京：高等教育出版社，2002.

[9] 杨颂华. 数字技术基础. 2 版. 西安：西安电子科技大学出版社，2009.

[10] 白中英，谢松云. 数字逻辑. 北京：科学出版社，2012.

[11] J. BHASKER，Verilog HDL 入门. 夏宇闻，等，译. 3 版. 北京：北京航空航天大学出版社，2008.

[12] 潘松，陈龙，黄继业. EDA 技术与 Verilog HDL. 2 版. 北京：清华大学出版社，2013.

[13] 何宾. EDA 原理及 Verilog 实现. 北京：清华大学出版社，2010.

[14] 康磊，张燕燕. Verilog HDL 数字系统设计-原理、实例及仿真. 西安：西安电子科技大学出版社，2012.